高等职业教育土建类“十四五”系列教材

建筑消防

JIANZHU XIAOFANG

◎主　编　黄朝广

◎副主编　赵程程　杨建华

电子课件

题库

视频

在线开放课程

华中科技大学出版社
http://www.hustp.com
中国·武汉

图书在版编目(CIP)数据

建筑消防/黄朝广主编. —武汉:华中科技大学出版社，2022.5
ISBN 978-7-5680-8213-6

Ⅰ.①建… Ⅱ.①黄… Ⅲ. ①建筑物-消防 Ⅳ. ①TU998.1

中国版本图书馆 CIP 数据核字(2022)第 063528 号

建筑消防

Jianzhu Xiaofang

黄朝广　主编

策划编辑：康　序
责任编辑：李曜男
责任监印：朱　玢
出版发行：华中科技大学出版社(中国・武汉)　　电话:(027)81321913
　　　　　武汉市东湖新技术开发区华工科技园　　邮编：430223
录　　排：武汉创易图文工作室
印　　刷：武汉市籍缘印刷厂
开　　本：787mm×1092mm　1/16
印　　张：15.25
字　　数：410 千字
版　　次：2022 年 5 月第 1 版第 1 次印刷
定　　价：48.00 元

Introduction

主编简介

黄朝广

高级工程师/副教授

1971年3月生，湖北郧西人

研究方向：土木建筑设计、审查与教育等

国家一级注册结构师、国家二级注册建筑师注册职业资格，湖北省注册施工图技术审查师资格。

湖北省土木建筑技能考评员、督导员，湖北省招投标专家库专家，湖北省消防审查专家。

1993年—2005年，在建筑设计单位从事建筑专业、结构专业的设计、校对、审核等工作；

2005年—2007年，在房地产开发企业担任技术负责人，负责大型商住小区的建设管理与组织协调工作；

2008年—2012年，兼职开展结构专业施工图审查；

2007年—2009年，应聘担任湖北工业职业技术学院万亩校园建设指挥部总工程师，负责校园建设的技术管理工作；

2019年—2020年，兼职开展建设工程设计文件消防审查；

2010年至今，担任湖北工业职业技术学院建筑工程学院院长，从事教育教学和教学管理工作。

发表教研和科研论文十多篇；独立编写出版教材3部；主持设计建筑设计项目100多个，总建筑面积200多万平方米；审查建筑设计项目140多个，累计建筑面积200多万平方米。负责5个大中型商住小区和一个万亩校园建设的技术管理工作；与教育资源开发企业合作开发虚拟仿真结构构造节点600多个；获得省级优秀建设设计奖3项。

编 委 会

前言

消防安全事关人民生命财产安全，事关社会繁荣稳定，受到党和国家高度重视。2019 年，国家改革消防管理体制，将消防设计审查、消防工程验收管理职能移交给住房和城乡建设部门，将消防救援职能划转到应急救援管理部门等。2019 年 3 月发布的《住房和城乡建设部 应急管理部关于做好移交承接建设工程消防设计审查验收职责的通知》（建科函〔2019〕52 号）要求消防救援机构向住房和城乡建设主管部门移交建设工程消防设计审查验收职责。2020 年 6 月 1 日开始实施的《建设工程消防设计审查验收管理暂行规定》（中华人民共和国住房和城乡建设部令第 51 号）进一步明确了住房和城乡建设部门负责建设工程的消防设计审查、消防验收、备案和抽查工作，消防应急管理部门负责日常消防监督检查、火灾应急救援和火灾事故调查等工作。

随着职能的进一步明晰，相关法律、法规、条例、规范、标准也不断更新发布。2021 年 4 月 29 日，《中华人民共和国消防法》修订版颁布；2021 年 8 月 17 日应急管理部第 27 次部务会议审议通过了《社会消防技术服务管理规定》；《建筑设计防火规范》（GB 50016—2014）（2018 年版）、《消防应急照明和疏散指示系统技术标准》（GB 51309—2018）、《火灾自动报警系统施工及验收标准》（GB 50166—2019）等规范、标准也相继更新发布，为消防行业健康稳定发展注入新动能。

为适应消防领域的新变化，培养更多消防从业人员，作者整理编写了本书。本书的编写参考了由中国消防协会组织编写、中国劳动社会保障出版社出版的《消防设施操作员（基础知识）》。在内容的选取上，本书考虑了学生的理解接受能力，同时兼顾了参加消防设施操作员考试人员的知识技能需要。

全书共分建筑消防基础知识、减少火灾损失的工程措施、及时发现和扑救火灾的工程措施以及消防设施操作员证书考试补充内容四个模块，共 24 个项目。其中，项目 20 及以后的内容，可以根据总学时进行机动学习。

本书的每个项目均附有训练题，扫描二维码即可在线答题，即刻反馈测试成绩，便于巩固理论知识。

本书适用于高职土木建筑类专业开设的建筑消防拓展课程，也可用作消防从业人员培训学习资料。

为了方便教学，本书还配有电子课件等教学资源包，任课教师可以发邮件至 husttujian@163.com 索取。

由于作者能力有限，书中错漏之处在所难免，欢迎批评指正。

黄朝广
二〇二二年二月十日

《建筑消防》授课教师群
邀请码：16999985
手机APP首页右上角输入

授课教师请扫此二维码获取课程网站

课时分配参考

序号	模块	名称	参考课时	重要度
1	模块 1 （11 课时）	燃烧基础知识	3	★★★★★
2		火灾及其分类	2	★★★★★
3		建筑火灾的发生与发展	1	★★★★★
4		防火与灭火的原理	1	★★★★★
5		建筑物的分类	1	★★★★☆
6		建筑材料及构件的燃烧性能	1	★★★★☆
7		建筑构件的耐火极限	1	★★★★☆
8		建筑物的耐火等级	1	★★★★☆
9	模块 2 （7 课时）	建筑总平面布局	1	★★★☆☆
10		防火与防烟分区	1	★★★★☆
11		内外装饰材料要求	1	★★★☆☆
12		安全疏散设施	2	★★★★☆
13		应急照明和疏散指示系统	1	★★★★☆
14		防烟排烟系统	1	★★★★☆
15	模块 3 （15 课时）	火灾自动报警系统	2	★★★★☆
16		灭火器配置和使用	3	★★★☆☆
17		消防给水	1	★★★☆☆
18		消火栓灭火系统	2	★★★★☆
19		自动喷水灭火系统	3	★★★★☆
20		其他灭火系统	4	★★★☆☆
21	模块 4 （2 课时）	职业道德与守则	0.5	★★☆☆☆
22		消防工作的性质与任务	0.5	★★☆☆☆
23		消防工作的方针与原则	0.5	★★☆☆☆
24		火灾处置	0.5	★★★★☆
25	总结 （1 课时）	课程总结	1	★★★★★
		合计	36	

课程思政主题

项目	模块	名称	思政主题	思政目标
1	模块 1	燃烧基础知识	燃烧条件与事故预防	增强文化自信和制度自信
2		火灾及其分类	火灾危害与社会责任	增强社会责任，提高安全意识
3		建筑火灾的发生与发展	火灾蔓延与疫情传播	服从疫情防控统一管理
4		防火与灭火的原理	防火灭火与疫情防控	歌颂党的领导，赞美抗疫战士
5		建筑物的分类	建筑物分类与教育分类	增强职教自信，倡导职业平等
6		建筑材料及构件的燃烧性能	材料性能与绿色发展	宣传绿色发展理念
7		建筑构件的耐火极限	耐火极限与岗位选择	建立发挥优势、贡献社会就业理念
8		建筑物的耐火等级	耐火等级与可持续发展	建立可持续发展理念
9	模块 2	建筑总平面布局	防火间距与合理距离	保持适度距离，确保个体安全
10		防火与防烟分区	分区分组与有序生活	培养分区分类与有序管理习惯
11		内外装饰材料要求	外观形象与全面发展	做到外在形象与内在修养统一
12		安全疏散设施	宽阔利于疏散，畅通保障安全	掌握强疏导保通畅的矛盾解决方法
13		应急照明和疏散指示系统	爱惜公物，照亮生路	培养爱惜公物的习惯
14		防烟排烟系统	保持洁净，我要呼吸	养成保护环境的良好习惯
15	模块 3	火灾自动报警系统	岁月静好是因有人替你负重	珍惜静好岁月，培养感恩之心
16		灭火器配置和使用	静候一生，守护安宁	赞扬消防人的牺牲精神
17		消防给水	心存大爱，上善若水	弘扬大爱无我的优秀传统文化
18		消火栓灭火系统	耐得住寂寞，守得住清苦	树立平凡的理念，在平凡中创造非凡
19		自动喷水灭火系统	有备无患，居安思危	培养居安思危、有备无患的习惯
20		其他灭火系统	不是没有办法，而是没有找到	强化解决问题的自信

模块 1　建筑消防基础知识

模块3　及时发现和扑救火灾的工程措施

模块 4 消防设施操作员证书考试补充内容

模块1

建筑消防基础知识

本模块从燃烧基础知识入手，介绍了火灾及其分类、建筑火灾的发生与发展、防火与灭火的原理、建筑物的分类、建筑材料及构件的燃烧性能、建筑构件的耐火极限和建筑物的耐火等级等，为后续章节的学习奠定了知识基础。

Chapter 1

项目 1　燃烧基础知识

1. 熟悉燃烧的概念和条件；
2. 掌握燃烧的不同类型和有关术语；
3. 熟悉燃烧产物的概念、类型及毒性；
4. 掌握烟气的危害以及流动、蔓延规律。

建筑消防研究的是采取哪些方法预防建筑火灾的发生、采取哪些手段及时发现和消灭火情、采取哪些工程措施降低火灾后的损失。建筑火灾是由可燃物燃烧引起的，因此，建筑消防首先需要掌握燃烧学的基础知识，了解燃烧的条件、类型和产物等。

1.1 燃烧的概念

燃烧是指可燃物与氧化剂发生作用的放热反应，通常伴有火焰、发光和(或)烟气等现象。

燃烧过程中，燃烧区的温度较高，使白炽的固体粒子和某些不稳定或受激发的中间物质分子内的电子发生能级跃迁，从而发出各种波长的光，发光的气相燃烧区域称为火焰，火焰是燃烧过程最明显的标志。通常，我们将气相并伴有发光现象的燃烧称为有焰燃烧，将物质处于固体状态而没有火焰的燃烧称为无焰燃烧。物质高温分解或燃烧时产生的固体和液体微粒、气体，连同混入和夹带的部分空气，形成了烟气。燃烧是一种十分复杂的氧化还原化学反应，能燃烧的物质一定能够被氧化，而能被氧化的物质不一定都能够燃烧。因此，物质是否发生了燃烧反应，可根据化学反应、放出热量、发出光亮这三个特征来判断。

1.2 燃烧的条件

一、燃烧的必要条件

燃烧现象十分普遍，但任何物质发生燃烧，都有一个由未燃烧状态转向燃烧状态的过程。燃烧过程的发生和发展都必须具备以下三个必要条件，即可燃物、助燃物和引火源，这三个条件通常被称为“燃烧三要素”。只有这三个要素同时具备，可燃物才能够发生燃烧，无论缺少哪个要素，燃烧都不可能发生。

“燃烧三要素”可用“燃烧三角形”来表示，如图 1-1 所示。

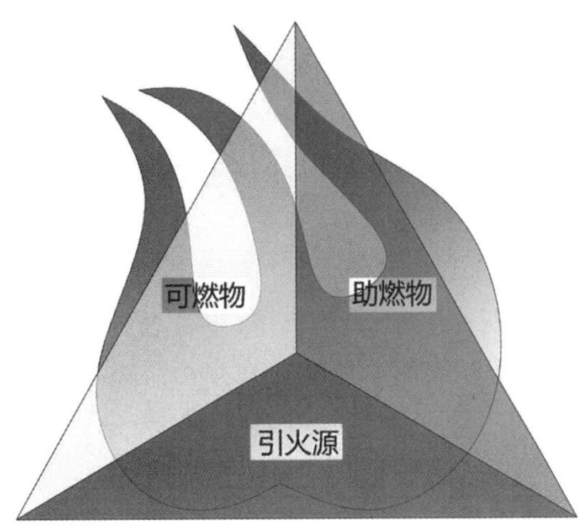

图 1-1 “燃烧三角形”

用“燃烧三角形”来表示无焰燃烧的必要条件非常确切，但对于有焰燃烧，根据燃烧的链式反应理论，燃烧过程中存在未受抑制的自由基作为中间体，因此“燃烧三角形”需增加一个链式反应，形成“燃烧四面体”，如图 1-2 所示。

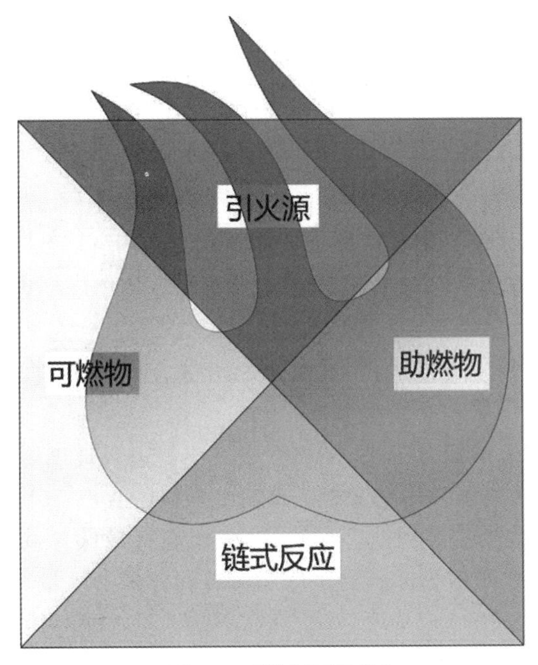

图 1-2 “燃烧四面体”

1. 可燃物

可以燃烧的物品称为可燃物，如纸张、木材、煤炭、汽油、氢气等。自然界中的可燃物种类繁多：按化学组成不同，可分为有机可燃物和无机可燃物两大类；按物理状态不同，可分为固体可燃物、液体可燃物和气体可燃物三大类。

2. 助燃物

与可燃物结合能导致和支持燃烧的物质称为助燃物(也称氧化剂)。通常,燃烧过程中的助燃物是氧元素,它包括游离的氧元素或化合物中的氧元素。一般来说,可燃物的燃烧都是指在空气中进行的燃烧,空气中含有大约21%的氧气,可燃物在空气中的燃烧以游离的氧元素作为氧化剂,这种燃烧是最普遍的。此外,某些物质也可作为燃烧反应的助燃物,如氯气、氟气、氯酸钾等。也有少数可燃物,如低氮硝化纤维、硝酸纤维的赛璐珞等含氧物质,一旦受热,能自动释放出氧元素,不需要外部助燃物就可发生燃烧。

3. 引火源

使物质开始燃烧的外部热源(能源)称为引火源(也称点火源)。引火源温度越高,越容易点燃可燃物质。根据引起物质着火的能量来源不同,在生产生活实践中,引火源通常分为明火、高温物体、化学热能、电热能、机械热能、生物能、光能和核能等。

4. 链式反应

有焰燃烧都存在链式反应。可燃物受热后,不仅会汽化,而且其分子会发生热裂解作用,产生自由基。自由基是一种高度活泼的化学基团,能与其他自由基和分子反应,使燃烧持续进行,这就是燃烧的链式反应。

二、燃烧的充分条件

具备了燃烧的必要条件,并不意味着燃烧必然发生。如果要发生燃烧,“燃烧三要素”必须达到一定量的要求,并且三者存在相互作用的过程,这就是发生燃烧或持续燃烧的充分条件。

1. 一定数量或浓度的可燃物

可燃物要燃烧,必须具备一定数量或浓度。例如,在室温20℃的条件下,用火柴点燃汽油和煤油时,汽油立刻燃烧起来,而煤油却不能燃烧。这是因为在室温20℃的条件下煤油表面挥发的油蒸汽量不够多,还未达到燃烧需要的浓度。由此可见,虽然有可燃物,但当其挥发的气体或蒸汽浓度不够时,即使有足够的空气(氧化剂)和引火源,可燃物也不会发生燃烧。

2. 一定含量的助燃物

试验证明,不同的可燃物发生燃烧,均有固定的最低含氧量要求。低于这个浓度,即使燃烧的其他条件全部具备,燃烧仍然不会发生。

例如,将点燃的蜡烛用玻璃罩罩起来,使周围空气不能进入玻璃罩,较短时间后,蜡烛的火焰就会自行熄灭。通过对玻璃罩内气体的分析发现,气体中还含有16%的氧气,这说明蜡烛在含氧量低于16%的空气中不能燃烧。因此,可燃物发生燃烧有最低含氧量要求。不同可燃物燃烧需要的含氧量也不同,图1-3所示为部分物质燃烧所需的最低含氧量。

3. 一定能量的引火源

可燃物燃烧需要引火源,且引火源必须具有一定的能量,也就是要有一定的温度和足够的热量。否则,可燃物不会燃烧。

不同的可燃物,其最小引燃能量(又称最小点火能量,即能引起可燃物燃烧的最小能量)是不同的。例如,从烟囱冒出来的炭火星,温度约为600℃。如果这些火星落在柴草、纸张和刨花等可燃物上,就会引起燃烧,说明这些炭火星具有的温度和热量超过了柴草、纸张和刨花等可燃物

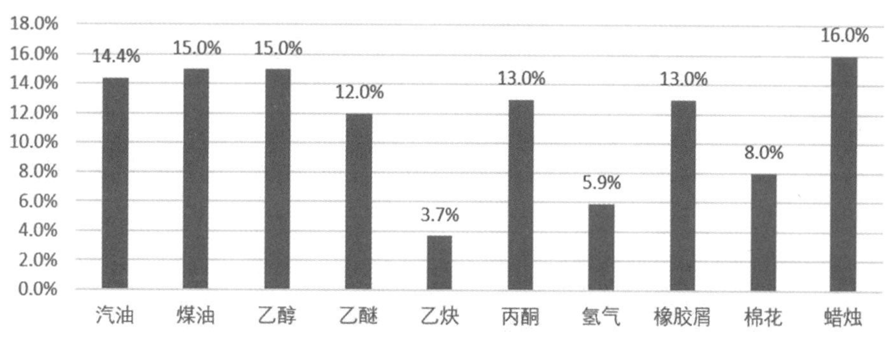

图 1-3　部分物质燃烧所需的最低含氧量

的最小引燃能量。但这些炭火星落在大块原木上，并不会引起燃烧，火星可能很快熄灭，说明这些炭火星具有的温度和热量没有超过大块原木的最小引燃能量。

液体和气体可燃物的最小引燃能量与物质属性有关，固体可燃物的最小引燃能量可能还跟单块的尺度有关。物质燃烧所需的最小引燃能量越小，其发生燃烧的可能性就越大。

部分可燃物质燃烧所需的最小引燃能量如图 1-4 所示。

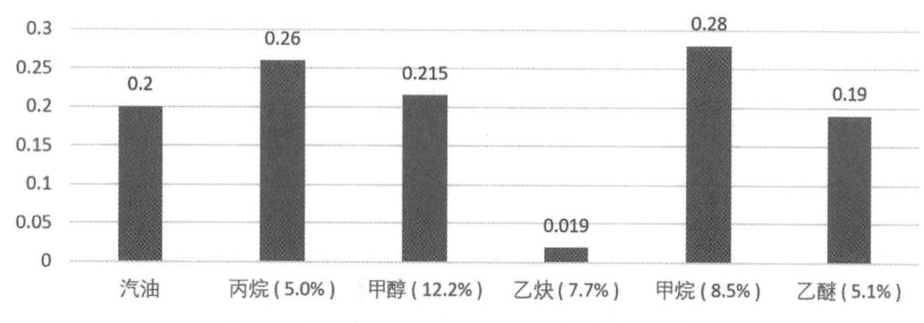

图 1-4　部分可燃物质燃烧所需的最小引燃能量

4. 相互作用

要使燃烧发生或持续，除“燃烧三要素”都必须达到一定量的要求外，“燃烧三要素”之间还必须相互结合、相互作用。否则，燃烧也不能发生。例如，办公室里有桌、椅、门、窗帘等可燃物，有充满空间的空气，有引火源（电源），存在燃烧的全部要素，可并没有发生燃烧现象，这是因为“燃烧三要素”没有相互结合、相互作用。

1.3 燃烧的类型

一、按燃烧发生瞬间特点分类

按照燃烧发生瞬间的特点不同，燃烧分为着火和爆炸两种类型。

1. 着火

着火又称起火，是日常生产、生活中最常见的燃烧现象，与是否由外部热源引发无关，以出现火焰为特征。

可燃物着火一般有引燃和自燃两种方式。

1)引燃

(1)引燃的概念。

外部引火源(如明火、电火花、电热器具等)作用于可燃物的某个局部范围,使该局部受到强烈加热而开始燃烧的现象,称为引燃(又称点燃)。引燃后,靠近引火源处出现火焰,然后以一定的燃烧速率逐渐扩大到可燃物的其他部位。

大部分火灾的发生,可燃物都是通过引燃方式着火的。例如发动机燃烧室中应用最普遍的点火方式就是电火花引燃;实验室测试可燃气体的燃烧性能和爆炸极限等参数时,常用点火方式也是电火花引燃。

(2)物质的燃点。

在规定的试验条件下,物质在外部引火源作用下表面起火并持续燃烧一定时间所需的最低温度称为燃点。通常,燃点可以衡量可燃物的火灾危险性程度。物质的燃点越低,越容易着火,火灾危险性也就越大。图 1-5 所示为部分可燃物的燃点。

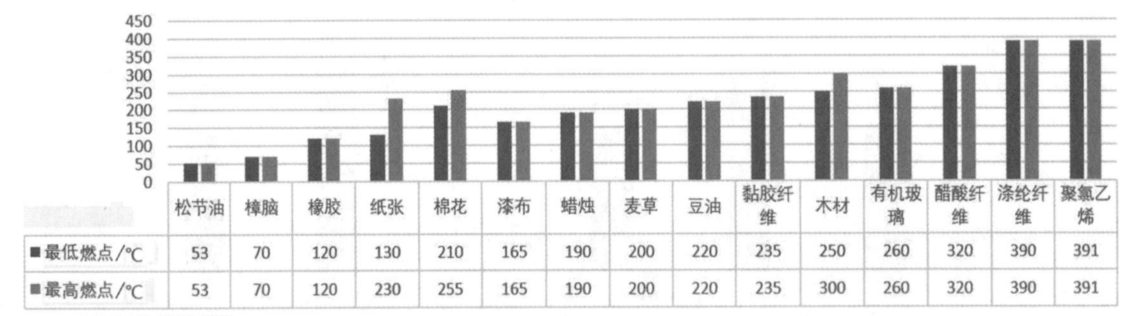

	松节油	樟脑	橡胶	纸张	棉花	漆布	蜡烛	麦草	豆油	黏胶纤维	木材	有机玻璃	醋酸纤维	涤纶纤维	聚氯乙烯
■最低燃点/℃	53	70	120	130	210	165	190	200	220	235	250	260	320	390	391
■最高燃点/℃	53	70	120	230	255	165	190	200	220	235	300	260	320	390	391

图 1-5　部分可燃物的燃点

(3)不同可燃物的引燃。

第一,固体可燃物的引燃。固体可燃物受热时,产生的可燃蒸气或热解产物释放到大气中,与空气适当地混合,若存在合适的引火源或温度达到了其自燃点,可燃物就能被引燃。影响固体可燃物引燃的因素主要有可燃物的密度(密度小的物质容易被引燃)、可燃物的比表面积(比表面积大的可燃物容易被引燃)、可燃物的厚度(较薄的材料比较厚的材料容易被引燃)。

第二,可燃液体的引燃。可燃液体的表面自然会蒸发或雾化,蒸发或雾化后的液体,其比表面积变大,与空气混合形成混合气体。当环境温度等于或高于某温度,且在混合气体某个区域出现引火源,加热了该区域,可燃液体就可能被引燃。这个温度称为该可燃液体的闪点。不同可燃液体的闪点不同。闪点越低的可燃物,危险性越大。

第三,可燃气体的引燃。石油化工企业生产中使用的可燃气体原料,日常生活中使用的液化石油气、天然气等,与空气混合并处于适当浓度时遇到引火源,就可能燃烧,也可能爆炸。可以引起爆炸的可燃气体的最低浓度,就是爆炸下限。不同物质的爆炸下限不同。一般来说,爆炸下限越低,该可燃气体就越危险。

2)自燃

(1)自燃的概念。

可燃物在没有外部引火源的作用下,因受热或自身发热,蓄热后产生的燃烧,称为自燃。

(2)自燃的类型。

根据热源不同,自燃分为两种类型。一种是自热自燃。可燃物在没有外来热源作用的情况下,由于其自身内部的物理作用(如吸附、辐射等)、化学作用(如氧化、分解、聚合等)或生物作用(如发酵、腐败等)而产生热量,热量积聚导致温度升高。当温度上升到一定高度时,可燃物虽未与明火接触却发生燃烧,这种现象称为自热自燃。煤堆、油脂类、赛璐珞、黄磷等都属于自热自燃物质。另一种是受热自燃。可燃物被外部热源间接加热达到一定温度时,未与明火直接接触就发生燃烧的现象叫作受热自燃。例如,加热油锅、熬制沥青等的过程中,受热介质因达到一定温度而着火,就属于受热自燃。自热自燃和受热自燃的本质是一样的,都是可燃物在不接触明火的情况下自动发生燃烧。它们的区别在于导致可燃物升温的热源不同,前者是物质本身的热效应造成的,而后者是外部加热的结果。

(3)物质的自燃点。

在规定的条件下,可燃物质产生自燃的最低温度,称为自燃点。自燃点是衡量可燃物受热升温形成自燃危险性的依据,可燃物的自燃点越低,发生火灾的危险性就越大。不同的可燃物有不同的自燃点,同一种可燃物在不同的条件下自燃点也会发生变化。图 1-6 所示为部分可燃物的自燃点。

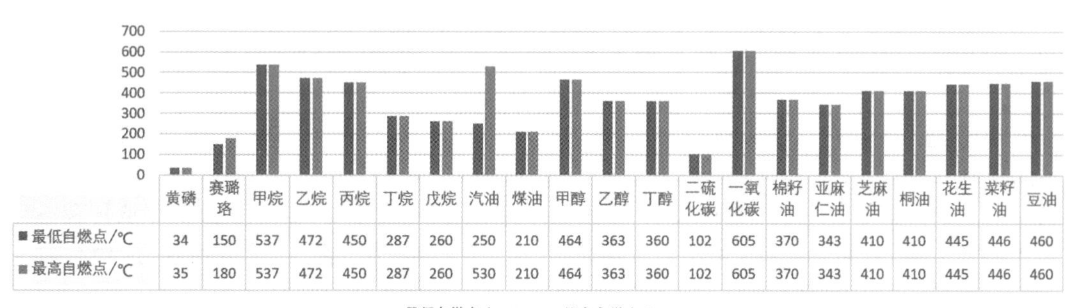

	黄磷	赛璐珞	甲烷	乙烷	丙烷	丁烷	戊烷	汽油	煤油	甲醇	乙醇	丁醇	二硫化碳	一氧化碳	棉籽油	亚麻仁油	芝麻油	桐油	花生油	菜籽油	豆油
■最低自燃点/℃	34	150	537	472	450	287	260	250	210	464	363	360	102	605	370	343	410	410	445	446	460
■最高自燃点/℃	35	180	537	472	450	287	260	530	210	464	363	360	102	605	370	343	410	410	445	446	460

图 1-6 部分可燃物的自燃点

(4)易发生自燃的物质及自燃特点。

某些物质具有自然生热而使自身温度升高的属性,物质自然生热达到一定温度时就会发生自燃,这类物质称为易发生自燃的物质。易发生自燃的物质的种类较多,按其自燃的方式不同,分为以下类型。

第一类是氧化放热物质。这类物质能与空气中的氧气发生氧化反应而放热,当散热条件不好时,物质内部就会发生热量积累,导致温度升高。当湿度达到物质自燃点时,物质就会因自燃而着火,引起火灾或爆炸。氧化放热物质主要包括油脂类物质(如动植物油类、棉籽、油布、涂料、炸油渣、骨粉、鱼粉和废蚕丝等)、低自燃点物质(如黄磷、磷化氢、氢化钠、还原铁、还原铼、铅黑、苯基钾、苯基钠、乙基钠、烷基铝等)、其他氧化放热物质(如煤、橡胶、含油切屑、金属粉末及金属屑等)。例如,含硫、磷成分较高的煤,遇水常常发生氧化反应释放热量。如果煤层堆积过高,时间过长,通风不好的话,缓慢氧化释放出的热量散发不出去,煤堆就会产生热量积累,从而导致煤堆温度升高,当内部温度超过 60℃时,煤就会发生自燃。再如,烷基铝能在常温下与空气中的氧气反应放热自燃，遇空气中的水分会产生大量的热和乙烷，从而产生自燃，引起火灾。

第二类是分解放热物质。分解放热物质主要包括硝化棉、赛璐珞、硝化甘油、硝化棉漆片等。这类物质的特点是化学稳定性差，易发生分解而生热自燃。例如，硝化棉又称硝酸纤维素，是由硫酸和硝酸经不同配比混合，混合的酸作用于棉纤维制成的。强硝化棉可用于制造无烟火药，与硝化甘油混合可制造黄色炸药；弱硝化棉可用于生产涂料、胶片、赛璐珞、油墨及指甲油、人造纤维、人造革等制品。硝化棉为白色或微黄色棉絮状物，易燃且具有爆炸性，化学稳定性较差，常温下能缓慢分解并放热，超过 40℃时会加速分解。放出的热量若不能及时散失，就会使硝化棉升温加剧，经过一段时间的热量积累，当温度达到 180℃时，硝化棉便发生自燃。硝化棉通常加乙醇或水作为湿润剂，一旦湿润剂散失，极易引发火灾。试验表明，去除湿润剂的干硝化棉在 40℃时发生放热反应，在 174℃时发生剧烈失控反应及质量损失，自燃并释放大量热量。如果在绝热条件下进行试验，去除湿润剂的干硝化棉在 35℃时即发生放热反应，在 150℃时发生剧烈的分解燃烧。

第三类是发酵放热物质。发酵放热物质主要包括植物秸秆、果实等。这类物质发生自燃的原因是微生物作用、物理作用和化学作用，这三种作用是彼此相连的三个阶段。

①生物作用阶段。由于植物中含有水分，在适宜的温度下，微生物大量繁殖，使植物腐败发酵而放热(这种热量称为发酵热)，导致植物温度升高。若热量散发不出去，当温度上升到 70℃左右时，微生物就会死亡，生物阶段结束。

②物理作用阶段。随着环境温度的持续上升，植物中不稳定的化合物(果酸、蛋白质及其他物质)开始分解，生成黄色多孔炭，吸附蒸汽和氧气并析出热量，继续升温到 100～130℃，新的化合物不断分解炭化，促使温度不断升高。这就是物理作用阶段吸附生热，化合物分解炭化的过程。

③化学作用阶段。当温度升到 150～200℃，植物中的纤维素就开始分解、焦化、炭化，并进入氧化过程，生成的炭能够剧烈地氧化放热。温度继续升高到 250～300℃时，若积热不散，植物就会自燃着火，这就是氧化自燃的过程。例如，稻草呈堆垛状态时，因含水量较多或因遮盖不严使雨雪漏入内层，致使其受潮，并在微生物的作用下发酵生热升温，由于堆垛保温性好、导热性差，在物理作用和化学作用下，稻草的温度不断升高，当达到物质的自燃点时就会产生自燃现象。

第四类是吸附生热物质。吸附生热物质主要包括活性炭末、木炭、油烟等炭粉末。这类物质的特点是具有多孔性，比表面积较大，表面具有活性，能对空气中的各种气体成分产生物理和化学吸附，既能吸附空气生热，又能与吸附的氧气进行氧化反应生热。若蓄热条件较好，在吸附热和氧化热的共同作用下，吸附生热物质就会发生自燃。例如，炭粉的挥发成分占 10%～25%，燃点为 200～270℃。炭粉在制造过程中，如果不充分散热，大量堆积到仓库，由于室内蓄热良好，再加上炭粉本身产生的吸附热，会发生自燃而引发火灾。

第五类是聚合放热物质。聚合放热物质主要包括聚氨酯、聚乙烯、聚丙烯、聚苯乙烯、甲基丙烯酸甲酯等。这类物质的特点是单体在缺少阻聚剂或混入活性催化剂、受热光照射时，会自动聚合生热。例如，聚氨酯泡沫塑料密度小，比表面积大，吸氧量多，导热系数低，不易散热。在生产过程中，多异氰酸酯与多元醇反应能放热，多异氰酸酯与水反应也能放热。用水量越大，放热就越多，越易发生自燃；多异氰酸酯用量越大，放热就越多，同样越易发生自燃，导致聚氨酯泡沫塑料在生产时因聚合发热而自燃。

第六类是遇水发生化学反应而放热的物质。遇火发生化学反应而放热的物质主要包括活泼金属(如钾、钠、镁、钛、锆、锂、铯、钾钠合金等)、金属氢化物(如氢化钾、氢化钠、氢化钙、氢化铝、四氢化锂铝等)、金属磷化物(如磷化钙、磷化锌)、金属碳化物(如碳化钾、碳化钠、碳化钙、碳化铝等)、金属粉末(如镁粉、铝粉、锌粉、铝镁粉等)、硼烷等。这类物质的特点是遇水发生剧烈反应,产生大量反应热,引燃自身或反应产物,导致火灾或爆炸发生。例如,活泼金属与水发生剧烈反应,生成氢气,放出大量热,使氢气在局部高温环境中发生自燃,并使未来得及反应的金属发生燃烧起火或爆炸。另外,生成的氢氧化物对金属等材料有腐蚀作用,会使容器破损而泄漏造成次生灾害。

第七类是相互接触能自燃的物质。强氧化性物质和强还原性物质混合后,会由于强烈的氧化还原反应而自燃,引发火灾或者爆炸。氧化性物质包括硝酸及其盐类、氯酸及其盐类、次氯酸及其盐类、重铬酸及其盐类、亚硝酸及其盐类、溴酸盐类、碘酸盐类、高锰酸盐类、过氧化物等。还原性物质主要有烃类、胺类、醇类、醛类、醚类、苯及其衍生物、石油产品、油脂等有机还原性物质,磷、硫、锑、金属粉末、木炭、活性炭、煤等无机还原性物质。

(5)影响自燃发生的因素。

影响自燃发生的因素主要有以下三种。一是产生热量的速率。自燃过程中热量产生的速率很慢,若发生自燃,自燃性物质产生热量的速率就应快于物质向周围环境散热或传热的速率。当自燃性物质的温度升高时,升高的温度会导致热量产生速率的增加。二是通风效果。自燃需要适量的空气使自燃性物质氧化,但是良好的通风条件又会造成自燃产生的热量损失,从而阻断自燃。三是物质周围环境的保温条件。

2. 爆炸

1)爆炸的概念

在周围介质中瞬间形成高压的化学反应或状态变化,通常伴有强烈放热、发光和声响的现象,称为爆炸。

2)爆炸的分类

爆炸按照产生的原因和性质不同,分为物理爆炸、化学爆炸和核爆炸。按照爆炸物质不同,化学爆炸分为气体爆炸、粉尘爆炸和炸药爆炸;按照爆炸传播速率不同,化学爆炸又分为爆燃、爆炸和爆轰。

(1)物理爆炸。装在容器内的液体或气体,由于物理变化(温度、体积和压力等因素的变化)引起体积迅速膨胀,导致容器内压力剧增,因超压或应力变化使容器发生爆炸,且在爆炸前后物质的性质及化学成分均不改变的现象,称为物理爆炸。例如,锅炉爆炸就是典型的物理爆炸,其原因是过热的水迅速蒸发出大量蒸汽,蒸汽压力不断升高,当压力超过锅炉的耐压强度时,锅炉发生爆炸。再如,液化石油气钢瓶受热爆炸以及油桶或轮胎爆炸等均属于物理爆炸。物理爆炸本身虽然没有进行燃烧反应,但由于气体或蒸汽等介质潜藏的能量在瞬间释放出来,其产生的冲击力可直接或间接造成火灾。

(2)化学爆炸。物质在瞬间急剧氧化或分解(物质本身发生化学反应)导致温度、压力增加或两者同时增加而形成爆炸,且爆炸前后物质的化学成分和性质均发生了根本性变化的现象,称为化学爆炸。化学爆炸反应速度快,爆炸时能发出巨大的声响,产生大量的热能和很高的气体压力,具有很大的火灾危险性,能够直接造成火灾,是消防工作预防的重点。

(3)核爆炸。原子核发生裂变或聚变反应,释放出核能形成的爆炸,称为核爆炸。例如,原子弹、氢弹、中子弹的爆炸就属于核爆炸。

(4)气体爆炸。物质以气体、蒸汽状态发生的爆炸,称为气体爆炸。按爆炸原理不同,气体爆炸分为混合气体爆炸(可燃气体或液体蒸汽和助燃性气体的混合物在引火源作用下发生的爆炸)

和气体单分解爆炸(单一气体在一定压力作用下发生分解反应并产生大量反应热,使气态物质膨胀而引起的爆炸)。可燃气体与空气组成的混合气体遇火源能否发生爆炸,与气体中的可燃气体浓度有关。气体单分解爆炸的发生需要满足一定的压力和分解热的要求。能使单一气体发生爆炸的最低压力称为临界压力。单分解爆炸气体物质压力高于临界压力且分解热足够大时,才能维持热与火焰的迅速传播而造成爆炸。

气体爆炸的主要特征:一是现场没有明显的炸点;二是击碎力小,抛出物块大、量少、抛出距离近,可以使墙体外移、开裂,门窗外凸、变形等;三是爆炸燃烧波作用范围广,能造成人、畜呼吸道烧伤;四是不易产生明显的烟熏;五是易产生燃烧痕迹。

(5)粉尘爆炸。粉尘是指在大气中依其自身重量可沉淀下来,但也可持续悬浮在空气中一段时间的固体微小颗粒。

①粉尘的种类。

按照动力性能不同,粉尘分为悬浮粉尘(又称粉尘云)和沉积粉尘(又称粉尘层)。悬浮粉尘是指悬浮在助燃气体中的高浓度可燃粉尘与助燃气体的混合物,沉积粉尘是指沉(堆)积在地面或物体表面的可燃性粉尘群。悬浮粉尘具有爆炸危险性,沉积粉尘具有火灾危险性。粉尘按照来源不同,分为粮食粉尘、农副产品粉尘、饲料粉尘、木材产品粉尘、金属粉尘、煤炭粉尘、轻纺原料产品粉尘、合成材料粉尘八类。粉尘按性质不同,分为无机粉尘、有机粉尘和混合性粉尘。粉尘按照燃烧性能不同,分为可燃性粉尘和难燃性粉尘。可燃性粉尘是指在大气条件下能与气态氧化剂(主要是空气)发生剧烈氧化反应的粉尘、纤维或飞絮,如淀粉、小麦粉、糖粉、可可粉、硫粉、锯木屑、皮革屑等。难燃性粉尘是指化学性质比较稳定,不易燃烧爆炸的粉尘,如土、砂、氧化铁、水泥、石英粉尘等。

②粉尘爆炸的概念及条件。

火焰在粉尘云中传播,引起压力、温度明显跃升的现象,称为粉尘爆炸。

粉尘爆炸应具备以下五个基本条件。一是粉尘本身具有可燃性或可爆性。一般条件下,并非所有的可燃性粉尘都能发生爆炸,如无烟煤、焦炭、石墨、木炭等粉尘基本不含挥发成分,因此,发生爆炸的可能性较小。二是粉尘为悬浮粉尘且达到爆炸极限。沉积粉尘是不能爆炸的,只有悬浮粉尘才可能发生爆炸。粉尘在空气中能否悬浮及悬浮时间长短取决于粉尘的动力稳定性,主要与粉尘粒径、密度,环境温度、湿度等有关。另外,悬浮粉尘与可燃气体一样,只有浓度处于一定的范围内才能爆炸。这是因为粉尘浓度太小,燃烧放热太少,难以形成持续燃烧而无法爆炸;粉尘浓度太大,混合物中氧气浓度就太小,也不会发生爆炸。三是有足以引起粉尘爆炸的引火源。粉尘燃烧爆炸需要经过加热,或熔融蒸发,或受热裂解放出可燃气体,因此,粉尘爆炸需要较大的点火能量,通常其最小点火能量为10～100 mJ,是可燃气体的最小点火能量的100～1000倍。四是氧化剂。大多数粉尘需要氧气、空气或其他氧化剂作助燃剂。一些自供氧的粉尘,如TNT粉尘,可以不需要外来的助燃剂。五是受限空间。当粉尘在封闭、半封闭的设备设施及场所或建筑物等受限空间内悬浮,一旦被引火源引燃,受限空间内的温度和压力将迅速升高,从而引起爆炸。但有些粉尘即使在开放的空间也能引起爆炸,这类粉尘由于化学反应速度极快,引起压力升高的速率远大于粉尘云边缘压力释放的速率,因此,仍然能引起破坏性的爆炸。

③粉尘爆炸的过程。

对于木粉、纸粉等受热后能分解、熔融蒸发或升华释放出可燃气体的粉尘而言,其爆炸形成大致要经历三步循环:第一步,悬浮粉尘在热源作用下温度迅速升高并产生可燃气体;第二步,可燃气体与空气混合后被引火源引燃发生有焰燃烧,火焰从局部传播、扩散;第三步,粉尘燃烧放出的热量，以热传导和火焰辐射的方式传给附近悬浮的或被吹扬起来的粉尘，这些粉尘受热分解汽化后使燃烧循环进行。

随着每个循环的逐次进行，其反应速度逐渐加快，通过剧烈的燃烧形成爆炸。从本质上讲，这类粉尘的爆炸是可燃气体爆炸，只是这种可燃气体"储存"在粉尘之中，粉尘受热后才会释放出来。而对于木炭、焦炭和一些金属类粉尘而言，其在爆炸过程中不释放可燃气体，它们在接受引火源的热能后直接与空气中的氧气发生剧烈的氧化反应并着火，产生的反应热使火焰传播，在火焰传播过程中，反应热使周围炽热的粉尘和空气加热迅速膨胀，导致粉尘爆炸。

④粉尘爆炸的特点及现场特征。

粉尘爆炸的特点有三个。一是能发生多次爆炸。粉尘初始爆炸产生的气浪会使沉积粉尘扬起，在新的空间内形成爆炸浓度而产生二次爆炸。二次爆炸往往比初始爆炸压力更大，破坏性更强。另外，在粉尘初始爆炸地点，空气和燃烧产物受热膨胀，密度变小，极短的时间内形成负压区，新鲜空气向爆炸点逆流，促成空气的二次冲击，若该爆炸地点仍存在粉尘和火源，也有可能发生二次爆炸、多次爆炸。二是爆炸所需的最小点火能量较高。粉尘颗粒比气体分子大得多，而且粉尘爆炸涉及分解、蒸发等一系列物理和化学过程，所以，粉尘爆炸比气体爆炸所需的点火能量大，引爆时间长，过程复杂。三是高压持续时间长，破坏力强。与可燃气体爆炸相比，粉尘爆炸压力上升较缓慢，较高压力持续时间长，释放的能量大，加上粉尘粒子边燃烧边飞散，其爆炸的破坏性和对周围可燃物的烧损程度也更严重。

粉尘爆炸现场特征：粉尘爆炸特征与气体爆炸特征类似，即现场没有明显的炸点，击碎力小，抛出物块大、量少、抛出距离近，可使墙体外移、开裂，门窗外凸、变形，爆炸燃烧波作用范围广，能烧伤人、畜呼吸道。另外，粉尘爆炸可能引发二次或多次爆炸，其破坏程度和爆炸威力比气体爆炸更大。

⑤粉尘爆炸的控制。

一般要求：粉尘爆炸危险场所工艺设备的连接，如不能保证动火作业安全，其连接应设计为能将各设备方便地分离和移动；在紧急情况下，应能及时切断所有动力系统的电源；存在粉尘爆炸危险的工艺设备，应采用抗爆、泄爆、抑爆、隔爆中的一种或多种控制爆炸的方式，但不能单独采取隔爆。

抗爆：生产和处理能导致爆炸的粉料时，若无抑爆装置，也无泄压措施，则所有的工艺设备应采用抗爆设计，且能够承受内部爆炸产生的超压而不破裂；各工艺设备的连接部分(如管道、法兰等)，应与设备本身有相同的强度；高强度设备与低强度设备的连接部分，应安装隔爆装置；耐爆炸压力和耐爆炸压力冲击设备应符合《耐爆炸设备》(GB/T 24626—2009)的相关要求。

泄爆：工艺设备的强度不足以承受其实际工况下内部粉尘爆炸产生的超压时，应设置泄爆口，泄爆口应朝向安全的方向，泄爆口的尺寸应符合《粉尘爆炸泄压指南》(GB/T 15605—2008)的要求；安装在室内的粉尘爆炸危险工艺设备应通过泄压导管向室外安全方向泄爆，泄压导管应尽量短而直，泄压导管的截面面积应不小于泄压口面积，其强度应不低于被保护设备容器的强度；不能通过泄压导管向室外泄爆的室内容器设备应安装无焰泄爆装置；具有内联管道的工艺设备，设计指标应能承受至少 0.1 MPa 的内部超压。

抑爆：存在粉尘爆炸危险的工艺设备，宜采用抑爆装置进行保护；如采用监控式抑爆装置，应符合《监控式抑爆装置技术要求》(GB/T 18154—2000)的要求；抑爆系统设计和应用应符合《抑制爆炸系统》(GB/T 25445—2010)的要求。

隔爆：通过管道相互连通的存在粉尘爆炸危险的设备设施，管道上宜设置隔爆装置；存在粉尘爆炸危险的多层建(构)筑物楼梯之间,应设置隔爆门,隔爆门关闭方向应与爆炸传播方向一致。

(6)炸药爆炸。炸药是指在一定的外界能量作用下,能由其自身化学能快速反应发生爆炸,生成大量的热和气体产物的物质。炸药爆炸时化学反应速度非常快,在瞬间形成高温高压气体,以极高的功率对外界做功,使周围介质受到强烈的冲击、压缩而变形或碎裂。炸药爆炸的发生,一般应具备以下三个条件:爆炸药(包括炸药包装)、起爆装置和起爆能源。炸药爆炸造成的危害表现在以下三个方面:一是爆炸瞬间产生的高温火焰,可引燃周围可燃物而酿成火灾;二是爆炸产生的高温高压气体形成的空气冲击波,可造成对周围的破坏,严重的可以摧毁整个建筑物及设备,也可以破坏邻近建筑物,甚至离爆炸点很远的建筑物也会受到损坏并造成人员伤亡;三是爆炸时产生的爆炸飞散物,向四周散射,造成人员伤亡和建筑物的破坏,当爆炸药量较大时,飞散物有很高的初速度,对邻近爆炸点的人员和建筑物危害很大,有的飞散物可抛射很远,对远离爆炸点的人员和建筑物也会造成伤亡和破坏。

(7)爆燃。爆燃是指以亚音速传播的燃烧波。爆燃的产生有三个条件:一是有燃料和助燃空气的积存;二是燃料和空气混合物达到了爆燃的浓度;三是有足够的点火能量。爆燃的这三个要素缺一不可。例如,锅炉在启动、运行、停运中,避免燃料和助燃空气积存就是杜绝炉膛爆燃的关键所在。

(8)爆轰。爆轰又称爆震,是指以冲击波为特征,传播速度大于未反应物质中声速的化学反应。爆轰能在爆炸点引起极高压力,并产生超音速的冲击波。爆轰具有很大的破坏力,一旦条件具备,爆轰会突然发生,并同时产生高速、高温、高压、高能、高冲击力的冲击波,该冲击波能远离爆震源独立存在,能引起位于一定距离外,与其没有联系的其他爆炸性气体混合物或炸药的爆炸,从而产生一种"殉爆"现象。

3)爆炸极限

(1)爆炸极限的概念。

可燃蒸气、气体或粉尘与空气组成的混合物,遇火源即能发生爆炸的最高或最低浓度,称为爆炸极限。可燃蒸气、气体或粉尘与空气组成的混合物,遇火源即能发生爆炸的最低浓度,称为爆炸下限。可燃蒸气、气体或粉尘与空气组成的混合物,遇火源即能发生爆炸的最高浓度,称为爆炸上限。爆炸下限和上限之间的间隔称为爆炸极限范围。爆炸下限越低,爆炸上限越高,爆炸极限范围越大,爆炸危险性就越大。混合物的浓度低于爆炸下限或高于爆炸上限时,既不能发生爆炸,也不能发生燃烧。浓度高于爆炸上限的爆炸混合物,离开密闭的设备、容器或空间,重新遇到空气仍有燃烧或爆炸的危险。

(2)不同物质的爆炸极限。

可燃气体和液体的爆炸极限,通常用体积百分比表示。不同的物质由于其理化性质不同,其爆炸极限也不同。即使是同一种物质,在不同的外界条件下,其爆炸极限也不同。图 1-7 所示为部分可燃气体在空气和氧气中的爆炸极限。图 1-8 所示为部分可燃液体的爆炸极限。从图 1-7 可以看出,物质在氧气中的爆炸极限范围要比在空气中的爆炸极限范围大。

可燃粉尘的爆炸极限一般用单位体积的质量(g/m^3)表示。试验表明,许多工业粉尘的爆炸上限为 2000～6000 g/m^3,但由于粉尘沉降等原因,实际情况下的浓度很难达到爆炸上限值。因此,通常只应用粉尘的爆炸下限,其爆炸上限一般没有实用价值。部分可燃粉尘的爆炸下限如图 1-9 至图 1-11 所示。

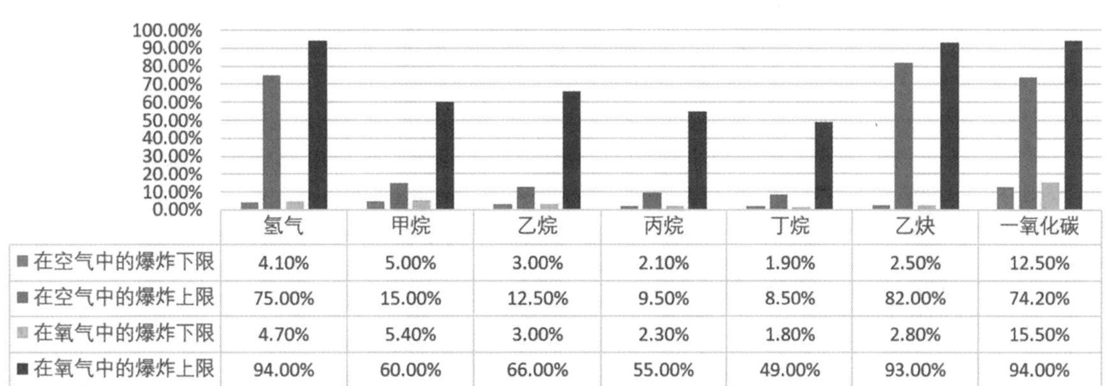

	氢气	甲烷	乙烷	丙烷	丁烷	乙炔	一氧化碳
在空气中的爆炸下限	4.10%	5.00%	3.00%	2.10%	1.90%	2.50%	12.50%
在空气中的爆炸上限	75.00%	15.00%	12.50%	9.50%	8.50%	82.00%	74.20%
在氧气中的爆炸下限	4.70%	5.40%	3.00%	2.30%	1.80%	2.80%	15.50%
在氧气中的爆炸上限	94.00%	60.00%	66.00%	55.00%	49.00%	93.00%	94.00%

图 1-7 部分可燃气体在空气和氧气中的爆炸极限

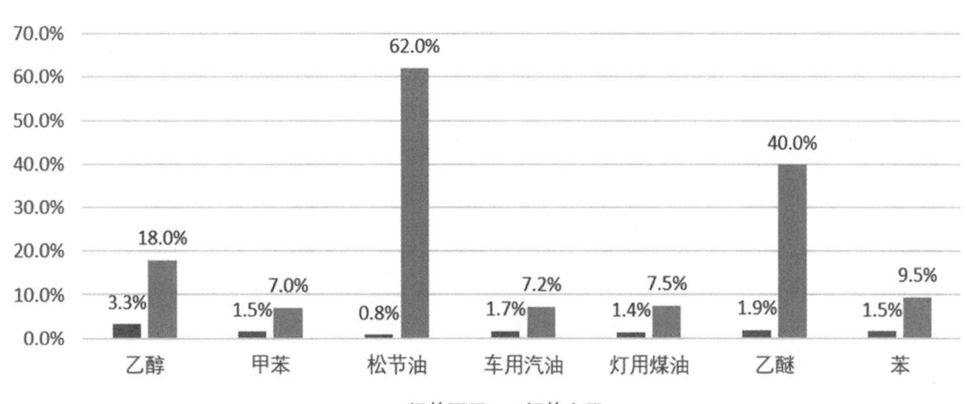

图 1-8 部分可燃液体的爆炸极限

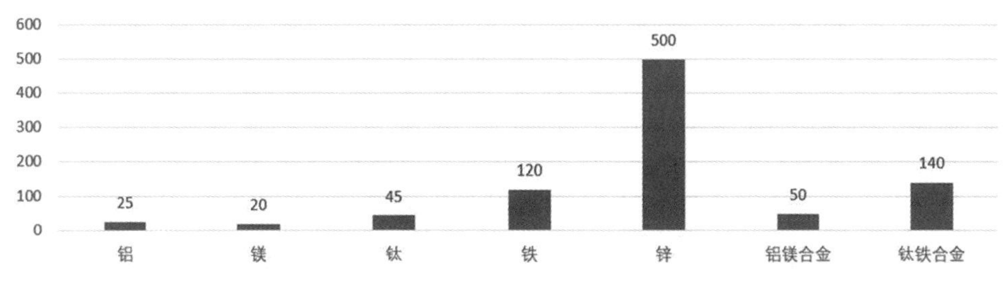

图 1-9 部分金属类粉尘的爆炸下限

(3)爆炸极限在消防中的应用。

爆炸极限在消防中的应用主要体现在以下三个方面。

第一方面:作为评定可燃气体、液体蒸气或粉尘等物质火灾爆炸危险性大小的主要指标。爆炸极限范围越大,爆炸下限越低,爆炸物越容易与空气或其他助燃气体形成爆炸性混合物,其可燃物的火灾爆炸危险性就越大。因此,《建筑设计防火规范》(GB 50016—2014)(2018 年版)在对生产及储存物品的火灾危险性分类时,以爆炸极限为其中的火灾危险性特征对危险性进行了分

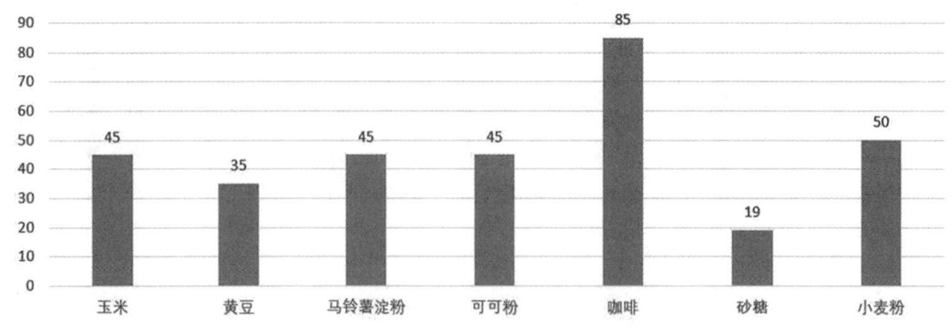

图 1-10　部分食品类粉尘的爆炸下限

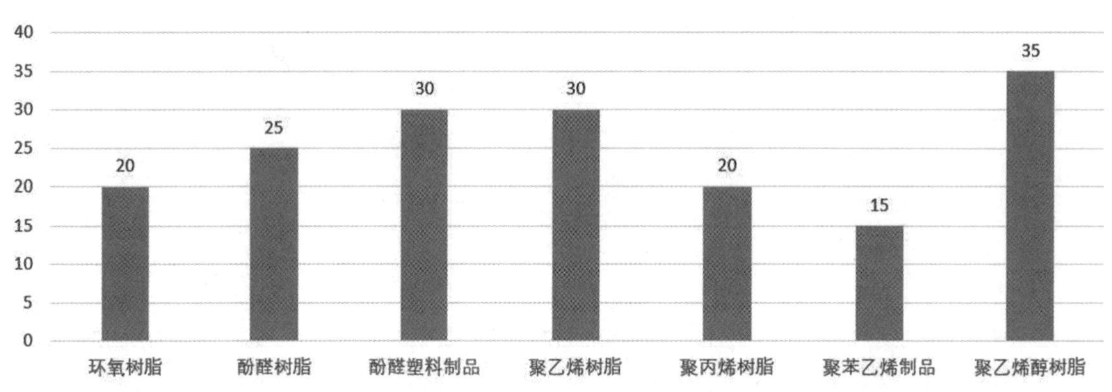

图 1-11　部分合成材料类粉尘的爆炸下限

类。第一，在对生产的火灾危险性分类时，将生产中使用或产生爆炸下限小于 10％的气体物质，划分为甲类生产，例如氢气、甲烷、乙烯、乙炔、环氧乙烷、氯乙烯、硫化氢、水煤气和天然气等气体；将生产中使用或产生爆炸下限不小于 10％的气体，划分为乙类生产，例如一氧化碳压缩机室及净化部位，发生炉煤气或鼓风炉煤气净化部位，氨压缩机房。第二，在对储存物品的火灾危险性分类时，将储存爆炸下限小于 10％的气体和受到水或空气中水蒸气的作用能产生爆炸下限小于 10％气体的固体物质的场所，划分为甲类储存物品场所；将储存爆炸下限不小于 10％的气体的场所，划分为乙类储存物品场所。

第二方面：作为确定厂房和仓库防火措施的依据。以爆炸极限为特征对生产厂房的火灾危险性和储存物品仓库的火灾危险性进行分类后，以此为依据可以进一步确定厂房和仓库的耐火等级、防火间距、电气设备选用、建筑消防设施以及灭火救援力量的配备等。

第三方面：在生产、储存、运输、使用过程中，根据可燃物的爆炸极限及其危险特性，确定相应的防爆、泄爆、抑爆、隔爆和抗爆措施。例如，利用可燃气体或蒸气氧化法生产时，可采用惰性气体稀释和保护的方式，避免可燃气体或蒸气的浓度在爆炸极限范围之内。存在粉尘爆炸危险的工艺设备，采用监控式抑爆装置进行保护，从而在爆炸初始阶段，通过物理化学作用扑灭火焰，使未爆炸的粉尘不再参与爆炸。

4）最低引爆能量

（1）最低引爆能量的概念。最低引爆能量又称最小点火能量，是指在一定条件下，每一种爆炸性混合物的起爆最小点火能量。

(2)不同物质的最低引爆能量。爆炸性混合物的最低引爆能量越小，其燃爆危险性就越大，低于该能量，混合物就不会爆炸。图 1-12 所示为部分可燃气体和蒸气的最低引爆能量。部分可燃粉尘的最低引爆能量如图 1-13 至图 1-15 所示。

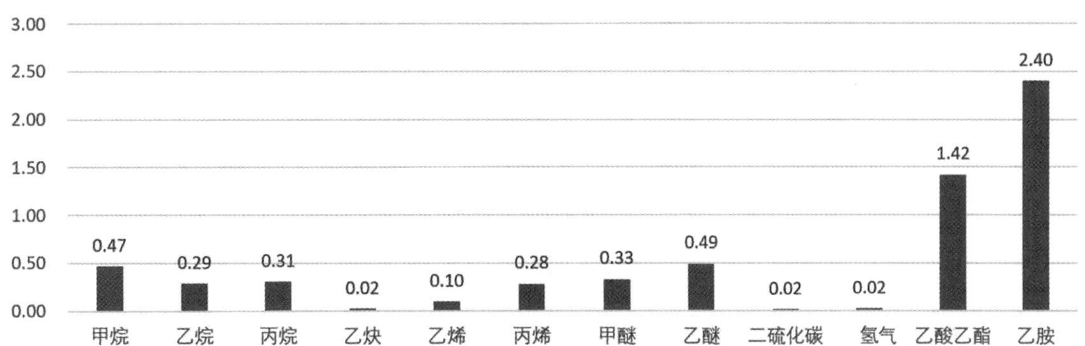

图 1-12　部分可燃气体和蒸气的最低引爆能量

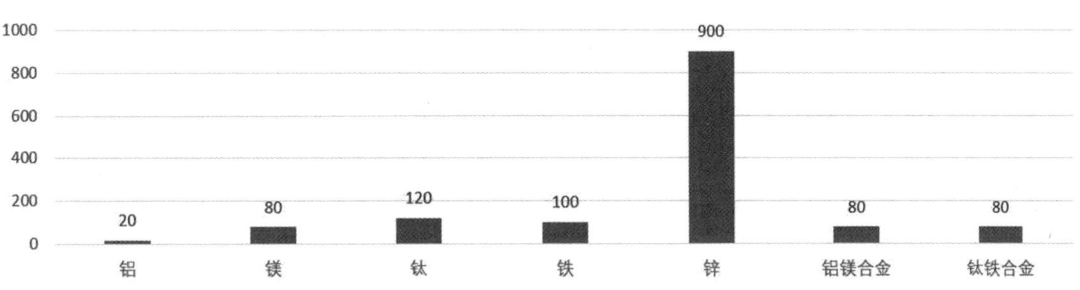

图 1-13　部分金属类粉尘的最低引爆能量

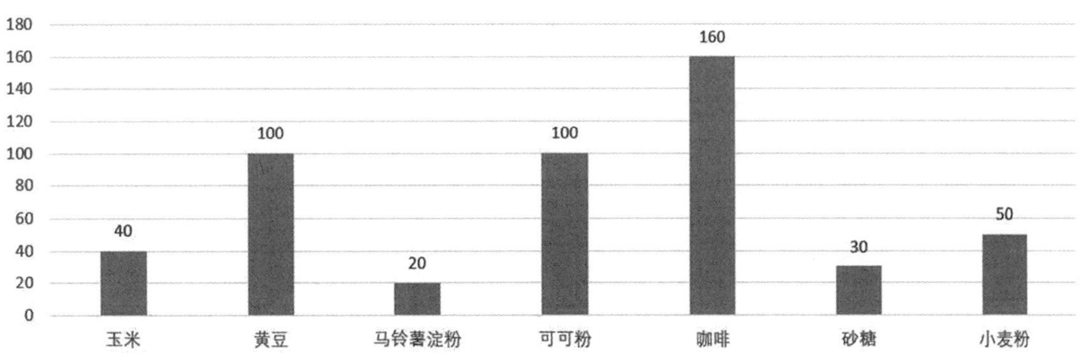

图 1-14　部分食品类粉尘的最低引爆能量

5)引发爆炸的直接原因

引发爆炸的直接原因可归纳为以下两大方面。

(1)机械、物质或环境的不安全状态。

机械、物质或环境的不安全状态引发爆炸的原因主要有以下三个方面。

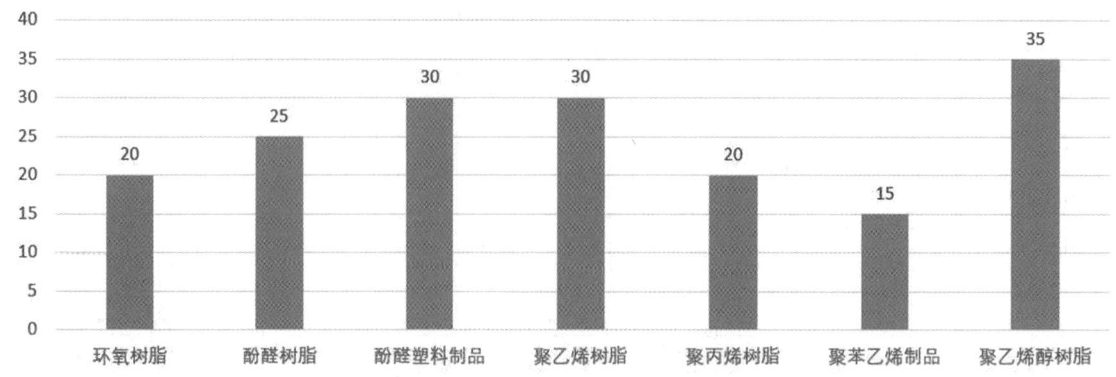

图 1-15　部分合成材料类粉尘的最低引爆能量

①生产设备原因:选材不当或材料质量有问题,导致设备存在先天性缺陷;结构设计不合理,零部件选配不当,导致设备不能满足工艺操作的要求;腐蚀、超温、超压等导致出现破损、失灵、机械强度下降、运转摩擦部件过热等。

②生产工艺原因:物料的加热方式、方法不当,致使引爆物料;对工艺性火花控制不力而形成引火源;对化学反应型工艺控制不当,致使反应失控;对工艺参数控制失灵,导致出现超温、超压现象。

③物料原因:生产中使用的原料、中间体和产品大多是有火灾、爆炸危险性的可燃物;工作场所过量堆放物品;对易燃易爆危险品未采取安全防护措施;产品下机后不待冷却便入库堆积;不按规定掌握投料数量、投料比、投料先后顺序;控制失误或设备故障造成物料外溢,生产粉尘或可燃气体达到爆炸极限。

(2)人的不安全行为。

人的不安全行为导致爆炸的原因主要有违反操作规程,违章作业,随意改变操作控制条件;生产和生活用火不慎,乱用炉火、灯火,乱丢未熄灭的火柴杆、烟蒂;判断失误、操作不当,对生产出现的超温、超压等异常现象束手无策;不遵循科学规律指挥生产,盲目施工,超负荷运转等。

6)爆炸对火灾的影响

爆炸冲击波能将燃烧着的物质抛撒到高空和周围地区,燃烧着的物质落在可燃物体上就会成为新的火源,造成火势蔓延。除此之外,爆炸冲击波能破坏难燃结构的保护层,使保护层脱落,可燃物体暴露于表面,这就为燃烧面积迅速扩大提供了条件。由于冲击波的破坏作用,建筑结构会发生局部变形或倒塌,增加空隙和孔洞,必然会使大量的新鲜空气流入燃烧区,燃烧产物迅速流到室外。在此情况下,气体对流会大大加强,使燃烧强度剧增,使火势迅速发展。同时,由于建筑物孔洞大量增加,气体对流的方向发生变化,火势蔓延方向也会改变。如果冲击波将炽热火焰冲散,使火焰穿过缝隙或不严密处,进入建筑结构的内部孔洞,也会引起该部位的可燃物质发生燃烧。火场如果有沉积在物体表面的粉尘,爆炸的冲击波会使粉尘扬撒于空间,与空气形成爆炸性混合物,可能发生二次爆炸或多次爆炸。可燃气体、液体和粉尘与空气混合发生爆炸时,爆炸区域内的低燃点物质会在顷刻之间全部发生燃烧,燃烧面积迅速扩大。火场发生爆炸,不仅对火势发展变化有极大影响,而且对扑救人员和附近群众也有严重威胁。因此,应采取有效措施,防止和消除爆炸危险。

二、按燃烧物形态不同分类

按燃烧物形态不同，燃烧分为固体物质燃烧、液体物质燃烧和气体物质燃烧三种类型。

1. 固体物质燃烧

根据固体物质的燃烧特性，固体物质燃烧主要有以下四种燃烧方式。

1）阴燃

物质缓慢燃烧，无可见光，通常产生烟气并且温度升高的现象称为阴燃。阴燃是在燃烧条件不充分的情况下发生的缓慢燃烧，是固体物质特有的燃烧形式。固体物质能否发生阴燃，主要取决于固体材料自身的理化性质及其所处的外部环境。例如，成捆堆放的纸张、棉、麻以及大堆垛的煤、草、锯末等固体可燃物，在空气不流通、加热温度较低或含水分较高时就会发生阴燃。这种燃烧看不见火苗，可持续数天，不易发现。阴燃和有焰燃烧在一定条件下能相互转化。如在密闭或通风不良的场所发生火灾，由于燃烧消耗了氧气，氧气浓度降低，燃烧速度减慢，分解出的气体量减少，火焰逐渐熄灭，此时有焰燃烧可能转为阴燃。但如果改变通风条件，增加供氧量或可燃物中的水分蒸发到一定程度，阴燃也可能转变为有焰燃烧。火场的复燃现象和固体阴燃引起的火灾等都是阴燃在一定条件下转化为有焰燃烧的例子。

2）蒸发燃烧

可燃固体受热后升华或熔化后蒸发，蒸气与氧气发生的有焰燃烧现象称为蒸发燃烧。固体的蒸发燃烧是一个熔化、汽化、扩散、燃烧的连续过程，属于有焰的均相燃烧。例如，蜡烛、樟脑、松香、硫黄等物质的燃烧就是典型的蒸发燃烧。

3）分解燃烧

分子结构复杂的可燃固体，由于受热分解而产生可燃气体后发生的有焰燃烧现象称为分解燃烧。例如，木材、纸张、棉、麻、毛、丝、合成高分子的热固性塑料、合成橡胶等物质的燃烧就属于分解燃烧。分解燃烧与蒸发燃烧一样，属于有焰的均相燃烧，但可燃气体的来源不同。蒸发燃烧的可燃气体是相变的产物，而分解燃烧的可燃气体来自固体的热分解。

4）表面燃烧

可燃固体的燃烧如果是在其表面直接吸附氧气而发生的燃烧，称为表面燃烧。例如，木炭、焦炭、铁、铜等物质的燃烧就属于典型的表面燃烧。这种燃烧方式的特点是在发生表面燃烧的过程中，固体物质既不熔化或汽化，也不发生分解，只是在其表面直接吸附氧气进行燃烧反应，固体表面呈高温、炽热、发红、发光而无火焰的状态，空气中的氧气不断扩散到固体高温表面被吸附，进而发生气固非均相反应，反应的产物带着热量从固体表面逸出。表面燃烧是无火焰的非均相燃烧，因此，又称为异相燃烧。

四种燃烧形式的划分不是绝对的，有些可燃固体的燃烧往往包含两种或两种以上的形式。例如，木材及木制品、纸张、棉、麻、化纤织物等可燃性固体，四种燃烧形式往往同时出现在火灾过程中，阴燃一般发生在火灾的初始阶段，蒸发燃烧和分解燃烧多发生在火灾的发展阶段和猛烈燃烧阶段，表面燃烧通常发生在火灾的熄灭阶段。

2. 液体物质燃烧

根据液体物质的燃烧特性，液体物质的燃烧方式主要有以下四种。

1）闪燃

（1）闪燃的概念。

可燃性液体挥发的蒸气与空气混合达到一定浓度后，遇明火发生一闪即灭的燃烧现象，称为闪燃。

(2)闪燃的形成过程。

在一定温度条件下，可燃性液体表面会产生可燃蒸气，这些可燃蒸气与空气混合形成一定浓度的可燃性气体，当其浓度不足以维持持续燃烧时，遇火源能产生一闪即灭的火苗或火光，形成一种瞬间燃烧现象。可燃性液体之所以会发生一闪即灭的闪燃现象，是因为液体在闪燃温度下蒸发的速度较慢，蒸发出来的蒸气仅能维持一刹那的燃烧，而来不及提供足够的蒸气维持稳定的燃烧，故闪燃一下就熄灭了。闪燃往往是可燃性液体着火的先兆，因此，从消防角度来说，闪燃就是危险的警告。

(3)液体的闪点。

①闪点的概念。

在规定的试验条件下，可燃性液体表面产生的蒸气在试验火焰作用下发生闪燃的最低温度，称为闪点，单位为"℃"。

②闪点的变化规律。

闪点与可燃性液体的饱和蒸气压有关，饱和蒸气压越高，闪点越低。同系物液体的闪点具有以下规律：闪点随其分子量的增加而升高；闪点随其沸点的增加而升高；闪点随其密度的增加而升高；闪点随其蒸气压的降低而升高。表 1-1 所示为部分可燃性液体的闪点。

表 1-1　部分可燃性液体的闪点

名称	闪点	名称	闪点	名称	闪点
汽油	−58～10	甲醇	12.2	苯	−11
煤油	≥30	乙醇	17	甲苯	4
柴油	60	正丙醇	15	乙苯	12.8
樟脑	65.6	丁醇	29	丁基苯	60

③闪点在消防中的应用。

闪点是可燃性液体性质的主要特征之一，是评定可燃性液体火灾危险性的重要参数。闪点越低，火灾危险性就越大；反之，则越小。在一定条件下，当液体的温度高于其闪点时，液体随时有可能被引火源引燃或发生自燃；当液体的温度低于闪点时，液体不会发生闪燃，更不会着火。

闪点在消防中的应用主要体现在两个方面。一是根据闪点划分可燃性液体的火灾危险性类别。例如，《建筑设计防火规范》(GB 50016—2014)(2018 年版)在对生产及储存物品场所的火灾危险性分类时，以闪点作为火灾危险性的特征，即将液体生产及储存场所的火灾危险性分为甲类(闪点<28℃的液体)、乙类(28℃≤闪点<60℃的液体)、丙类(闪点≤60℃的液体)三个类别。再如，《石油库设计规范》(GB 50074—2014)根据闪点将液体分为易燃液体(闪点<45℃的液体)和可燃液体(闪点≥45℃的液体)两种类型。二是根据闪点间接确定灭火剂的供给强度。例如，《泡沫灭火系统设计规范》(GB 50151—2010)在确定非水溶性液体储罐采用固定式、半固定式液上喷射系统时，依据液体闪点划分的甲类、乙类和丙类液体，明确其对应的泡沫混合液供给强度和连续供给时间不应小于表 1-2 所示的值。

表 1-2 泡沫混合液供给强度和连续供给时间

系统形式	泡沫混合液种类	供给强度/[L/(min·m^2)]	连续供给时间/min	
			甲、乙类液体	丙类液体
固定式、半固定式液上喷射系统	蛋白	6.0	40	30
	氟蛋白、成膜氟蛋白、水成膜	5.0	45	30

2)蒸发燃烧

蒸发燃烧是指可燃性液体受热后,边蒸发边与空气混合,遇引火源后发生燃烧,出现火焰的气相燃烧形式。可燃性液体在燃烧过程中,并不是液体本身在燃烧,而是液体受热时蒸发出来的液体蒸气被分解、氧化达到燃点而燃烧。因此,液体能否发生燃烧、燃烧速率高低,与液体的蒸气压、闪点、沸点和蒸发速率等密切相关。

3)沸溢燃烧

(1)沸溢的概念。

正在燃烧的油层下的水层因受热沸腾膨胀导致燃烧着的油品喷溅,使燃烧瞬间增大的现象,称为沸溢。

(2)沸溢的形成过程及其危害。

含有一定水分、黏度较大的重质油品(如原油、重油)中的水以乳化水和水垫层两种形式存在。乳化水是悬浮于油中的细小水珠,油水分离过程中,水沉降在底部就形成水垫层。重质油品燃烧时,沸程较宽的重质油品产生热波,在热波向液体深层运动时,温度远高于水的沸点,会使油品中的乳化水汽化,大量的蒸气穿过油层向液面上浮,在向上移动过程中形成油包气的气泡,即油的一部分形成了含有大量蒸汽气泡的泡沫。这种表面包含油品的气泡,比原来的水体积扩大千倍以上,气泡被油薄膜包围形成大量油泡群,液面上下像开锅一样沸腾,到储罐容纳不下时,油品就会像“跑锅”一样溢出储罐,这就是沸溢形成的过程。有关试验表明,含有1%水分的石油,经45～60 min燃烧就会发生沸溢。在一般情况下,油品含水量大,热波移动速度快,沸溢出现早;油品含水量小,热波移动速度慢,沸溢出现就晚。储罐发生沸溢时,油品外溢距离可达几十米,面积可达数千平方米,会形成大面积流散液体燃烧,对灭火救援人员及消防器材装备等的安全会产生巨大的威胁。

(3)沸溢的形成条件。

含有水分、黏度较大的重质油品发生燃烧时,有可能产生沸溢现象。通常,沸溢的形成必须具备以下三个条件:一是油品为重质油品且黏度较大;二是油品具有热波的特性;三是油品含有乳化水。

(4)沸溢的典型征兆。

一是出现液滴在油罐液面上跳动并发出“啪叽啪叽”的微爆噪声;二是燃烧出现异常,火焰呈现大幅度的脉动、闪烁;三是油罐开始出现振动。

4)喷溅燃烧

(1)喷溅的概念。

储罐中含有水垫层的重质油品在燃烧过程中,随着热波温度的逐渐升高,热波向下传播的距离也不断加大。当热波达到水垫层时,水垫层的水变成水蒸气,蒸汽体积迅速膨胀,当形成的蒸汽压力大到足以把水垫层上面的油层抬起时,蒸汽冲破油层将燃烧着的油滴和包油的油气抛向上空,向四周喷溅燃烧,这种现象称为喷溅燃烧。

(2)喷溅的形成过程及其危害。

一般情况下，发生喷溅的时间要晚于发生沸溢的时间，常常是先发生沸溢，间隔一段时间，再发生喷溅。研究表明，喷溅发生的时间与油层厚度、热波移动速度及油的燃烧线速度有关，储罐从着火到喷溅的时间与油层厚度成正比，与燃烧的速度和热波传播的速度成反比。油层越薄，燃烧速度、油品温度传递速度越快，越能在着火后较短时间内发生喷溅。喷溅高度和散落面积与油层厚度、储罐直径有关。发生喷溅时油品与火突然腾空而起，带出的燃油从池火燃烧状态转变为液滴燃烧状态，向外喷出，形成空中燃烧，火柱高达十几米甚至几十米，燃烧强度和危险性随之增加，导致流散液体增多，燃烧面积迅速增大，严重威胁周边建(构)筑物、器材装备及人员的安全。因此，储罐一旦出现沸溢和喷溅，火场有关人员必须立即撤到安全地带，并应采取必要的技术措施，防止喷溅时油品流散、火势蔓延和扩大。

(3)喷溅的形成条件。

从喷溅形成的过程看，发生喷溅必须具备以下条件：一是油品属于沸溢性油品；二是储罐底部含有水垫层；三是热波头温度高于水的沸点并与水垫层接触。

(4)喷溅的典型征兆。

一是油面蠕动、涌涨现象明显，出现油泡沫 2～4 次；二是火焰变白且发亮，火舌尺寸变大，形似火箭；三是颜色由浓变淡；四是罐壁发生剧烈抖动，并伴有强烈的“嘶嘶”声。

3. 气体物质燃烧

可燃气体的燃烧不像固体、液体物质那样需经熔化、分解、蒸发等变化过程，其在常温常压下就可以任意比例与氧化剂混合，完成燃烧反应的准备阶段。混合气体达到一定浓度后，遇引火源即可发生燃烧或爆炸，因此，气体的燃烧速度大于固体、液体。根据气体物质燃烧过程的控制因素不同，气体有以下两种燃烧方式。

1)扩散燃烧

可燃性气体或蒸气与气体氧化剂互相扩散，边混合边燃烧的现象，称为扩散燃烧。例如，天然气井口的井喷燃烧、工业装置及容器破裂口喷出燃烧等均属于扩散燃烧。扩散燃烧的特点是扩散火焰不运动，也不发生回火现象，可燃气体与气体氧化剂的混合在可燃气体喷口进行。气体扩散多少，就烧掉多少，燃烧比较稳定。对于稳定的扩散燃烧，只要控制得好，就不至于造成火灾，发生火灾也较易扑救。

2)预混燃烧

可燃气体或蒸气预先同空气(或氧气)混合，遇引火源产生带有冲击力的燃烧现象，称为预混燃烧。这类燃烧往往造成爆炸，因此，也称爆炸式燃烧或动力燃烧。预混燃烧按照混合程度不同，又分为部分预混燃烧(可燃气体预先与部分空气或氧气混合的燃烧)和完全预混燃烧(可燃气体预先与过量空气或氧气混合的燃烧)两种形式。预混燃烧的特点是燃烧反应快，温度高，火焰传播速度快，反应混合气体不断扩散，在可燃混合气体中会产生一个火焰中心，成为热量与化学活性粒子集中源。预混燃烧一般发生在封闭体系或混合气体向周围扩散的速度远小于燃烧速度的敞开体系中。当大量可燃气体泄漏到空气中，或大量可燃液体泄漏并迅速蒸发产生蒸气，则会在大范围空间内与空气混合形成可燃性混合气体，遇引火源就会立即发生爆炸。许多火灾爆炸事故都是由预混燃烧引起的，如制气系统检修前不进行置换就烧焊、燃气系统开车前不进行吹扫就点火、用气系统产生负压“回火”或漏气未被发现而动火等，预混燃烧往往形成动力燃烧，极易造成设备损坏和人员伤亡事故。

1.4 燃烧产物

一、燃烧产物的概念

燃烧或热解作用产生的全部物质称为燃烧产物。燃烧产物通常包括燃烧生成的烟气、热量和气体等。

二、燃烧产物的分类

燃烧产物分为完全燃烧产物和不完全燃烧产物两类。

1. 完全燃烧产物

可燃物质在燃烧过程中,如果生成的产物不能再燃烧,则称为完全燃烧,其产物为完全燃烧产物,例如二氧化碳、二氧化硫等。

2. 不完全燃烧产物

可燃物质在燃烧过程中,如果生成的产物还能继续燃烧,则称为不完全燃烧,其产物为不完全燃烧产物,例如一氧化碳、醇类、醛类、醚类等。

三、不同物质的燃烧产物

燃烧产物的数量及成分,随物质的化学组成以及温度、空(氧)气的供给情况等变化而有所不同。

1. 单质的燃烧产物

单质在空气中的燃烧产物为该单质元素的氧化物,如碳、氢、硫的单质燃烧分别生成二氧化碳、水蒸气、二氧化硫,这些产物不能再燃烧,属于完全燃烧产物。

2. 化合物的燃烧产物

一些化合物在空气中燃烧除生成完全燃烧产物外,还会生成不完全燃烧产物。最典型的不完全燃烧产物是一氧化碳,它能进一步燃烧生成二氧化碳。一些高分子化合物,受热后会产生热裂解,生成许多不同类型的有机化合物,并能进一步燃烧。

3. 木材的燃烧产物

木材属于高熔点类混合物,主要由碳、氢、氧、氮等元素组成,常以纤维素分子形式存在。木材的燃烧一般包含分解燃烧和表面燃烧两种类型。在高湿、低温、缺氧条件下,木材还能发生阴燃。木材的燃烧存在三个比较明显的阶段。一是干燥准备阶段。木材接触火源时水分开始蒸发,加热到约 110℃时就被干燥并蒸发出极少量的树脂。温度达到 150～200℃时,木材开始分解,产物主要是水蒸气和二氧化碳,为燃烧做好了准备。二是有焰燃烧阶段,即木材的热分解产物的燃烧。当温度达到 200～280℃时,木材开始变色并炭化,分解产物主要是一氧化碳、氢和碳氢化合物,分解产物进行稳定的有焰燃烧,直到木材的有机质组分分解完,有焰燃烧才结束。三是无焰燃烧阶段,即木炭的表面燃烧。当木材被加热到 300℃以上时,在木材表面垂直于纹理方向上木炭层出现小裂纹，使挥发物容易通过炭化层表面逸出。随着炭化深度的增加，裂缝逐渐加宽，产生"龟裂"现象。

4. 高聚物的燃烧产物

有机高分子化合物（简称高聚物），主要是以石油、天然气、煤为原料制成的，例如我们熟知的塑料、橡胶、合成纤维这三大合成有机高分子化合物。高聚物的燃烧过程十分复杂，包括一系列的物理和化学变化，主要分为受热软化熔融、热分解和着火燃烧三个阶段。高聚物的燃烧与热源温度、物质的理化特性和环境氧浓度等因素密切相关，其着火燃烧的难易程度有很大差别。高聚物的燃烧具有发热量大、燃烧速度快、发烟量大、有熔滴等特点，并且在燃烧或分解过程中会产生氮氧化合物、氯化氢、光气、氰化氢等大量有毒或有刺激性的有害气体，其燃烧产物的毒性十分剧烈。不同类型的高聚物在燃烧或分解过程中会产生不同类别的产物。只含碳和氢的高聚物，例如聚乙烯、聚丙烯、聚苯乙烯燃烧时有熔滴，易产生一氧化碳气体；含有氧的高聚物，例如赛璐珞、有机玻璃等燃烧时变软，无熔滴，同样产生一氧化碳气体；含有氮的高聚物，例如三聚氰胺甲醛树脂、尼龙等燃烧时有熔滴，会产生一氧化碳、一氧化氮、氰化氢等有毒气体；含有氯的高聚物，例如聚氯乙烯等燃烧时无熔滴，有炭瘤，并产生氯化氢气体，有毒且溶于水后有腐蚀性。

四、燃烧产物的毒性及其危害

燃烧产物大多是有毒有害气体，例如一氧化碳、氰化氢、二氧化硫等均对人体有不同程度的危害，往往会通过呼吸道侵入或刺激眼结膜、皮肤黏膜使人中毒甚至死亡。据统计，在火灾中死亡的人约75%是由于吸入毒性气体中毒而死的。一氧化碳是火灾中致死的主要燃烧产物之一，其毒性在于对血液中血红蛋白的高亲和力。一氧化碳与血红蛋白的亲和力比氧与血红蛋白的亲和力高200～300倍，所以一氧化碳极易与血红蛋白结合，形成碳氧血红蛋白，使血红蛋白丧失携氧的能力和作用，造成人体组织缺氧而窒息。吸入一氧化碳气体后，一氧化碳能阻止人体血液中氧气的输送，引起头痛、虚脱、神志不清、肌肉调节障碍等症状，严重时会使人昏迷甚至死亡。表1-3所示为不同浓度的一氧化碳对人体的影响。另外，建筑物内广泛使用的合成高分子等物质燃烧时，不仅会产生一氧化碳、二氧化碳，还会分解出乙醛、氯化氢、氰化氢等有毒气体，给人的生命安全造成更大的威胁。表1-4所示为部分主要有害气体的来源及对人体的影响。

表1-3　不同浓度的一氧化碳对人体的影响

火场中一氧化碳的浓度	人的呼吸时间/min	中毒程度
0.1%	60	头痛、呕吐、不舒服
0.5%	20～30	有致死的危险
1.0%	1～2	可中毒死亡

表1-4　部分主要有害气体的来源及对人体的影响

有害气体的来源	对人体的影响	短期(10 min)估计致死浓度
木材、纺织品、聚丙烯腈尼龙、聚氨酯等物质燃烧时分解出的氰化氢	一种迅速致死、有窒息性的毒物	0.035%

有害气体的来源	对人体的影响	短期(10 min)估计致死浓度
纺织物燃烧时产生的二氧化氮和其他氮的氧化物	肺的强刺激剂,能引起即刻死亡及滞后性伤害	>0.02%
由木材、丝织品、尼龙以及三聚氰胺燃烧产生的氨气	强刺激剂,对眼、鼻有强烈刺激作用	>0.1%
PVC 电绝缘材料,其他含氯高分子材料及阻燃处理物热分解产生的氯化氢	呼吸道刺激剂,吸附于微粒上的氯化氢的潜在危险性较等量的氯化氢气体大	>0.05%,气体或微粒存在时
氟化树脂类或薄膜类以及某些含溴阻燃材料热分解产生的含卤酸气体	呼吸刺激剂	HF=0.04% COF_2=0.01% HB_r>0.05%
含硫化合物及含硫物质燃烧分解产生的二氧化硫	强刺激剂,在远低于致死浓度下即使人难以忍受	>0.05%
由聚烯烃和纤维素低温热解(400℃)产生的丙醛	潜在的呼吸刺激剂	0.003%~0.01%

五、烟气

1. 烟气的概念及成分

烟气是指物质高温分解或燃烧时产生的固体和液体微粒、气体,连同夹带和混入的部分空气形成的气流。

烟气的主要成分有燃烧和热分解生成的气体,例如一氧化碳、二氧化碳、氰化氢、氯化氢、硫化氢、乙醛、丙醛、光气、苯、甲苯、氯气、氨气、氮氧化合物等;悬浮在空气中的液体微粒,例如蒸气冷凝而成的均匀分散的焦油类粒子和高沸点物质的凝缩液滴等;固态微粒,例如燃料充分燃烧后残留下来的灰烬和炭黑固体粒子。

2. 烟气的危害性

建(构)筑物发生火灾时,建筑材料及装修材料、室内可燃物等在燃烧时产生的生成物之一是烟气。固态物质、液态物质、气态物质在燃烧时,都要消耗空气中大量的氧气,并产生大量炽热的烟气。烟气是一种混合物,其含有的各种有毒性气体和固体碳颗粒具有以下危害性。

1)毒害性

火灾产生的烟气中含有的各种有毒气体,其浓度往往超过人的生理正常所允许的最高浓度,极易造成人员中毒死亡。例如,人生理正常所需要的氧气浓度应大于16%,而烟气的含氧量往往低于此数值。据有关试验测定:当空气的含氧量降低到15%时,人的肌肉活动能力下降;降到10%~14%时,人就会四肢无力、智力混乱、辨不清方向;降到6%~10%时,人就会晕倒;低于6%时,人的呼吸会停止,约5 min就会死亡。实际的着火房间中氧气的最低浓度为3%左右,可见在发生火灾时,人如果不能及时逃离火场是很危险的。此外,火灾烟气中常含氰化氢、卤化氢、光气、醛、醚等多种有毒刺激性气体,使眼睛不能长时间睁开,不能较好地辨别方向,这势必影响逃生能力。另据试验表明:一氧化碳浓度达到1%时,人在1~2 min内死亡;氢氰酸的浓度达到0.027%时,人立即死亡;氯化氢的浓度达到0.2%时,人在数分钟内死亡;二氧化碳的浓度达到20%时,人在短时间内死亡。在对火灾遇难者的尸体的解剖中发现,死者血液中经常含有羰基血红蛋白,这是吸入一氧化碳和氰化物等的结果。

2)窒息性

二氧化碳在空气中的含量过高,会刺激人的呼吸系统,使呼吸加快,引起口腔及喉部肿胀,造成呼吸道阻塞,从而产生窒息。表1-5所示为不同浓度的二氧化碳对人体的影响。例如,河南省某商厦"12·25"特别重大火灾事故,造成309人死亡、7人受伤,事后调查表明,这起火灾的遇难人员全部是因为吸入有毒烟气中毒、窒息而亡的。

表1-5　不同浓度的二氧化碳对人体的影响

二氧化碳的含量	对人体的影响
0.55%	6 h内不会有任何症状
1%~2%	有不适感,引起不快
3%	呼吸中枢受到刺激,呼吸加快、脉搏加快、血压升高
4%	有头痛、晕眩、耳鸣、心悸等症状
5%	呼吸困难,喘不过气,30 min内引起中毒
6%	呼吸急促,呈困难状态
7%~10%	数分钟内意识不清,失去知觉,出现紫斑,以致死亡

3)减光性

烟气中存在大量的悬浮固体和液体烟粒子,烟粒子粒径为几微米到几十微米,而可见光波的波长为0.4~0.7微米,即烟粒子的粒径大于可见光的波长,这些烟粒子是不透明的,对可见光有完全的遮蔽作用。当烟气弥漫时,可见光因受到烟粒子的遮蔽而大大减弱,能见度大大降低,这就是烟气的减光性。烟气的减光性,会使火场能见度降低,进而影响人的视线,使人在浓烟中辨不清方向,不易找到起火点和辨别火势发展方向,严重妨碍人员安全疏散和消防人员灭火扑救。

4)高温性

烟气是燃烧或热解的产物,在物质的传递过程中,携带大量的热量离开燃烧区,其温度非常高,火场上烟气的温度往往为300~800℃,甚至超过多数可燃物质的热分解温度,人在烟气中极易被烫伤。试验表明,短时间内人的皮肤直接接触烟气的安全温度范围不宜超过65℃,接触超过100℃的烟气,不仅会出现虚脱现象,且几分钟内就会严重烧伤或烧死。

5)爆炸性

烟气中的不完全燃烧产物,如一氧化碳、氰化氢、硫化氢、氨气、苯、烃类等都是易燃物质,这些物质的爆炸下限都不高,极易与空气形成爆炸性混合气体,使火场有发生爆炸的危险。

6)恐怖性

发生火灾时,烟气和火焰冲出门窗孔洞,浓烟滚滚,烈火熊熊,高温烘烤,使人陷入极度恐惧的状态之中,惊慌失措,失去理智,会给火场人员疏散造成混乱。

3. 烟气的流动和蔓延

火灾产生的高温烟气的密度比冷空气小,因此,烟气在建筑物内向上升腾,但因受到建筑结构、开口和通风条件等限制,遇到水平楼板或顶棚时,即改为向水平方向流动,所以烟气在流动扩散过程中通常向水平和竖直两个方向流动扩散蔓延，如图 1-16 所示。烟气在顶棚下向前运动时，如遇梁或挡烟垂壁，烟气受阻，此时烟气会折回，聚集在储烟仓上空，直到烟的层流厚度超过梁高，烟会继续前进，占满空间。研究表明，烟气的蔓延速度与火灾燃烧阶段、烟气温度和蔓延方向有关。烟气在水平方向的流动扩散速度较小，竖直上升速度则大得多。据测试，水平方向烟气流动扩散速度，在火灾初期为 0.1～0.3 m/s，在火灾中期为 0.5～0.8 m/s；竖直方向烟气流动扩散速度可达 1～8 m/s。通常，在建筑内部烟气流动扩散一般有三条路线：第一条路线是着火房间→走廊→楼梯间→上部各楼层→室外；第二条路线是着火房间→室外；第三条路线是着火房间→相邻上层房间→室外。

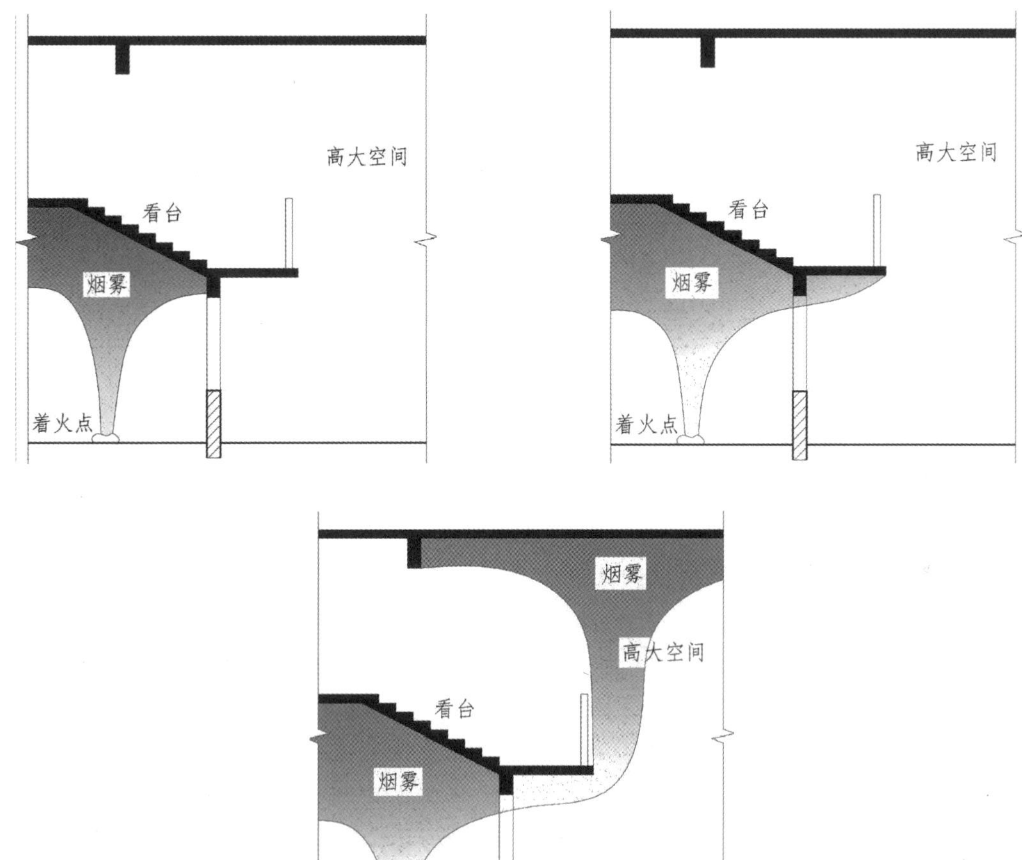

图 1-16　烟气竖向和水平方向流动示意图

1)着火房间内的烟气的流动、蔓延

火灾过程中，由于热浮力作用，烟气从火焰区域沿竖直方向上升到楼板或者顶棚，然后会改变流动方向沿顶棚水平方向流动扩散。由于冷空气混入以及建筑围护构件的阻挡，水平方向流动扩散的烟气温度逐渐下降并向下流动。逐渐冷却的烟气和冷空气流向燃烧区，形成了室内的自然对流，使火越烧越旺。着火房间的顶棚下方逐渐积累形成稳定的烟气层。着火房间内的烟气在流动扩散过程中，会出现以下现象。

(1)烟羽流。火灾时烟气卷吸周围空气形成的混合烟气流，称为烟羽流。烟羽流按火焰及烟的流动情形，可分为轴对称型烟羽流（见图 1-17）、阳台溢出型烟羽流、窗口型烟羽流等。燃烧表面上方附近为火焰区，它分为连续火焰区和间歇火焰区。火焰区上方为燃烧产物即烟气的羽流区，其流动完全由浮力效应控制，由于浮力作用，烟气流会形成一个热烟气团，在浮力的作用下向上运动，在上升过程中卷吸周围新鲜空气与原有的烟气发生掺混。

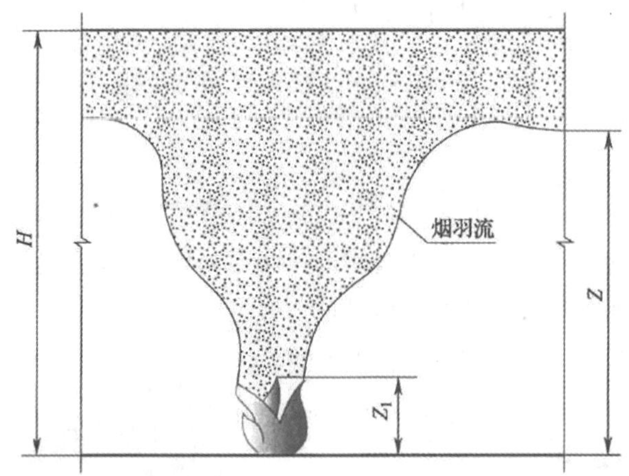

图 1-17　轴对称型烟羽流示意图

H—空间净高；Z—燃料面到烟层底部的高度；Z_1—火焰极限高度

（2）顶棚射流。当烟羽流撞击房间的顶棚后，沿顶棚水平运动，形成一个较薄的顶棚射流层，称为顶棚射流。顶棚射流使安装在顶棚上的感烟火灾探测器、感温火灾探测器和洒水喷头感应动作，实现自动报警和喷水灭火。

（3）烟气层沉降。随着燃烧持续发展，新的烟气不断向上补充，室内烟气层的厚度逐渐增加。在这个阶段，上部烟气的温度逐渐升高，浓度逐渐增大，如果可燃物充足，且烟气不能充分地从上部排出，烟气层将会一直下降，直到浸没火源。由于烟气层下降，室内的洁净空气减少，如果着火房间的门、窗等开口是敞开的，烟气会沿这些开口排出。因此，发生火灾时，应设法通过打开排烟口等方式，将烟气层限制在一定高度。否则，着火房间的烟气层下降到房间开口位置，如门、窗或其他缝隙时，烟气会通过这些开口蔓延扩散到建筑的其他部位。

（4）火风压。火风压是指建筑物内发生火灾时，在起火房间内，由于温度上升，气体迅速膨胀，对楼板和四壁形成的压力。火风压的影响主要在起火房间，如果火风压大于进风口的压力，则大量的烟火通过外墙窗口由室外向上蔓延；若火风压等于或小于进风口的压力，则烟火便全部从内部蔓延，当它进入楼梯间、电梯井、管道井、电缆井等竖井后，会大大增强烟囱效应。

2）走廊的烟气的流动、蔓延

随着火灾的发展，着火房间上部烟气层会逐渐变厚。如果着火房间设有外窗或专门的排烟口，烟气将从这些开口排至室外。若烟气的生成量很大，致使外窗或专设排烟口来不及排出烟气，烟气层厚度会继续增大。当烟气层厚度增大到超过挡烟垂壁的下端或房门的上缘时，烟气就会沿着水平方向蔓延扩散到走廊。着火房间内烟气向走廊的扩散流动是火灾烟气流动的主要路线。显然，着火房间门、窗不同的开关状态，会在很大程度上影响烟气向走廊扩散的效果。如果房间的门、窗都紧闭，空气和烟气仅仅通过门、窗的缝隙进出，流量非常有限。如果外窗关闭，室内门开启，着火房间产生的烟气会大量扩散到走廊。当发生轰燃时，门、窗玻璃破碎或门板破损，火势迅猛发展，烟气生成量大大增加，会使大量烟气从着火房间流出。

3)竖井中的烟气的流动、蔓延

在高层建筑中，走廊中的烟气除了向其他房间蔓延外，由于受烟囱效应的驱动，还会通过建筑物内的楼梯井、电梯井、管道井等竖井向上流动扩散。烟囱效应是指在相对封闭的竖向空间内，由于气流对流而使烟气和热气流向上流动的现象。经测试，在烟囱效应的作用下，火灾烟气在竖井中的上升运动十分显著，流动蔓延速度可达 6～8 m/s，甚至更快。因此，烟囱效应是造成烟气向上蔓延的主要因素。

火灾时，建筑物内的温度高于室外温度，所以室内气流总的方向是自下而上，即正烟囱效应。在正烟囱效应的作用下，若火灾发生在中性面（室内空间内部与外部压力相等的高度）以下的楼层，烟气进入竖井后会沿竖井上升。当升到中性面以上时，烟气可由竖井上部的开口流出，也可进入建筑物上部与竖井相连的楼层；若中性面以上的楼层起火，当火势不大时，由烟囱效应产生的空气流动可限制烟气流进竖井，如果着火层的燃烧强烈，则热烟气的浮力足以克服竖井内的烟囱效应，烟气仍可进入竖井并继续向上蔓延。如果在盛夏，安装空调的建筑内的温度比外部温度低，这时建筑内的气体是向下运动的，即逆烟囱效应。逆烟囱效应的空气流可驱使比较冷的烟气向下运动，但在烟气较热的情况下，浮力较大，即使楼内起初存在逆烟囱效应，一段时间后烟气仍会向上运动。因此，高层建筑中的楼梯间、电梯井、管道井、电缆井、排气道等各种竖井的防火分隔或封堵处理不当时，就会形同一座高耸的烟囱，强大的抽拔力将使烟气沿着竖井迅速蔓延。

4. 烟气的颜色及嗅味特征

不同物质燃烧产生的烟气的颜色及嗅味特征各不相同。表 1-6 所示为部分可燃物产生的烟气的颜色及嗅味特征。在火场上，消防救援人员可通过识别烟气的这些特征，为火情侦查、人员疏散与火灾扑救提供参考和依据。

表 1-6　部分可燃物产生的烟气的颜色及嗅味特征

可燃物	烟气特征		
	颜色	嗅	味
木材	灰黑色	树脂嗅	稍有酸味
棉、麻	黑褐色	烧纸嗅	稍有酸味
石油产品	黑色	石油嗅	稍有酸味
硫黄		硫嗅	酸味
橡胶	棕褐色	硫嗅	酸味
硝基化合物	棕黄色	刺激嗅	酸味
有机玻璃		芳香嗅	稍有酸味
钾	浓白色		碱味
聚苯乙烯	浓黑色	煤气嗅	稍有酸味
酚醛塑料	黑色	甲醛嗅	稍有酸味

六、火焰、燃烧热和燃烧温度

1. 火焰

1)火焰的概念

火焰俗称火苗，是指发光的气相燃烧区域。火焰是可燃物在气相状态下发生燃烧的外部表现。

2)火焰的构成

对于固体和液体可燃物而言，其燃烧时形成的火焰由焰心、内焰、外焰三部分构成，如图 1-18 所示。焰心是指最内层亮度较低的圆锥体部分，由可燃物受热蒸发或分解产生的气态可燃物构成。内层氧气浓度较低，所以焰心燃烧不完全，温度较低。内焰是指包围在焰心外部较明亮的圆锥体部分。内焰中气态可燃物进一步分解，因氧气供应不足，燃烧不是很完全，但温度比焰心高，亮度也比焰心强。外焰是指包围在内焰外面亮度较低的圆锥体。外焰中，氧气供给充足，因此燃烧完全，燃烧温度最高。外焰燃烧的往往是一氧化碳和氢气，炽热的碳粒很少，因此，外焰几乎没有光亮。

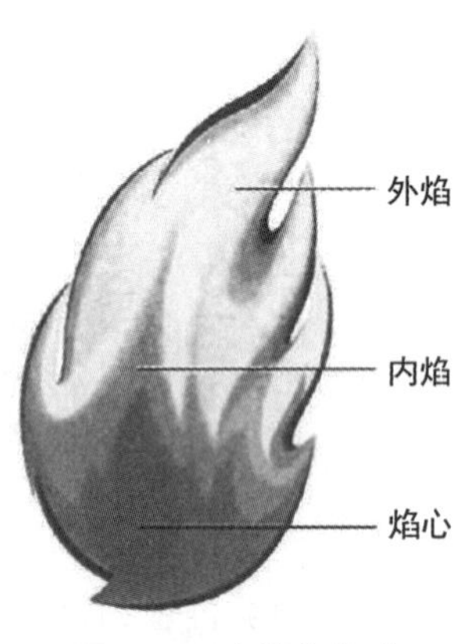

图 1-18　火焰的构成

对于气体可燃物而言，其燃烧形成的火焰只有内焰和外焰两个区域，而没有焰心区域，这是因为气体的燃烧一般无相变过程。

3)火焰的特征

火焰具有以下基本特征。

(1)火焰具有放热性。燃烧反应伴有大量的热释放，所以火焰区的气体会被加热到很高的温度(一般大于 1200 K)。火焰区的热能主要通过辐射、传导和对流的方式向周围环境释放。火焰温度越高，辐射强度越大，对周围可燃物和人员的威胁就越大。

(2)火焰具有颜色和发光性。火焰的颜色取决于燃烧物质的化学成分和助燃物的供应强度。大部分物质燃烧时火焰是橙红色的，但有些物质燃烧时火焰具有特殊的颜色，如硫黄燃烧时火焰是蓝色的，磷和钠燃烧时火焰是黄色的。此外，火焰的颜色还与燃烧温度有关，燃烧温度越高，火焰就越明亮，颜色越接近蓝白色。火焰有显光(光亮)和不显光(或发蓝光)两种类型，显光火焰又分为有熏烟和无熏烟两种。含氧量为 50%以上时，可燃物燃烧时，火焰几乎无光。含氧量为 50%以下时，可燃物燃烧时，发出显光(光亮或发黄光)。如果燃烧物的含碳量为 60%以上，火焰则发出显光，而且带有大量黑烟。因此，根据火焰的颜色和发光特性，我们可以认定起火部位和范围，判定燃烧的物质。此外，掌握不显光火焰的特征，可防止火势扩大和灼伤人员。

(3)火焰具有电离特性。一般在碳氢化合物燃料和空气的燃烧火焰中，气体具有较高的电离度。

(4)火焰具有自行传播的特征。火焰一旦形成，就不断地向相邻未燃气体传播，直到整个反应系统反应终止。因此，根据火焰大小与流动方向，我们可以判定其燃烧速度和火势蔓延方向。

2. 燃烧热

燃烧热是指在 25℃、101 kPa 时，1 mol 可燃物完全燃烧生成稳定的化合物放出的热量。燃烧热越高的物质燃烧时火势越猛，温度越高，辐射出的热量也越多。物质燃烧时，都能放出热量。这些热量被消耗于加热燃烧产物，并向周围扩散。可燃物的发热量取决于物质的化学组成和温度。

3. 燃烧温度

燃烧温度是指燃烧产物被加热的温度。不同可燃物在同样条件下燃烧时，燃烧速度快的可燃物比燃烧速度慢的可燃物的燃烧温度高。在同样大小的火焰下，燃烧温度越高，向周围辐射出的热量就越多，火灾蔓延的速度就越快。

1.5 课后练习与课程思政

请扫描教师提供的二维码，完成章节测试。

思政主题：燃烧条件与事故预防

燃烧需要一定数量的可燃物、一定含量的助燃物和一定能量的引火源，并且只有三者相互作用之后，才能发生燃烧。

实际上，许多事物（事件）的发生，都需要多个因素同时具备，并且相互作用。比如，我们吃的饭菜，其加工需要原材料、加工场地、设备和人员，以及能源等，缺一不可。同时，这些要素还要相互作用。再比如，历史上的战争的发生必须至少有两个利益集团，且双方有争端，各方都有较量的冲动等。

对于积极的事件，我们应创造条件，促进其发生。相反，对于可能发生的消极事件，我们应系统分析其发生的条件，设法避免所有条件同时形成或避免其相互作用，以预防不良事件的发生。

当今世界正经历百年未有之大变局，我国正处于实现中华民族伟大复兴的关键时期。我们要充分利用大变局蕴含的历史机遇，有效应对大变局带来的风险和挑战。我们要在民族复兴的关键时期迈上新台阶，必须依靠国家制度和治理体系的有力支撑和高效运行。只有始终坚持并不断完善以马克思主义为指导、植根中国大地、具有深厚中华文化根基、深得人民拥护的新时代中国特色社会主义制度和治理体系，我们才能在变局中实现国家富强、民族振兴和人民幸福的伟大梦想。

Chapter 2

项目 2 火灾及其分类

1. 掌握火灾的概念；
2. 熟练掌握火灾的分类；
3. 了解火灾的危害。

火灾是物质燃烧所造成的，但物质燃烧并不一定带来火灾。学习火灾及其分类，掌握火灾的危害性，才能为采取适当措施奠定理论基础。

2.1 火灾的概念

在时间或者在空间上失去控制的燃烧称为火灾。

2.2 火灾的分类

一、按可燃物的类型和燃烧特性分类

按照可燃物的类型和燃烧特性，火灾可以划分为以下六个类别。

1. A 类火灾

A 类火灾是指固体物质火灾。固体物质通常具有有机物性质，一般在燃烧时能产生灼热的余烬，例如木材及木制品、棉、毛、麻、纸张、粮食等物质的火灾。

2. B 类火灾

B 类火灾是指液体或可熔化的固体物质火灾，例如汽油、煤油、原油、甲醇、乙醇、沥青、石蜡等物质的火灾。

3. C 类火灾

C 类火灾是指气体火灾，例如，煤气、天然气、甲烷、乙烷、氢气、乙炔等气体燃烧或爆炸发生的火灾。

4. D 类火灾

D 类火灾是指金属火灾，例如钾、钠、镁、钛、锆、锂、铝镁合金等金属的火灾。

5. E 类火灾

E 类火灾是指带电火灾，即物体带电燃烧的火灾，例如变压器、家用电器、电热设备等电气设备以及电线电缆等带电燃烧的火灾。

6. F 类火灾

F 类火灾是指烹饪器具内的烹饪物火灾，例如烹饪器具内的动物油脂或植物油脂燃烧的火灾。

二、按火灾损失的严重程度分类

火灾损失是指火灾导致的直接经济损失和人身伤亡。直接经济损失包括火灾直接财产损失、火灾现场处置费用、人身伤亡所支出的费用。火灾直接财产损失包括建筑类损失、装置装备及设备类损失、家庭物品类损失、汽车类损失、产品类损失、商品类损失、文物建筑等保护类财产损失和贵重物品等其他财产损失；火灾现场处置费用包括灭火救援费（含灭火剂等消耗材料费、水带等消防器材损耗费、消防装备损坏损毁费、现场清障调用大型设备及人力费）及灾后现场清理费。人身伤亡包括在火灾扑灭之日起 7 日内，人员因火灾或灭火救援中的烧灼、烟熏、砸压、辐射、碰撞、坠落、爆炸、触电等原因导致的死亡、重伤和轻伤三类。

依据《生产安全事故报告和调查处理条例》（国务院令第 493 号）规定的生产安全事故等级标准，相关职能部门下发的《关于调整火灾等级标准的通知》按照火灾事故造成的损失的严重程度不同，将火灾划分为特别重大火灾、重大火灾、较大火灾和一般火灾四个等级，如图 2-1 所示。

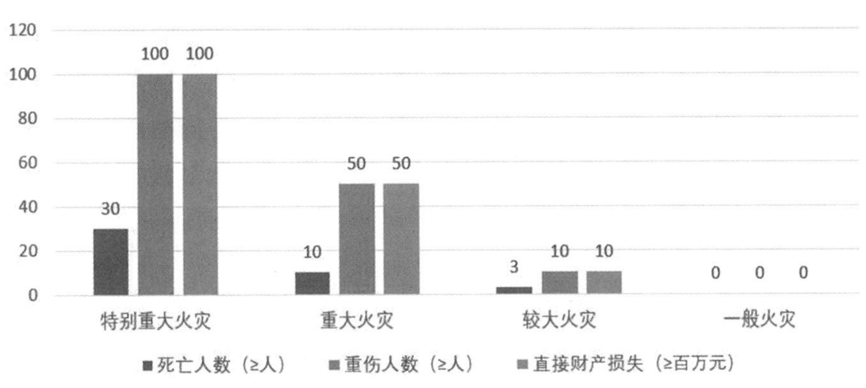

图 2-1　按火灾损失的严重程度分类

1. 特别重大火灾

特别重大火灾是指造成 30 人以上死亡、100 人以上重伤，或者 1 亿元以上直接财产损失的火灾。

2. 重大火灾

重大火灾是指造成 10 人以上 30 人以下死亡、50 人以上 100 人以下重伤，或者 5000 万元以上 1 亿元以下直接财产损失的火灾。

3. 较大火灾

较大火灾是指造成3人以上10人以下死亡、10人以上50人以下重伤，或者1000万元以上5000万元以下直接财产损失的火灾。

4. 一般火灾

一般火灾是指造成3人以下死亡、10人以下重伤，或者1000万元以下直接财产损失的火灾。

上述所称的“以上”包括本数，“以下”不包括木数。

三、按引发火灾的直接原因分类

我国在火灾统计工作中按照引发火灾的直接原因不同，将引发火灾的原因分为电气、生产作业不慎、生活用火不慎、吸烟、玩火、自燃、静电、雷击、放火、原因不明、其他十一种。图2-2所示为2018年全国火灾直接原因比例图。其中，电气引发的火灾占全年火灾数量的34.6%，生产作业不慎引发的火灾占全年火灾数量的4.1%，生活用火不慎引发的火灾占全年火灾数量的21.5%，吸烟引发的火灾占全年火灾数量的7.3%，玩火引发的火灾占全年火灾数量的2.9%，自燃引发的火灾占全年火灾数量的4.8%，静电、雷击引发的火灾占全年火灾数量的0.1%，放火引发的火灾占全年火灾数量的1.3%，原因不明引发的火灾占全年火灾数量的4.2%，其他原因引发的火灾占全年火灾数量的17.1%，起火原因仍在调查的火灾占全年火灾数量的2.1%。

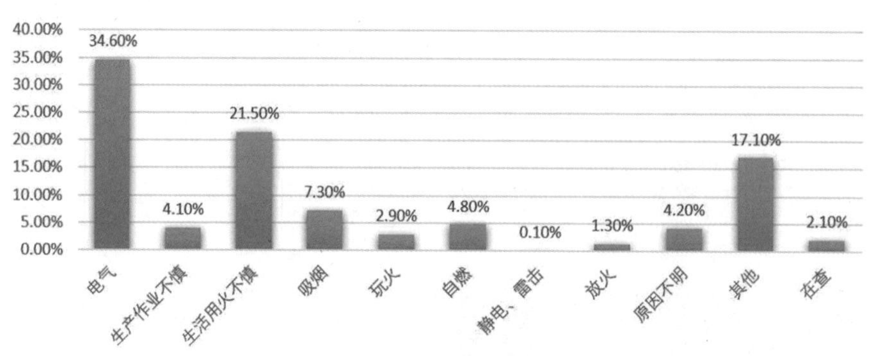

图2-2　2018年全国火灾直接原因比例图

1. 电气引发的火灾

随着社会电气化程度不断提高，电气设备使用范围越来越广，安全隐患也逐渐增多，导致近年来电气火灾事故越来越频繁，始终居于各种类型火灾的首位。根据中国消防年鉴统计，2009—2018年的10年间全国共发生电气火灾77.3万起，大部分年份，电气火灾数量及伤亡损失占全国火灾总数量及伤亡损失的30%以上，如图2-3所示。电气火灾按其发生在电力系统的位置不同，分为三类：一是变配电所火灾，主要包括变压器及变配电所内其他电气设备火灾；二是电气线路火灾，主要包括架空线路、进户线和室内敷设线路火灾；三是电气设备火灾，主要包括家用电器火灾、照明灯具火灾、电热设备火灾以及电动设备火灾等。通过对近年来电气火灾事故分析发现，发生电气火灾的主要原因是电线短路故障、过负荷用电、接触不良、电气设备老化故障等。

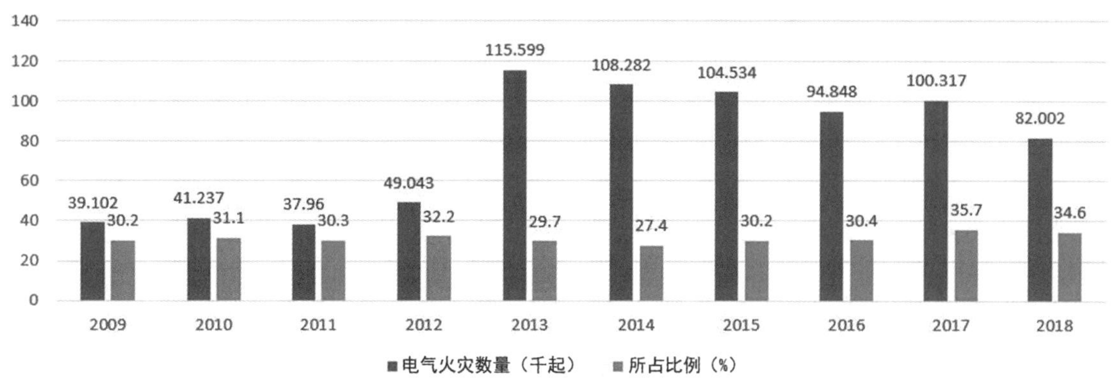

图 2-3　电气火灾统计图

2. 生产作业不慎引发的火灾

生产作业不慎引发的火灾主要是指生产作业人员违反生产安全制度及操作规程引起的火灾：在焊接、切割等作业过程中未采取有效防火措施，产生的高温金属火花或金属熔渣（据测试，一般焊接火花的喷溅颗粒温度为 1100～1200℃）引燃可燃物发生火灾或爆炸事故；在易燃易爆的车间内动用明火，引起爆炸起火；将性质相抵触的物品混存在一起，引起燃烧爆炸；操作错误、忽视安全、忽视警告（未经许可开动、关停、移动机器，开关未锁紧造成意外转动、通电或泄漏等），引起火灾；拆除了安全装置、调整的错误等造成安全装置失效，引起火灾；物体（指成品、半成品、材料、工具和生产用品等）存放不当，引起火灾；化工生产设备失修，出现易燃可燃液体或气体跑、冒、滴、漏现象，遇到明火引起燃烧或爆炸。近年来，生产作业不慎引发的火灾时有发生，造成了严重的人员伤亡和财产损失，如图 2-4 所示。

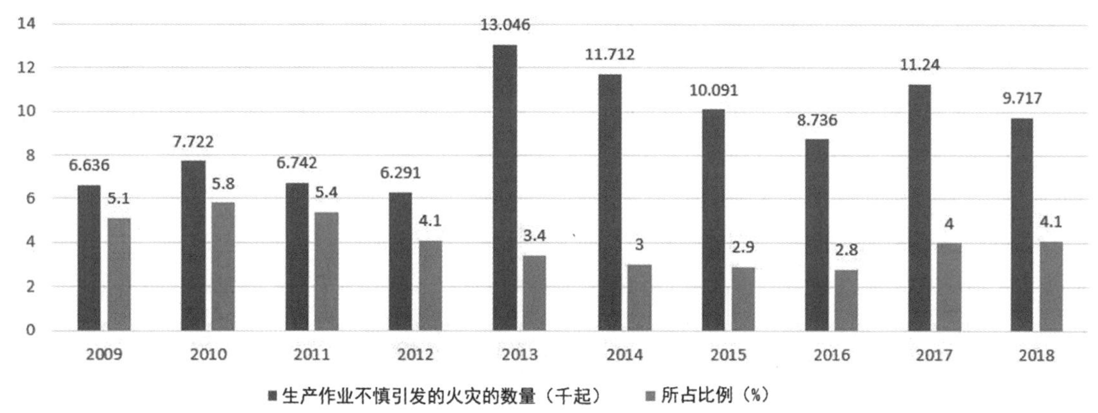

图 2-4　生产作业不慎引发的火灾的统计图

3. 生活用火不慎引发的火灾

生活用火不慎引发的火灾主要包括照明不慎引发的火灾，烘烤不慎引发的火灾，敬神祭祖不慎引发的火灾，炊事用火不慎引发的火灾，使用蚊香不慎引发的火灾，焚烧纸张、杂物引发的火灾，炉具故障及使用不当引发的火灾，烟囱本体引发的火灾（原因主要有烟囱滋火、烟囱烤燃可燃

物、金属烟囱热辐射引燃可燃物、烟囱安装不当、民用烟囱改作生产用火烟囱等)，油烟道引发的火灾(原因主要有油烟道引燃可燃装修材料、油烟道内油垢受热燃烧、油烟道滋火、烟道过热蹿火与飞火)等。生活用火不慎引发的火灾的统计图如图 2-5 所示。

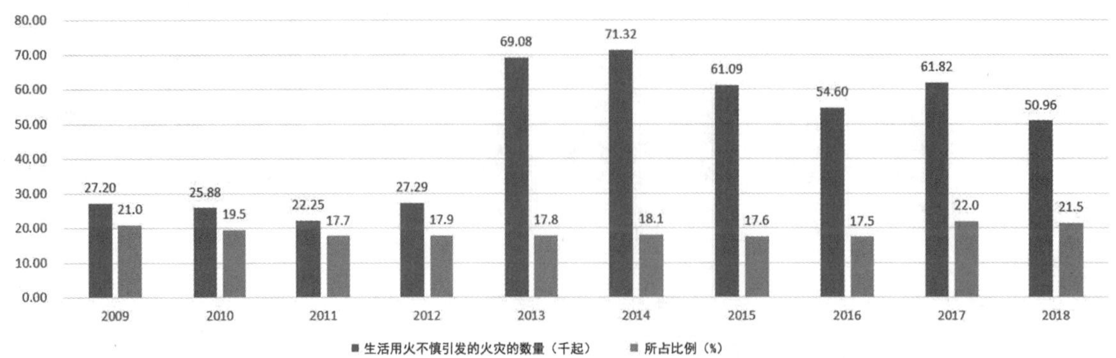

图 2-5 生活用火不慎引发的火灾的统计图

4. 吸烟引发的火灾

吸烟引发的火灾主要包括三类。一是乱扔烟头、卧床吸烟引发的火灾。点燃的烟头的表面温度为 200～300℃，中心部位温度为 700～800℃，而一般可燃物，如纸张、棉花、布匹、松木、麦草等，其燃点大多低于烟头表面温度。因此，当将未熄灭的烟头随意丢弃，扔在纸张等可燃物上，或躺在床上吸烟，烟头掉在被褥等可燃物上，可燃物由于受到烟头表面作用发生热分解、炭化，并蓄存热量从阴燃发展成有焰燃烧。试验表明，在自然通风的条件下，燃着的烟头扔进深度为 5 cm 的锯末中，经过 75～90 min 阴燃便出现火苗。扔进深度为 5～10 cm 的刨花中，刨花有 25%的机会经过 60～100 min 开始燃烧。二是点烟后乱扔火柴杆引发的火灾。若吸烟者用火柴点燃香烟，将未熄灭的火柴杆乱扔，落到棉纺织品、纸张、柴草、刨花上，可燃物有被引燃的危险。试验表明，点燃的火柴杆从 1.5 m 的高处向下落到地面的可燃物上，有 20%的火柴并不熄灭，只需 10 s 就可以将棉纺织品、柴草等物质引燃。三是违章吸烟引发的火灾。在商场、石油化工厂、汽车加油加气站等具有火灾、爆炸危险的场所吸烟，易引起火灾爆炸事故。中国消防年鉴统计显示，我国每年因吸烟造成的火灾占全国火灾总数量的比例较大，且损失相当严重，如图 2-6 所示。

图 2-6 吸烟引起的火灾的统计图

5. 玩火引发的火灾

玩火引发的火灾在我国每年都占有一定的比例，主要包括两类：一是小孩玩火引发的火灾。有关资料显示，小孩玩火取乐是造成火灾的常见原因之一。二是燃放烟花爆竹引发的火灾。据统计每年春节期间火灾频繁，其中70%～80%的火灾是由燃放烟花爆竹引发的。玩火引发的火灾的统计图如图 2-7 所示。

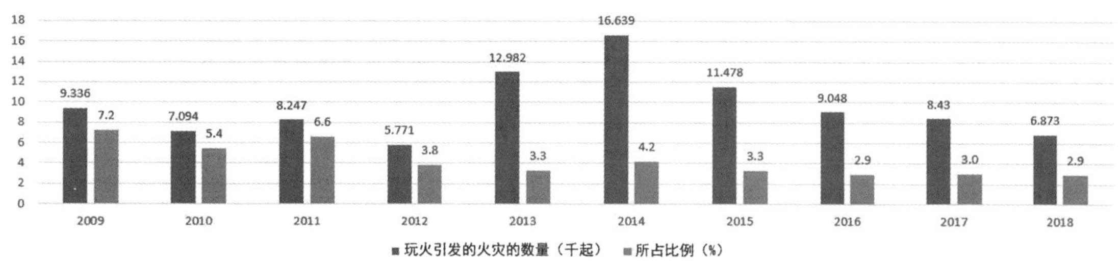

图 2-7　玩火引发的火灾的统计图

6. 自燃引发的火灾

自燃性物质处于闷热、潮湿的环境中，经过发热、积（蓄）热、升温等过程，由于体系内部产生的热量大于向外部散失的热量，在无任何外来火源作用的情况下最终发生自燃。在我国，自燃引发的火灾每年都占火灾总数量的一定比例，如图 2-8 所示。

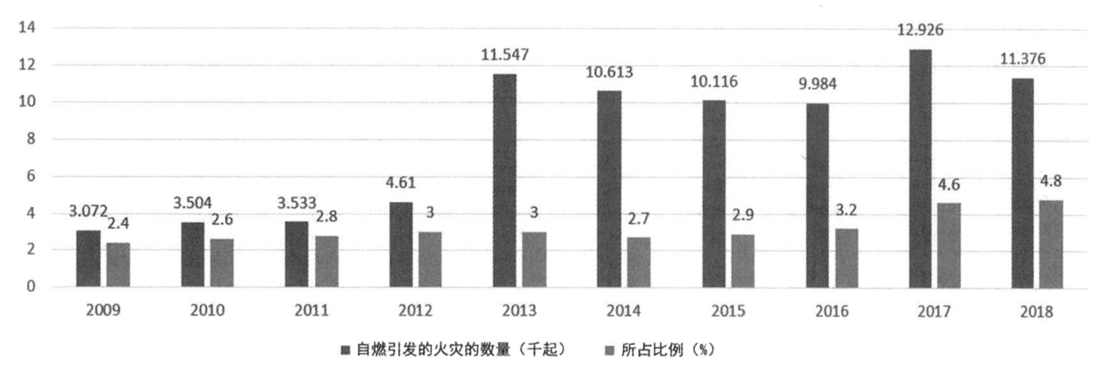

图 2-8　自燃引发的火灾的统计图

7. 静电引发的火灾

静电引发的火灾是指以静电放电火花作为引火源导致可燃物起火引发的火灾。静电是一种处于静止状态的电荷，静电荷积累过多形成高电位后，产生放电火花。气候干燥的秋冬季节最容易产生静电。

产生静电的常见作业与活动有以下几种：一是石油、化工、粮食加工、粉末加工、纺织企业用管道输送气体、液体、粉尘、纤维的作业；二是气体、液体、粉尘的喷射（冲洗、喷漆、压力容器泄漏、管道泄漏等）；三是造纸、印染、塑料加工中传送纸、布、塑料等；四是军工、化工生产中的碾压、上光；五是物料的混合、搅拌、过滤、过筛等；六是板型有机物料的剥离、快速开卷等；七是高速行驶的交通工具；八是人体在地毯上行走、离开化纤座椅、脱衣、梳理毛发、用有机溶剂洗衣、拖地板等活动。通常具备下列情形时，火灾可以被认定为静电引发的火灾：一是具有产生和积累静电的条件；二是具有足够的静电能量和放电条件；三是放电点周围存在爆炸性混合物；四是放电能量足以引燃爆炸性混合物；五是可以排除其他起火原因。在我国，静电引发的火灾每年都有一定的比例。

8. 雷击引发的火灾

雷电是大气中的放电现象。雷电通常分为直击雷、感应雷、雷电波侵入和球雷等。雷击能在短时间内将电能转变成机械能、热能并产生各种物理效应，对建筑物、用电设备等具有巨大的破坏作用，并易引起火灾和爆炸事故。例如，雷击时产生数万至数十万伏电压，足以烧毁电力系统的发电机、变压器、断路器等设备，造成绝缘击穿而发生短路，引起火灾或爆炸事故；雷击产生巨大的热量，可以使金属熔化，混凝土构件、砖石表层熔化，使可燃物起火；雷电温度高，能量巨大，物体中的水分瞬间爆炸式汽化，导致树木劈裂，燃烧起火。在我国，雷击引发的火灾每年都占火灾总数量的一定比例。

9. 放火引发的火灾

放火是指蓄意制造火灾的行为。常见的放火动机有报复、获取经济利益、掩盖罪行、寻求精神刺激、对社会和政府不满、精神病患者放火、自焚等。在我国，放火引发的火灾每年都有发生。

2.3 火灾的危害

火灾是各种自然与社会灾害中发生概率高、突发性强、破坏性大的一种灾害。据国际消防技术委员会对全球火灾调查统计显示，近年来在世界范围内，每年发生的火灾数量高达 600 万～700 万起，每年有 6 万～7 万人在火灾中丧生。当今，火灾是世界各国面临的一个共同的灾难性问题，对人类社会的发展进步、人民的生命及公私财产安全造成了十分严重的危害。火灾的危害具体表现在以下方面。

一、导致人员伤亡

据中国消防年鉴统计，2009—2018 年，全国发生的火灾总数量为 249.9 万起，共造成 12 187 人死亡、8132 人受伤，如图 2-9 所示。由此表明，火灾给人类的生命安全造成了严重危害。

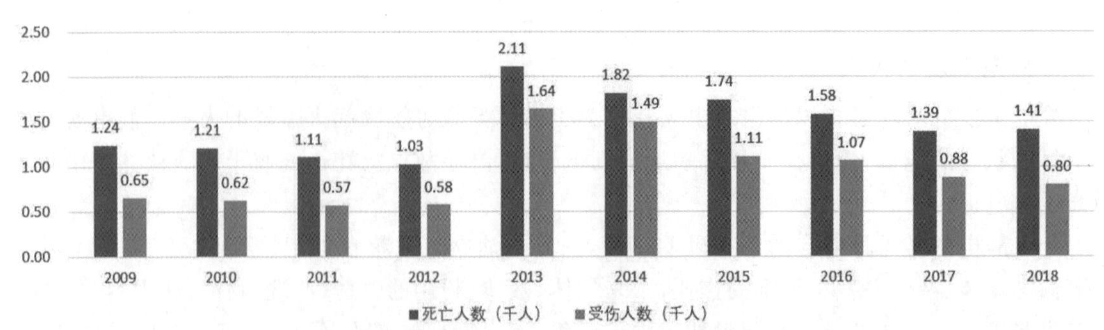

图 2-9　火灾造成的人员伤亡统计图

二、毁坏物质财富

俗话说，水火无情。火灾，能烧掉人类经过辛勤劳动创造的物质财富，使城镇、乡村、工厂、仓库、建筑物，以及大量的生产、生活物资化为灰烬；火灾，能将成千上万个温馨的家园变成废墟；火灾，能吞噬茂密的森林和广袤的草原，使宝贵的自然资源化为乌有；火灾，能烧掉大量文物、古建筑等稀世瑰宝，使珍贵的历史文化遗产毁于一旦，将人类文明成果付之一炬。另外，火灾造成的间接财产损失往往比直接财产损失更严重，包括受灾单位自身的停工、停产、停业，以及相关单位生产、工作、运输、通信的停滞和灾后的救济、抚恤、医疗、重建等工作带来的更大的投入与花费。文物、古建筑火灾和森林火灾造成的不可挽回的损失，更是难以用经济价值计算的。创业千日功，火烧一日穷。随着社会经济的发展，财富日益增多，火灾给人类造成的财产损失越来越大。世界火灾统计中心 2007 年前提供的资料显示，发生火灾的直接财产损失，美国不到 7 年翻一番，日本平均 16 年翻一番，中国平均 12 年翻一番。我国 2009—2018 年共发生 249.9 万起火灾，造成的直接财产损失达 327.2 亿元，年均火灾直接财产损失达 32.72 亿元，是 21 世纪前五年的年均火灾直接财产损失(15.5 亿元)的 2.1 倍，如图 2-10 所示。

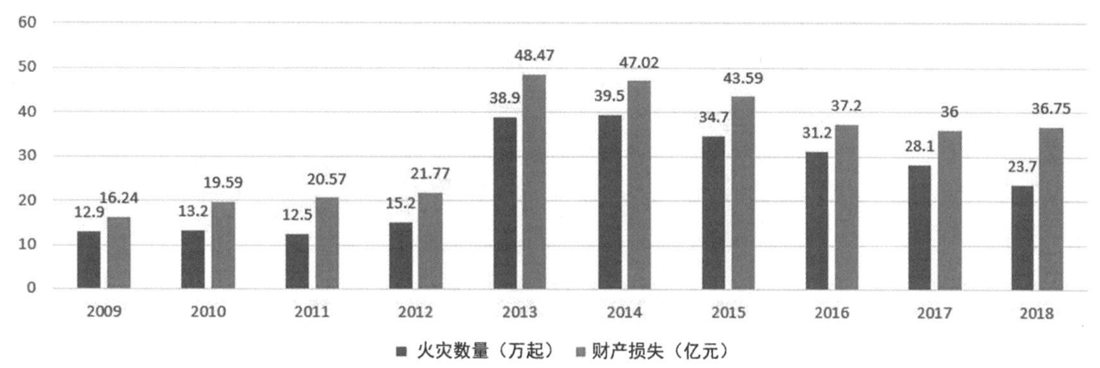

图 2-10　火灾数量和财产损失统计图

三、破坏生态环境

火灾的危害不仅表现在残害人类生命、毁坏物质财富，还表现在严重影响和破坏人类生存和发展的大气、海洋、土地、矿藏、森林、草原、野生生物、自然遗迹、人文遗迹、自然保护区、风景名胜区、城市和乡村等生态环境，使水资源和土地资源遭受污染，森林和草地资源减少，大量植物和动物灭绝，干旱少雨，风暴增多，气候异常，生物多样性减少，生态环境恶化。生态平衡遭到破坏，导致生态系统的结构和功能严重失调，从而严重威胁人类的生存和发展。

四、影响社会稳定

公众聚集场所、医院及养老院、学校和幼儿园、劳动密集型企业、宗教活动场所等人员密集场所如果发生群死群伤火灾事故，或者涉及能源、粮食、资源等国计民生的行业发生大火时，往往还会严重影响人民正常的生活、生产、工作、学习等秩序，形成一定程度的负面效应，扰乱社会的和谐稳定，破坏人民的安居乐业和国家的长治久安。

2.4 课后练习与课程思政

请扫描教师提供的二维码,完成章节测试。

思政主题:火灾危害与社会责任

当前,中国特色社会主义进入新时代,我国社会主要矛盾已经转化为人民日益增长的美好生活需要和不平衡不充分的发展之间的矛盾。美好生活应该是富足的、安全的生活。火灾不仅会导致人员伤亡、物质毁坏,还会破坏生态环境、影响社会稳定等。火灾破坏了人类富足的、安全的生活,是人类美好生活的最大挑战,因此,应引起全社会的高度重视。

我们应提高安全意识、忧患意识,增强消防安全责任意识。不管将来是从事消防工程建设、消防安全教育、消防设施质量检查、消防安全监督管理,还是从事火灾应急救援等工作,都要时刻提醒自己,这关乎人民的生命财产安全。我们要切实承担起社会责任,千万不要做偷工减料、唯利是图的事情。图 2-11 所示为舍生忘死的消防战士。

图 2-11 舍生忘死的消防战士

Chapter 3

项目3 建筑火灾的发生与发展

学习重点

1. 掌握建筑火灾发展的阶段及特点；
2. 掌握建筑火灾发展的特殊现象；
3. 掌握建筑火灾的蔓延方式；
4. 了解建筑火灾的蔓延途径。

建筑火灾的发生和发展过程与一切事物的发展规律一样，都有由小到大、由弱到强、由鼎盛到灭亡的过程。火灾最初发生在建筑内的某个部位，如果得不到遏制，会由此部位蔓延到相邻的空间或区域，甚至整个楼层，最后蔓延到整栋建筑物。了解建筑火灾发生与发展的过程，才能正确理解建筑设计中采取的消防工程措施的意图。

3.1 建筑火灾的发生和发展过程

一、建筑火灾发展的阶段

根据建筑室内火灾温度随时间的变化特点，建筑火灾发展过程有四个阶段，即火灾初起阶段（*OA* 段）、火灾成长发展阶段（*AB* 段）、火灾猛烈燃烧阶段（*BC* 段）和火灾衰减熄灭阶段（*CD* 段），如图 3-1 所示。

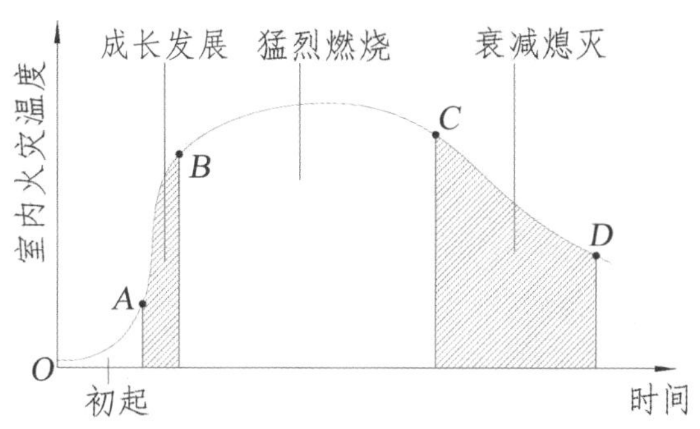

图 3-1　建筑火灾发展过程示意图

1. 火灾初起阶段(*OA* 段)

建筑物发生火灾后，最初阶段只是起火部位及其周围可燃物着火燃烧，这时火灾燃烧好像在敞开的空间里进行。火灾局部燃烧形成之后，可能会出现下列三种情况之一：一是最初着火的可燃物燃尽而终止；二是通风不足，火灾可能自行熄灭，或受到通风供氧条件的支配，以缓慢的燃烧速度继续燃烧；三是存在足够的可燃物，而且具有良好的通风条件，火灾迅速成长发展。火灾初起阶段的特点：燃烧面积不大，仅限于初始起火点附近；在燃烧区域及附近存在高温，室内平均温度低，室内温差大；火灾发展速度较慢，供氧相对充足，火势不够稳定；火灾持续时间取决于引火源的类型、可燃物性质和分布、通风条件等，差别较大。

由此可见，火灾初起阶段燃烧面积小，用少量的灭火剂或灭火设备就可以把火扑灭，该阶段是灭火的最佳时机，故应争取及早发现，把火灾消灭在起火点。因此，在建筑物内设置火灾自动报警系统和自动灭火系统、配备适量的消防器材是十分必要的。同时，火灾初起阶段也是人员应急疏散的有利时机，火场被困人员若不能在这个阶段及时安全疏散，就可能有危险。火灾初起阶段时间持续越长，就有更多的机会发现火灾和灭火，更有利于人员安全疏散。

2. 火灾成长发展阶段(*AB* 段)

在火灾初起阶段后期，火灾燃烧面积迅速扩大，室内温度不断升高，热对流和热辐射显著增强。当发生火灾的房间温度达到一定值(图 3-1 中的 *B* 点)时，聚积在房间内的可燃物分解产生的可燃气体突然起火，整个房间都充满了火焰，房间内所有可燃物表面部分都卷入火灾之中，使火灾转化为一种极为猛烈的燃烧，即产生了轰燃。

轰燃是一般室内火灾最显著的特征和非常重要的现象，是火灾发展的重要转折点，它标志着室内火灾从成长发展阶段(图 3-1 中的 *AB* 段)进入猛烈燃烧阶段，即火灾发展到了不可控制的程度。若在轰燃之前火场被困人员仍未从室内逃出，就会有生命危险。

3. 火灾猛烈燃烧阶段(*BC* 段)

轰燃发生后，室内所有可燃物都在猛烈燃烧，放热速度很快，因此，室内温度急剧上升，并出现持续性高温，最高温度可达 800～1100℃。这个阶段是火灾最盛期，即火灾进入猛烈燃烧阶段(图 3-1 中的 *BC* 段)，该阶段特点是室内可燃物已被全面引燃，且燃烧速度急剧加快，火灾以辐射、对流、传导方式进行扩散蔓延，高温烟火从房间的门、窗等开口处向外大量喷出，使火灾蔓延到建筑物的其他部位，使邻近区域受到火势的威胁。火灾猛烈燃烧阶段的破坏力极强，门窗玻璃破碎，室内高温还对建筑构件产生热作用，使建筑构件的承载能力下降，使混凝土和石材墙柱等构件产生爆裂，甚至造成建筑物局部或整体倒塌破坏。

针对火灾猛烈燃烧阶段的特点，为了减少人员伤亡和火灾损失，防止火灾向相邻建筑蔓延，在建筑防火中应采取的主要措施，是在建筑物内划分一定的防火分区，设置具有一定耐火性能的防火分隔物，把火灾控制在一定的范围之内，防止火灾大面积蔓延；选用耐火极限较高的建筑构件作为建筑物的承重体系，确保建筑物发生火灾时不倒塌破坏，为火灾时人员疏散、消防救援人员扑灭火灾，以及建筑物灾后修复使用创造条件。

4. 火灾衰减熄灭阶段(*CD* 段)

经过猛烈燃烧之后，室内可燃物大都被烧尽，随着室内可燃物的挥发物质不断减少，火灾燃烧速度递减，室内温度逐渐下降，燃烧向着自行熄灭的方向发展。一般来说，室内平均温度降到温度最高值的 80%时，火灾进入衰减熄灭阶段(图 3-1 中的 *CD* 段)。该阶段前期，燃烧仍会十分猛烈，火场温度仍很高。火场的余热还能维持一段时间的高温，为 200～300℃。衰减熄灭阶段温度下降速度是比较慢的，可燃物全部烧光之后，室内外温度趋于一致，火势即趋于熄灭。

针对火灾衰减熄灭阶段的特点，灭火救援时，除了防止复燃外，还应注意防止建筑构件因较长时间受高温作用和灭火射水的冷却作用而出现裂缝、下沉、倾斜或倒塌破坏，确保消防救援人员的人身安全。

由此可见，建筑火灾在初起阶段容易控制和扑灭，如果发展到猛烈燃烧阶段，不仅需要动用大量的人力和物力进行扑救，而且可能会造成严重的人员伤亡和财产损失。

二、建筑火灾发展的特殊现象

建筑火灾发展过程中会出现以下两种特殊现象。

1. 轰燃

1）轰燃的概念

某个空间内，所有可燃物的表面全部卷入燃烧的瞬变过程，称为轰燃。

2）轰燃的形成原因

轰燃的出现是燃烧释放的热量在室内逐渐累积与对外散热共同作用、燃烧速率急剧增大的结果。轰燃是一种瞬态过程，包含室内温度、燃烧范围、气体浓度等参数的剧烈变化。

3）轰燃的典型征兆

大量火场实践表明，建筑火灾即将发生轰燃之前可能会出现以下征兆：一是室内顶棚的热烟气层开始出现火焰；二是热烟气从门窗口上部喷出，并出现滚燃现象；三是热烟气层突然下降且距离地面很近；四是室内温度突然上升。

4）轰燃的危害性

轰燃的危害性主要体现在以下方面。一是易加速火势蔓延。轰燃发生后，喷出的火焰是造成建筑物层间及建筑与建筑之间火势蔓延的主要驱动力，不仅直接危害着火房间以上的楼层，而且严重威胁毗邻建筑的安全。二是能导致建筑坍塌。轰燃发生后，建筑的承重结构会受到火势侵袭，使承重能力降低，导致建筑倾斜或倒塌破坏。三是对人员疏散逃生危害大。轰燃发生后，室内氧气的浓度只有3%左右，在缺氧的条件下人会失去活动能力，从而导致来不及逃离火场就中毒窒息而死。四是增加了火灾的扑灭难度。轰燃的发生标志着建筑火灾的失控，室内可燃物出现全面燃烧，室温急剧上升，火焰和高温烟气在火风压的作用下从房间的门窗、孔洞等处大量涌出，沿走廊、吊顶迅速向水平方向蔓延扩散。同时，由于烟囱效应的作用，火势会通过竖井、共享空间等向上蔓延，形成全面立体燃烧，给消防救援人员扑灭火灾带来很大困难。

2. 回燃

1）回燃的概念

当室内通风不良、燃烧处于缺氧状态时，氧气的引入导致热烟气发生的爆炸性或快速的燃烧现象，称为回燃。

2）回燃的形成原因

回燃通常发生在通风不良的室内火灾门窗被打开或者破坏时。在通风不良的室内环境中，长时间燃烧会聚集大量具有可燃性的不完全燃烧产物和热解产物，它们组成了可燃气相混合物。由于室内通风不良、供氧不足，氧气的浓度低于可燃气相混合物爆炸的临界氧浓度，因此，不会发生爆炸。然而，当房间的门窗被突然打开，或者火场环境受到破坏，大量空气随之涌入，室内氧气浓度迅速升高，使可燃气相混合物达到爆炸极限范围，从而发生爆炸性或快速的燃烧。

3)回燃的典型征兆

如果身处室外,可能观察到以下征兆:一是着火房间开口较少,通风不良,蓄积大量烟气;二是着火房间的门或窗户上有油状沉积物;三是门、窗及其把手温度高;四是开口处流出脉动式热烟气;五是有烟气被倒吸入室内的现象。

如果身处室内,或向室内看,可能观察到以下征兆:一是室内热烟气层中出现蓝色火焰;二是听到吸气声或呼啸声。

4)回燃的危害性

回燃是建筑火灾过程中发生的具有爆炸性的特殊现象。回燃发生时,室内燃烧气体受热膨胀从开口逸出,在高压冲击波的作用下形成喷出火球。回燃产生的高温高压和喷出火球不仅会对人身安全产生极大威胁,而且会对建筑结构本身造成较强破坏。因此,在灭火救援过程中,如果出现回燃征兆,在未做好充分的灭火和防护准备前,不要轻易打开门窗,以免新鲜空气流入导致回燃的发生。

3.2 建筑火灾的蔓延方式

建筑火灾的蔓延是通过热的传播进行的,传热是火灾中的一个重要因素,它对火灾的引燃、扩大、传播、衰退和熄灭都有影响。在起火的建筑物内,火由起火房间转移到其他房间再蔓延到毗邻建筑的过程,主要是靠可燃构件的直接燃烧、热传导、热辐射和热对流的方式实现的。

一、热传导

热传导是指物体一端受热,通过物体的分子热运动,热量从温度较高一端传递到温度较低一端的过程,如图 3-2 所示。

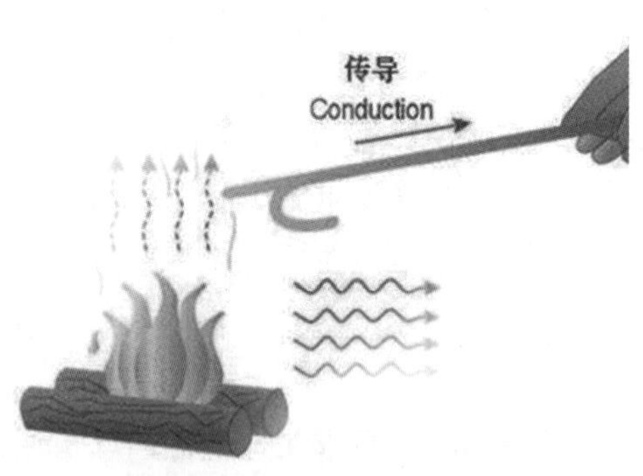

图 3-2 热传导示意图

热传导是固体物质被部分加热时内部的传热形式,是起火的一个重要因素,也是火灾蔓延的重要因素之一。通过金属壁面或沿着金属管道、金属梁传导的热量能够引起与受热金属接触的可燃物起火。通过金属紧固物,如钉子、铁板或螺栓传导的热量能够导致火灾蔓延或使结构构件失效。传热速率与温差以及材料的物理性质有关。温差越大,导热方向的距离越近,传导的热量就越多。火灾现场燃烧区温度越高,传导出的热量就越多。

通过热传导的方式蔓延扩大的火灾,有两个比较明显的特点:一是热量必须经导热性能好的建筑构件或建筑设备,如金属构件、金属设备或薄壁隔墙等的传导,使火灾蔓延到相邻上下层房间;二是蔓延的距离较近,一般只能蔓延至相邻的建筑空间。可见,通过热传导蔓延扩大的火灾,其规模是有限的。

二、热辐射

热辐射是指物体以电磁波形式传递热能的现象，如图 3-3 所示。

热辐射有以下特点：一是热辐射不需要任何介质，不受气流、风速、风向的影响，通过真空也能进行热传播；二是固体、液体、气体都能把热以电磁波的形式辐射出去，也能吸收别的物体辐射出来的热能；三是当有两物体并存时，温度较高的物体将向温度较低的物体辐射热能，直至两物体温度渐趋平衡。

热辐射是起火房间内部燃烧蔓延的主要方式之一，也是相邻建筑之间火灾蔓延的主要方式。在火场上，起火建筑能将距离较近的相邻建筑点燃，这就是热辐射的作用。因此，建筑物之间保持一定的防火间距，主要是考虑预防着火建筑热辐射在一定时间内引燃相邻建筑。

三、热对流

热对流是指流体各部分之间发生的相对位移，冷热流体相互掺混引起热量传递的现象，如图 3-4 所示。

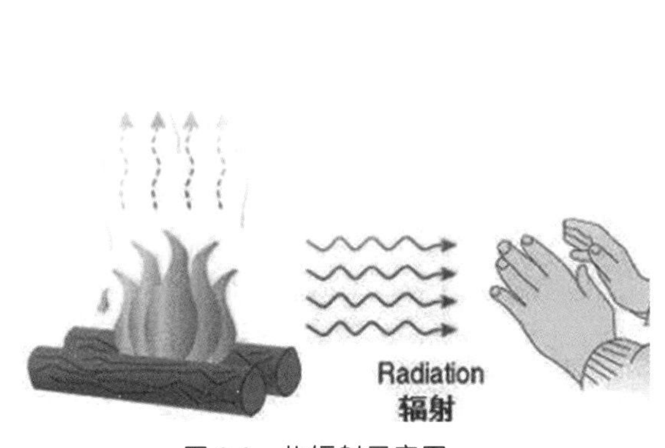

图 3-3 热辐射示意图

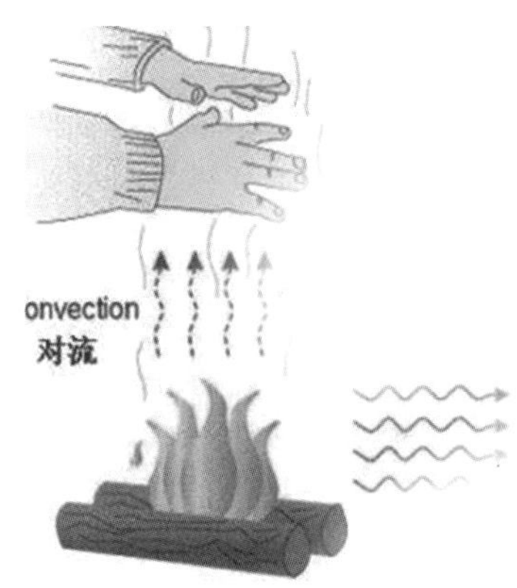

图 3-4 热对流示意图

根据引起热对流的原因和流动介质不同，热对流分为以下几种。

1. 自然对流

自然对流中流体的运动是由自然力引起的，也就是流体各部分的密度不同引起的，如高温设备附近空气受热膨胀向上流动及火灾中高温热烟的上升流动，而冷(新鲜)空气则向相反方向流动。

2. 强制对流

强制对流中流体微团的空间移动是由机械力引起的，如通过鼓风机、压缩机、泵等，使气体、液体产生强制对流。火灾发生时，通风机械如果还在运行，就会成为火势蔓延的途径。使用防烟、排烟等强制对流设施，就能抑制烟气扩散和自然对流。地下建筑发生火灾，用强制对流改变风流或烟气流的方向，可有效控制火势的发展，为最终扑灭火灾创造有利条件。

3. 气体对流

气体对流对火灾发展蔓延有极其重要的影响，燃烧引起了对流，对流助长了燃烧。燃烧越猛烈，它所引起的对流作用越强；对流作用越强，燃烧越猛烈。室内发生火灾时，气体对流的结果是在房间上部、顶棚下面形成一个热气层。由于热气体聚集在房间上部，如果顶棚或者屋顶是可燃结构，就有可能起火燃烧；如果屋顶是钢结构，就有可能在热烟气流的加热作用下强度逐渐减弱甚至垮塌。

热对流是建筑内火灾蔓延的一种主要方式，它可以使火灾区域内的高温燃烧产物与火灾区域外的冷空气发生强烈流动，将火焰、毒气或燃烧产生的有害产物传播到较远处，造成火势扩大。室内火灾初期热气体从起火点向房间上部和建筑物各处流动，这时对流传热起着主要作用。随着房间温度上升达到轰燃，对流将继续，但是辐射作用迅速增大，成为主要传热方式。建筑物发生轰燃后，火灾可能从起火房间烧毁门窗，门窗破坏，形成了良好的通风条件，使燃烧更加剧烈，升温更快，此时，房间内外的压差更大，因此，流入走廊、喷出窗外的烟火喷流速度更快，数量更多。烟火进入走廊后，在更大范围内进行热对流，除了在水平方向对流蔓延外，在竖井内也是以热对流方式蔓延的。因此，为了防止火势通过热对流发展蔓延，在火场中应设法控制通风口，冷却热气流或把热气流导向没有可燃物或火灾危险较小的方向。

3.3 建筑火灾的蔓延途径

建筑物内某个空间发生火灾，如果没有得到及时遏制，发展到轰燃之后，火势猛烈，就会突破该空间的限制，向其他相邻空间蔓延。建筑火灾的蔓延途径主要有水平和竖直两个方向。

一、火灾在水平方向的蔓延

建筑火灾沿水平方向蔓延的途径主要包括以下几种。

1. 穿过内墙上的普通门窗蔓延

建筑物内发生火灾，刚刚燃烧时，只局限在一个空间内。如果没有得到及时控制，最终会蔓延至同层相邻房间、整个楼层或整栋建筑物。火灾向同层相邻房间蔓延时，主要是内墙上的门窗没能挡住火势。如果与相邻房间之间的门窗关得很严，并且还是防火门窗，火灾蔓延的速度就会大大减慢。内墙门多数为木板门和胶合板门，是房间四周围合构件阻火的薄弱环节，是火灾突破外壳到其他房间的重要途径。因此，内墙门窗的防火问题非常重要，设计通常在适当位置设置防火门窗。

2. 通过可燃的内隔墙蔓延

当房间隔墙采用木板等可燃材料制作时，火就很容易穿过木板缝，窜到隔墙的另一面；当隔墙采用板条抹灰隔墙时，一旦受热，隔墙内部首先自燃，直到背火面的抹灰层破裂，火蔓延过去；当隔墙采用非燃烧体制作，但耐火性能较弱时，隔墙在火灾高温作用下易被烧坏，失去隔火作用，使火灾蔓延到相邻房间或区域。通常，设计将关键部位内墙设计成防火墙、防火隔墙等。

3. 借助吊顶内贯通空间蔓延

建筑室内如果有吊顶，有的设计为了节约投资，将若干房间之间的室内分隔墙只做到吊顶底部，使吊顶内部形成贯通空间，使吊顶的防火防烟能力很弱。如果一个房间发生火灾，烟火将穿过吊顶板，进入吊顶内部空间并向水平方向蔓延，导致相邻房间也跟着起火。因此，现代建筑设计都要求将内隔墙，尤其是防火墙、防火隔墙必须砌筑到顶。

4. 穿越内墙上的管道洞口蔓延

一般建筑室内或多或少有一些管道需要水平穿过内隔墙，如果密封不好，也可能成为火灾蔓延的通道。如果火灾烟气温度过高，可能烧毁管道周围的密封材料，甚至管道，导致洞口串烟串火。因此，规范对是否允许管道穿过防火墙、防火隔墙，密封要求等都做出了具体规定。

二、火灾在竖直方向的蔓延

建筑火灾沿竖直方向蔓延的途径主要包括以下几种。

1. 通过楼梯间蔓延

建筑楼梯间是竖向连通的空间，并且一般到了顶层还要高出一层以便出屋面。如果没有按照要求做好防火防烟分隔处理，火灾时，楼梯间就会像是烟囱一样，将下层的烟火向上层吸附，导致竖向蔓延。因此，正确的设计会根据建筑类别的不同，区别选择敞开式楼梯、敞开式楼梯间、封闭楼梯间或防烟楼梯间。

2. 通过电梯井蔓延

若电梯间未设防烟前室及防火门分隔，发生火灾时则会抽拔烟火，导致火灾沿电梯井迅速向上蔓延。

3. 通过空调系统管道蔓延

建筑通风空调系统未按规定设防火阀、采用可燃材料风管或采用可燃材料做保温层等，都容易造成火灾蔓延。通风空调管道蔓延火灾一般有两种方式：一是通风管道本身起火并向连通的空间（房间、吊顶、内部、机房等）蔓延；二是通风管道把起火房间的烟火送到其他空间，在远离火场的其他空间再喷吐出来。因此，在通风管道穿通防火分区处，一定要设置具有自动关闭功能的防火阀门。

4. 通过其他竖井和孔洞蔓延

由于建筑功能的需要，建筑物内除设置楼梯间、电梯井、通风竖井外，还设有管道井、电缆井、排烟井等各种竖井，这些竖井和开口部位常贯穿整个建筑，若未进行周密完善的防火分隔和封堵，会使井道形成一座座竖向“烟囱”，一旦发生火灾，烟火就会通过竖井和孔洞迅速蔓延到建筑的其他楼层，引起立体燃烧。

5. 通过窗口向上层蔓延

在现代建筑中，当房间起火，室内温度升高到 250℃左右时，窗玻璃就会膨胀、变形，受窗框的限制，玻璃会破碎，火焰蹿出窗口，向外蔓延。从起火房间窗口喷出的烟气和火焰，往往会沿窗间墙及上层窗口向上蹿，烧毁上层窗户，引燃房间内的可燃物，使火灾蔓延到上部楼层。若建筑物采用带形窗，火灾房间喷出的火焰被吸附在建筑物表面，甚至会卷入上层窗户内部。这样逐层向上蔓延，会使整个建筑物起火。

由此可见，做好防火分隔，设置防火间距，对于阻止火势蔓延和保证人员安全，减少火灾损失，具有举足轻重的作用。

3.4 课后练习与课程思政

请扫描教师提供的二维码,完成章节测试。

思政主题:火灾蔓延与疫情传播

建筑一旦发生火灾,火灾烟气就会通过门窗、楼梯、走廊等各种通道向相邻区域、相邻楼层蔓延。避免和延缓蔓延的有效方法是在项目建设时,在适当位置设置防火隔墙、防火门窗和封闭楼梯间等工程措施。同时,要做好火灾的及时发现和初起火灾的扑灭,避免其发生蔓延。

2020年初出现的新冠肺炎疫情,目前还在世界持续蔓延。在中国共产党的坚强领导下,我们有效地控制了疫情,保持经济社会的稳定运行。但"外防输入、内防反弹"的防控压力依然存在。疫情传播的路径隐秘、速度快、早期不易发现等特点,给党和国家的各项工作带来很大压力。

作为社会的一分子、新时代的大学生,我们一定要克服个人主义思想,自觉遵守相关规定,非必要不外出,保持适度的社交距离,养成戴口罩,讲卫生,勤洗手等良好习惯,避免给病毒传播充当了媒介,给社会生活添加麻烦。如果不小心经过了中高风险区,一定要及时上报,主动接受隔离,配合相关治疗等。

新冠病毒无影无踪如图3-5所示。

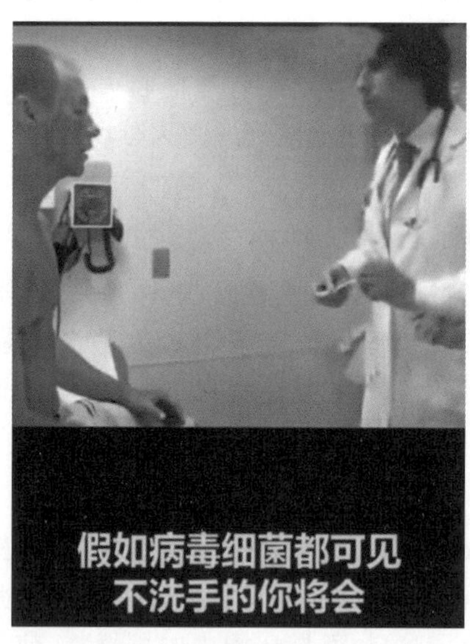

图3-5 新冠病毒无影无踪

Chapter 4

项目 4 防火与灭火的原理

学习重点

1. 了解防火和灭火的基本原理；
2. 熟练掌握防火的基本方法与措施；
3. 熟练掌握灭火的基本方法与措施。

建筑消防采取的工程措施是建立在防火、灭火基本原理和方法的基础之上的。熟悉防火与灭火的原理对深入理解消防设计意图、体会消防设施作用有重要意义。

4.1 防火的基本原理和方法

一、防火的基本原理

根据燃烧条件理论，防火的基本原理为限制燃烧的必要条件和充分条件的形成，即只要防止形成燃烧条件，或避免燃烧条件同时存在并相互作用，就可以达到预防火灾的目的。

二、防火的基本方法与措施

防火的基本方法和措施可以总结为控制可燃物、隔绝助燃物、控制和消除引火源、避免相互作用四个方面，如表 4-1 所示。

表 4-1 防火的基本方法和措施

基本方法	措施举例
控制可燃物	(1)用不燃或难燃材料代替可燃材料
	(2)用阻燃剂对可燃材料进行阻燃处理，改变其燃烧性能
	(3)限制可燃物质储运量
	(4)加强通风以降低可燃气体、蒸气和粉尘等可燃物质在空气中的浓度
	(5)将可燃物与化学性质相抵触的其他物品分开保存，并防止“跑、冒、滴、漏”等

续表

基本方法	措施举例
隔绝助燃物	(1)充装惰性气体保护生产或储运有爆炸危险物品的容器、设备等
	(2)密闭有可燃介质的容器、设备
	(3)采用隔绝空气等特殊方法储存某些易燃易爆危险物品
	(4)隔离与酸、碱、氧化剂等接触能够燃烧爆炸的可燃物和还原剂
控制和消除引火源	(1)消除和控制明火源
	(2)防止撞击火星和控制摩擦生热,设置火星熄灭装置和静电消除装置
	(3)防止和控制高温物体
	(4)防止日光照射和聚光作用
	(5)安装避雷、接地设施,防止雷击
	(6)电暖器、炉火等取暖设施与可燃物之间采取防火隔热措施
	(7)需要动火施工的区域与使用、营业区之间进行防火分隔
避免相互作用	(1)在建筑之间设置防火间距,在建筑物内设置防火分隔设施
	(2)在气体管道上安装阻火器、安全液封、水封井等
	(3)在压力容器设备上安装防爆膜(片)、安全阀
	(4)在能形成爆炸介质的场所,设置泄压门窗、轻质屋盖等

4.2 灭火的基本原理和方法

一、灭火的基本原理

根据燃烧条件理论,灭火的基本原理是破坏已经形成的燃烧条件,即消除助燃物、降低燃烧物温度、中断燃烧链式反应、阻止火势蔓延扩散,不形成新的燃烧条件,从而使火灾熄灭,最大限度地减少火灾的危害。

二、灭火的基本方法与措施

根据灭火的基本原理,灭火的基本方法主要有冷却灭火法、窒息灭火法、隔离灭火法和化学抑制灭火法四种。火灾时采用哪种灭火方法与措施,应根据燃烧物的性质、燃烧特点和消防器材性能以及火场具体情况等进行选择。

1.冷却灭火法与措施

冷却灭火法是指将燃烧物的温度降至物质的燃点或闪点以下,使燃烧停止,如图 4-1 所示。对于可燃固体,将其冷却到燃点以下,火灾即可被扑灭;对于可燃液体,将其冷却到闪点以下,燃烧反应就会中止。冷却灭火法的主要措施如下:一是将直流水、开花水、喷雾水直接喷射到燃烧物上;二是向火源附近的未燃烧物不间断地喷水降温;三是对于物体带电燃烧的火灾可喷射二氧化碳灭火剂冷却降温。

图 4-1　冷却灭火法

2. 窒息灭火法与措施

窒息灭火法是指通过隔绝空气，消除助燃物，使燃烧区内的可燃物质无法获得足够的氧化剂助燃，从而使燃烧停止，如图 4-2 所示。可燃物的燃烧是氧化作用，需要在高于最低氧浓度的环境中进行，低于最低氧浓度，燃烧不能进行，火灾即被扑灭。一般氧浓度低于 15%时，燃烧就不能维持。因此，窒息灭火法的主要措施如下：一是用灭火毯、沙土、水泥、湿棉被等不燃或难燃物覆盖燃烧物；二是向着火的空间灌注非助燃气体，如二氧化碳、氮气、水蒸气等；三是向燃烧对象喷洒干粉、泡沫、二氧化碳等灭火剂覆盖燃烧物；四是封闭起火建筑、设备和孔洞等。

图 4-2　窒息灭火法

3. 隔离灭火法与措施

隔离灭火法是指将正在燃烧的物质与火源周边未燃烧的物质进行隔离，中断可燃物的供给，使新的燃烧条件无法形成，阻止火势蔓延扩大，使燃烧停止，如图 4-3 所示。隔离灭火法的主要措施如下：一是将火源周边未着火的物质搬移到安全位置；二是拆除与火源连接或毗邻的建(构)筑物；三是关闭流向着火区的可燃液体或可燃气体管道的阀门，切断液体或气体输送来源；四是用沙土等堵截流散的燃烧液体；五是用难燃或不燃物体遮盖受火势威胁的可燃物质等。

4. 化学抑制灭火法与措施

化学抑制灭火法是指使灭火剂参与燃烧反应，抑制自由基的产生或降低火焰中的自由基浓度，中断燃烧的链式反应，如图 4-4 所示。化学抑制灭火法的灭火措施是往燃烧物上喷射七氟丙

图 4-3　隔离灭火法(关闭可燃气体管道阀门)

烷灭火剂、六氟丙烷灭火剂或干粉灭火剂,中断燃烧链式反应。

图 4-4　化学抑制灭火法

4.3 课后练习与课程思政

请扫描教师提供的二维码,完成章节测试。

思政主题:防火灭火与疫情防控

防火与灭火的基本原理、基本方法就是控制燃烧形成的任意一个要素,阻断燃烧形成或继续的条件。

新冠肺炎防控工作也一样:一方面要加快疫苗的研制和接种,提高全民对新冠的免疫力;另一方面要切断病毒从国外的输入路径,控制零星病例在国内的传播,对不幸染上疾病的群众进行及时救治。只有全国一盘棋,群防群治,才能彻底战胜疫情。

中国共产党认真落实人民至上理念,将保护人民的生命财产安全放在首位,为全国人民免费接种疫苗,免费为可能存在传播风险的人群提供隔离期间的生活保障,对无辜感染上病毒的群众提供免费治疗。只有在中国,只有在中国共产党的坚强领导下,我们才能战胜疫情,保护人民的生命安全。

在抗击新冠疫情的过程中,涌现出多少可歌可泣的先进事迹。无数医药专家、医疗工作者、党员干部抛家舍业,奋战在防疫一线,有的治病救人,有的送粮送菜,有的为医护工作者提供交通便利，有的开展心理辅导等。他们都以不同的形式为这个社会贡献着自己的力量，是值得我们学习和赞扬的，他们才是最可爱的人，如图 4-5 所示。

图 4-5　伟大的抗疫精神

Chapter 5

项目5 建筑物的分类

1. 了解建筑的构造；
2. 掌握建筑的分类。

建筑是建筑物与构筑物的总称。其中，供人们学习、工作、生活，以及从事生产和各种文化、社会活动的房屋被称为"建筑物"，如学校、商店、住宅、影院、剧院等；为了工程技术需要而设置，人们不在其中生产、生活的建筑则被称为"构筑物"，如桥梁、堤坝、水塔、纪念碑等。

我们在设计建筑物时，需要根据建筑面积、层数、总高度，或者依据生产、储存的可燃物数量、危险性等进行分类，以便采取适当的防、灭火工程措施。显然，建筑体量越大，总层数越多，总高度越大，生产或储存的可燃物越多、越危险，就应该设置更多的防、灭火工程措施。因此，我们需要掌握建筑物的分类方法。

5.1 建筑物的构造

建筑物一般由基础、墙(柱)、楼板层、地坪、楼梯、屋顶和门窗七大部分组成，如图5-1所示。

一、基础

基础是建筑物最下部的承重构件，承受着建筑物的全部上部荷载，并将这些荷载传递给地基。通常情况下，基础埋设在室外地面以下一定深度，起着保持建筑物稳定性的作用。

二、墙(柱)

墙(柱)是建筑物的竖向承重构件和围护构件。作为竖向承重构件，墙(柱)承受着建筑由屋顶或楼板层传来的荷载，并将这些荷载传递给基础。作为围护构件，外墙起着抵御自然界各种因素对室内侵袭的作用，内墙起着分隔房间、创造室内舒适环境的作用。

三、楼板层

楼板层是楼房建筑中水平方向的承重构件，按房间层高将整幢建筑物沿水平方向分为若干部分。楼板层承受着家具、设备和人体的荷载以及楼板层的自重，并将这些荷载传给墙(柱)，还

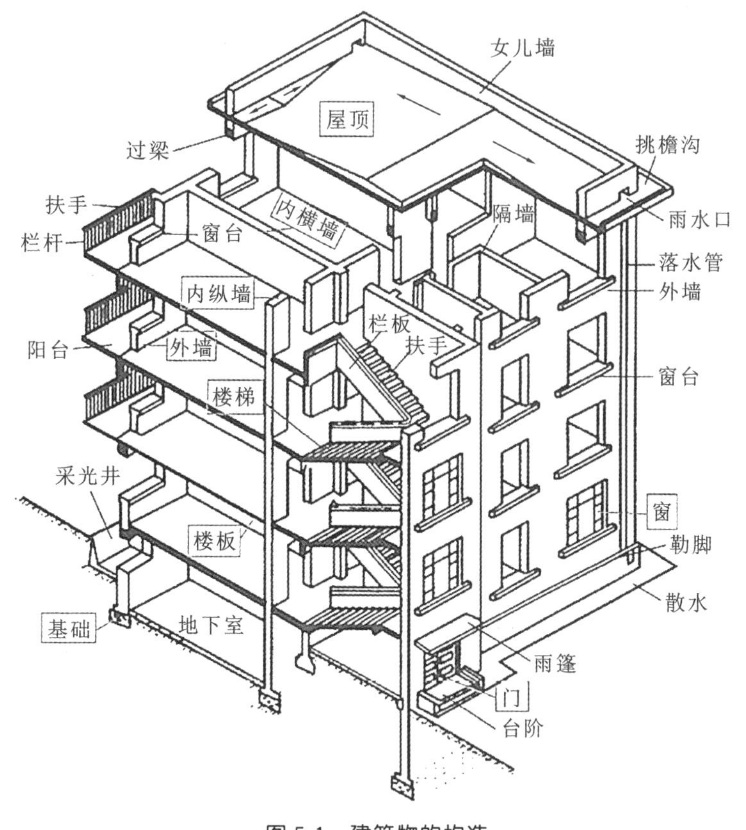

图 5-1 建筑物的构造

对墙身起水平支撑的作用。

四、地坪

地坪是底层房间与土层接触的部分，它承受底层房间内的荷载。

五、楼梯

楼梯是建筑物中的垂直交通设施，供人们上下楼层和安全疏散使用。

六、屋顶

屋顶是建筑顶部的外围护构件和承重构件，具有防风、遮雨、保温等作用。

七、门窗

门窗属于建筑物中的非承重构件。门具有联系内外交通和隔离房间的作用；窗主要用于采光、通风、分隔和围护。

5.2 建筑物的分类

一、按使用性质分类

1. 民用建筑

民用建筑是指非生产性的住宅建筑和公共建筑。

2. 工业建筑

工业建筑是指供生产用的各类建筑，分厂房和仓库两大类。

3. 农业建筑

农业建筑是指农副产业生产与存储的建筑，如暖棚、粮仓、禽畜养殖建筑等。

二、按建筑高度分类

1. 单、多层建筑

单、多层建筑是指建筑高度不大于 27 m 的住宅建筑(包括设置商业服务网点的住宅建筑)、建筑高度不大于 24 m(或大于 24 m 的单层)的公共建筑和工业建筑。商业服务网点是指设置在住宅建筑的首层或首层及二层，每个分隔单元建筑面积不大于 300 m^2 的商店、邮政所、储蓄所、理发店等小型营业性用房。

2. 高层建筑

高层建筑是指建筑高度大于 27 m 的住宅建筑和建筑高度大于 24 m 的非单层建筑。高层民用建筑根据其建筑高度、使用功能和楼层的建筑面积可分为一类高层和二类高层，如表 5-1 所示。建筑高度大于 100 m 的建筑称为超高层建筑。

表 5-1 高层民用建筑分类

名称	高层民用建筑		单、多层民用建筑
	一类高层	二类高层	
住宅建筑	建筑高度大于 54 m 的住宅建筑(包括设置商业服务网点的住宅建筑)	建筑高度大于 27 m，但不大于 54 m 的住宅建筑(包括设置商业服务网点的住宅建筑)	建筑高度不大于 27 m 的住宅建筑(包括设置商业服务网点的住宅建筑)
公共建筑	①建筑高度大于 50 m 的公共建筑； ②建筑高度 24 m 以上部分任一楼层建筑面积大于 1000 m^2 的商店、展览、电信、邮政、财贸金融建筑和其他多种功能组合的建筑；		

<table>
<tr><td rowspan="2">名称</td><td colspan="2">高层民用建筑</td><td rowspan="2">单、多层民用建筑</td></tr>
<tr><td>一类高层</td><td>二类高层</td></tr>
<tr><td>公共建筑</td><td>③医疗建筑、重要公共建筑、独立建筑的老年人照料设施；
④省级及以上的广播电视和防灾指挥调度建筑、网局级和省级电力调度建筑；
⑤藏书超过 100 万册的图书馆、书库</td><td>除一类高层公共建筑外的其他高层公共建筑</td><td>①建筑高度大于 24 m 的单层建筑；
②建筑高度不大于 24 m 的其他建筑</td></tr>
</table>

注：表中未列的建筑，其类别应根据本表类比确定。

3. 地下室

地下室是指房间地面低于室外设计地面的平均高度大于该房间平均净高 1/2 的建筑，如图 5-2 所示。

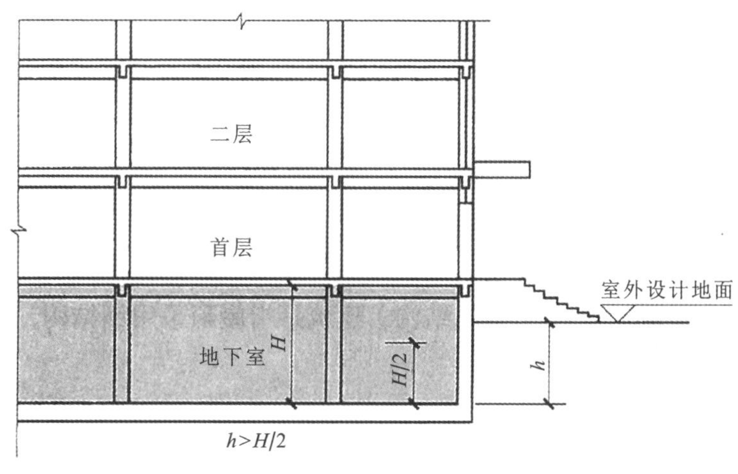

图 5-2　地下室

4. 半地下室

半地下室是指房间地面低于室外设计地面的平均高度大于该房间平均净高的 1/3，且不大于 1/2 的建筑，如图 5-3 所示。

三、按建筑主要承重结构的材料分类

1. 木结构建筑

木结构建筑是指主要承重构件为木材的建筑。

2. 砖木结构建筑

砖木结构建筑是指主要承重构件用砖石和木材做成的建筑。

3. 砖混结构建筑

砖混结构建筑是指竖向承重构件采用砖墙或砖柱，水平承重构件采用钢筋混凝土楼板、屋面板的建筑。

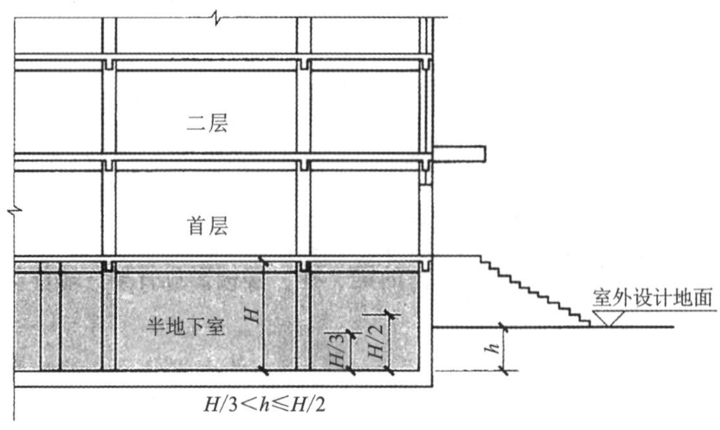

图 5-3　半地下室

4. 钢筋混凝土结构建筑

钢筋混凝土结构建筑是指用钢筋混凝土做柱、梁、楼板及屋顶等主要承重构件，用砖或其他轻质材料做墙体等围护构件的建筑。

5. 钢结构建筑

钢结构建筑是指主要承重构件全部采用钢材的建筑。

6. 钢与钢筋混凝土混合结构（钢混结构）建筑

钢与钢筋混凝土混合结构（钢混结构）建筑是指屋顶采用钢结构，其他主要承重构件采用钢筋混凝土结构的建筑。

7. 其他结构建筑

其他结构建筑是指除上述各类结构的建筑之外的建筑，如生土建筑、塑料建筑等。

四、按建筑承重构件的制作方法、传力方式及使用的材料分类

1. 砌体结构建筑

砌体结构是指由块体和砂浆砌筑而成的墙、柱作为建筑主要受力构件的结构，是砖砌体、砌块砌体、石砌体和配筋砌体结构的统称。

2. 框架结构建筑

框架结构是指由梁和柱以刚接或铰接的形式连接成承重体系的房屋建筑结构。承重部分构件通常采用钢筋混凝土或钢板制作的梁、柱、楼板形成骨架，墙体不承重而只起围护和分隔作用。

3. 剪力墙结构建筑

剪力墙结构建筑是指由剪力墙组成的能承受竖向和水平作用的结构建筑。

4. 框架-剪力墙结构建筑

框架-剪力墙结构建筑是指由框架和剪力墙共同承受竖向和水平作用的结构建筑。

5. 板柱-剪力墙结构建筑

板柱-剪力墙结构建筑是指由无梁楼板和柱组成的板柱框架与剪力墙共同承受竖向和水平

作用的结构建筑。

6. 框架-支撑结构建筑

框架-支撑结构建筑是指由框架和支撑共同承受竖向和水平作用的结构建筑。

7. 特种结构建筑

特种结构建筑是指承重构件采用网架、悬索、拱或壳体等形式的建筑。

五、按建筑的建设年代分类

中国建筑可依据建设年代分为古代建筑、近代建筑和现代建筑。

1. 古代建筑

古代建筑是指距今六七千年的原始社会到1840年第一次鸦片战争期间建设的建筑，如北京故宫博物院等。

2. 近代建筑

近代建筑是指1840年第一次鸦片战争至1949年中华人民共和国成立期间建设的建筑，如上海外滩的洋行等。

3. 现代建筑

现代建筑是指1949年中华人民共和国成立至今建设的建筑，如各种现代高层、超高层建筑等。

六、按建筑设计使用年限分类

建筑的使用寿命有赖于结构的牢固程度，其设计使用年限是指设计规定的结构或结构构件不需进行大修即可按其预定目的使用的时间。

结构或结构构件按照《建筑结构可靠性设计统一标准》(GB 50068—2008)的规定分为临时性建筑结构、易于替换的结构构件、普通房屋和构筑物、标志性建筑和特别重要的建筑结构。建筑按结构的设计使用年限分类见表5-2。

表5-2　建筑按结构的设计使用年限分类

类别	设计使用年限/年
临时性建筑结构	5
易于替换的结构构件	25
普通房屋和构筑物	50
标志性建筑和特别重要的建筑结构	100

七、工业建筑按生产和储存物品的火灾危险性分类

1. 生产的火灾危险性分类

生产的火灾危险性根据生产中使用或产生的物质性质及其数量等因素划分为甲、乙、丙、丁、戊类，如表5-3所示。

表 5-3　生产的火灾危险性分类

生产的火灾危险性类别	使用或产生下列物质生产的火灾危险性特征
甲	①闪点小于 28℃的液体；②爆炸下限小于 10%的气体；③常温下能自行分解或在空气中氧化能导致迅速自燃或爆炸的物质；④常温下受到水或空气中水蒸气的作用，能产生可燃气体并引起燃烧或爆炸的物质；⑤遇酸、受热、撞击、摩擦、催化以及遇有机物或硫黄等易燃的无机物，极易引起燃烧或爆炸的强氧化剂；⑥受撞击、摩擦或与氧化剂、有机物接触时能引起燃烧或爆炸的物质；⑦在密闭设备内操作温度不小于物质本身自燃点的生产
乙	①闪点不小于 28℃，但小于 60℃的液体；②爆炸下限不小于 10%的气体；③不属于甲类的氧化剂；④不属于甲类的易燃固体；⑤助燃气体；⑥能与空气形成爆炸性混合物的浮游状态的粉尘、纤维、闪点不小于 60℃的液体雾滴
丙	①闪点不小于 60℃的液体；②可燃固体
丁	①对不燃烧物质进行加工，并在高温或熔化状态下经常产生强辐射热、火花或火焰的生产；②利用气体、液体、固体作为燃料或将气体、液体进行燃烧作他用的各种生产；③常温下使用或加工难燃烧物质的生产
戊	常温下使用或加工不燃烧物质的生产

同一座厂房或厂房的任一防火分区内有不同火灾危险性生产时，厂房或防火分区内的生产火灾危险性类别应按火灾危险性较大的部分确定；当生产过程中使用或产生易燃、可燃物的量较少，不足以构成爆炸或火灾危险时，可按实际情况确定；当符合下述条件之一时，可按火灾危险性较小的部分确定。

(1)火灾危险性较大的生产部分占本层或本防火分区建筑面积的比例小于 5%或丁、戊类厂房内的油漆工段小于 10%，且发生火灾事故时不足以蔓延至其他部位或火灾危险性较大的生产部分采取了有效的防火措施。

(2)丁、戊类厂房内的油漆工段，当采用封闭喷漆工艺，封闭喷漆空间内保持负压、油漆工段设置可燃气体探测报警系统或自动抑爆系统，且油漆工段占所在防火分区建筑面积的比例不大于 20%。

2. 储存物品的火灾危险性分类

储存物品的火灾危险性根据储存物品的性质和储存物品中的可燃物数量等因素划分为甲、乙、丙、丁、戊类，如表 5-4 所示。

表 5-4　储存物品的火灾危险性分类

储存物品的火灾危险性类别	储存物品的火灾危险性特征
甲	①闪点小于 28℃的液体； ②爆炸下限小于 10%的气体，受到水或空气中水蒸气的作用能产生爆炸下限小于 10%气体的固体物质； ③常温下能自行分解或在空气中氧化能导致迅速自燃或爆炸的物质； ④常温下受到水或空气中水蒸气的作用，能产生可燃气体并引起燃烧或爆炸的物质；

续表

储存物品的火灾危险性类别	储存物品的火灾危险性特征
甲	⑤遇酸、受热、撞击、摩擦以及遇有机物或硫黄等易燃的无机物，极易引起燃烧或爆炸的强氧化剂； ⑥受撞击、摩擦或与氧化剂、有机物接触时能引起燃烧或爆炸的物质
乙	①闪点不小于28℃，但小于60℃的液体； ②爆炸下限不小于10%的气体； ③不属于甲类的氧化剂； ④不属于甲类的易燃固体； ⑤助燃气体； ⑥常温下与空气接触能缓慢氧化，积热不散引起自燃的物品
丙	①闪点不小于60℃的液体； ②可燃固体
丁	难燃烧物品
戊	不燃烧物品

同一座仓库或仓库的任一防火分区内储存不同火灾危险性物品时，仓库或防火分区的火灾危险性应按火灾危险性最大的物品确定。

对于丁、戊类储存物品的火灾危险性，当可燃包装质量大于物品本身质量1/4或可燃包装体积大于物品本身体积的1/2时，应按丙类确定。

5.3 课后练习与课程思政

请扫描教师提供的二维码，完成章节测试。

思政主题：建筑物分类与教育分类

建筑物分类的目的是让建筑设计能够根据建筑面积、层数、总高度，或者依据生产、储存的可燃物数量、危险性等的不同，采取不同的防、灭火工程措施。建筑层数高、建筑面积大、火灾危险性大的建筑物应配备更多的消防设施，反之，则少配备或不配备。将建筑物分类，有利于在有效防控火灾的同时，节约建设资金，具有更强的针对性。

分类是社会管理中最基本的方法。行业需要分类，职业需要分类，工作岗位需要分类，人才培养也需要分类。以教育为例来说明，不同的学生因遗传因素、成长环境等的不同，自然形成不同的特长爱好：有的好动，善于动手操作；有的爱静，博览群书；有的右脑发达，精于形象思维等。教育需要结合学生的个人兴趣，充分发挥其特长，培养社会需要的人才。

我国将高等学校划分为研究型大学、应用型大学和职业院校等，正是顺应学生特长多样化的需要，也是适应社会职业岗位多样化的需要。只要肯学肯钻，上哪一类学校都可能取得成就。

不管哪一种职业，都是社会必需的。职业只有专长之别，并无贵贱之分。

职业教育是另一种类型的教育。

Chapter 6

项目 6　建筑材料及构件的燃烧性能

学习重点

1. 了解建筑材料的燃烧性能的概念；
2. 熟练掌握建筑材料及其制品的燃烧性能分级；
3. 熟练掌握常用建筑构件的燃烧性能分级。

材料是指单一物质或者均匀分布的混合物，如金属、石材、木材、混凝土、矿纤、聚合物等。建筑材料是在建筑中使用的各种材料的总称。建筑材料的燃烧性能直接关系到建筑的防火安全。

6.1 建筑材料的燃烧性能的概念

建筑材料的燃烧性能是指材料燃烧或遇火时发生的一切物理和(或)化学变化。建筑材料的燃烧性能依据在明火或高温作用下，材料表面的着火性和火焰传播性、发烟、碳化、失重以及毒性生化物的产生等特性来衡量，是评价材料防火性能的一项重要指标。

6.2 建筑材料的燃烧性能分级

依据《建筑材料及制品燃烧性能分级》(GB 8624—2012)，我国建筑材料及制品的燃烧性能分为 A、B_1、B_2、B_3 四个等级，如表 6-1 所示。

表 6-1　建筑材料及制品的燃烧性能等级

燃烧性能等级	名称	材料举例
A	不燃材料(制品)	大理石、玻璃、钢材、混凝土石膏板、铝塑板、金属复合板
B_1	难燃材料(制品)	水泥刨花板、矿棉板、难燃木材、难燃胶合板、难燃聚氯乙烯塑料、硬 PVC 塑料地板
B_2	可燃材料(制品)	天然木材、胶合板、人造革、墙布、半硬质 PVC 塑料地板
B_3	易燃材料(制品)	布艺窗帘、纸张等

一、A 级材料

A 级材料是指不燃材料(制品),在空气中遇明火或高温作用下不起火、不微燃、不碳化,如大理石、玻璃、钢材、混凝土石膏板、铝塑板、金属复合板等。

二、B_1 级材料

B_1 级材料是指难燃材料(制品),在空气中遇明火或高温作用下难起火、难微燃、难碳化,如水泥刨花板、矿棉板、难燃木材、难燃胶合板、难燃聚氯乙烯塑料、硬 PVC 塑料地板等。

三、B_2 级材料

B_2 级材料是指可燃材料(制品),在空气中遇明火或高温作用下会立即起火或发生微燃,火源移开后继续保持燃烧或微燃,如天然木材、胶合板、人造革、墙布、半硬质 PVC 塑料地板等。

四、B_3 级材料

B_3 级材料是指易燃材料(制品),在空气中很容易被低能量的火源或电焊渣等点燃,火焰传播速度极快。

6.3 建筑构件的燃烧性能分级

建筑构件的燃烧性能取决于组成建筑构件的材料的燃烧性能。根据建筑材料的燃烧性能不同,建筑构件分为不燃性构件、难燃性构件和可燃性构件。

一、不燃性构件

不燃性构件是指用不燃材料做成的构件,如混凝土柱、混凝土楼板、砖墙、混凝土楼梯等。

二、难燃性构件

难燃性构件是指用难燃材料做成的构件或用可燃材料做成而用不燃材料做其保护层的构件,如水泥刨花复合板隔墙、木龙骨两面钉石膏板隔墙等。

三、可燃性构件

可燃性构件是指用可燃材料做成的构件,如木柱、木楼板、竹制吊顶等。

6.4 课后练习与课程思政

请扫描教师提供的二维码,完成章节测试。

思政主题：材料性能与绿色发展

建筑材料多种多样，其性能千差万别。有的材料比较坚硬，适合制作承重构件；有的材料比较柔软，适合制作装饰构件；有的材料密度很小，适合作为填充材料；有的材料憎水，适合制作防水材料；有的材料不能燃烧，防火性能较好，可以作为阻燃材料等。可以说，每一种材料，甚至每一粒材料，只要用在合适的位置，都是有价值的。因此，有人说，世上本无垃圾，只有放错位置的材料。

所有建筑材料都是消耗了一定能源，经人力加工、机械运输后得到的，来之不易。人类获取材料的过程中，或多或少都会给环境带来负面影响。节约建筑材料就是节约能源，实际上就是保护环境，保护人类赖以生存的地球。

党的十八届五中全会提出“五大发展理念”，即“创新、协调、绿色、开放、共享”。其中，绿色发展理念就是要保护环境、节约资源、减少浪费，坚持人与自然和谐共生，做到可持续发展，就是要贯彻党中央提出的“绿水青山就是金山银山”的发展理念。

我们一定要牢固树立节约意识，倡导低碳生活（见图 6-1），珍惜人类文明成果，爱惜宝贵资源，充分用好建筑材料，减少资源损耗。

图 6-1　绿色低碳生活

Chapter 7

项目7 建筑构件的耐火极限

学习重点

1. 熟练掌握耐火极限的概念；
2. 掌握建筑构件耐火极限的判定依据；
3. 了解影响耐火极限的因素。

建筑物是由若干柱、墙、梁、板、吊顶等构件组成的，这些构件通称为建筑构件。这里的建筑构件包括结构构件、分隔构件、保温构件和装饰构件等。设计在考虑耐火极限时，通常只关注结构构件、保温构件和分隔构件。

结构构件起火或受热失去稳定性，可能造成建筑物倒塌；而分隔构件燃烧失效，可能造成烟雾、火灾蔓延，都可能危及人员和财产安全。因此，结构构件及分隔构件应具有较强的耐火能力，能在一定的时间内保持完整性、承载能力或隔热性能。

7.1 建筑构件耐火极限的概念

耐火极限是指在标准耐火试验条件下，建筑构件、配件或结构从受到火的作用，到失去承载能力、完整性或隔热性时所用的时间，用小时(h)表示。耐火极限是衡量建筑构件耐火性能的主要指标，需要通过符合国家标准规定的耐火试验来确定。

7.2 建筑构件耐火极限的判定

通常采用建筑构件是否失去耐火稳定性、完整性和隔热性来判断构件是否达到耐火极限，建筑构件出现上述的任何一种现象，即表明该建筑构件达到耐火极限。

一、耐火稳定性

耐火稳定性是指在标准耐火试验条件下，承重建筑构件在一定时间内抵抗坍塌的能力。判定构件在耐火试验期间能够持续保持其承载能力的参数是构件的变形量和变形速率。

二、耐火完整性

耐火完整性是指在标准耐火试验条件下，建筑分隔构件一面受火时，在一定时间内防止火焰和烟气穿透或在背火面出现火焰的能力。

构件发生以下任一限定情况即被认为丧失完整性：

①依据标准耐火试验，棉垫被点燃；

②依据标准耐火试验，缝隙探棒可以穿过；

③背火面出现火焰且持续时间超过 10 s。

三、耐火隔热性

耐火隔热性是指在标准耐火试验条件下，建筑分隔构件一面受火时，在一定时间内防止背火面温度超过规定值的能力。

构件背火面温升出现以下任一限定情况即被认为丧失隔热性：

①平均温升超过初始平均温度 140℃；

②任一位置的温升超过初始温度 180℃（初始温度应是试验开始时背火面的初始平均温度）。

承重构件（如梁、柱、屋架等）不具备隔断火焰和阻隔热传导的功能，所以失去稳定性即达到耐火极限；承重分隔构件（如承重墙、防火墙、楼板、屋面板等）具有承重和分隔双重功能，所以当构件在试验中失去稳定性、完整性或隔热性时，构件即达到耐火极限；对于特别规定的建筑构件（如防火门、防火卷帘等），隔热防火门在规定时间内要满足耐火完整性和隔热性，非隔热防火门在规定时间内只要满足耐火完整性即可。

7.3 影响建筑构件耐火极限的因素

在火灾中，耐火性能好的建筑构件起到阻止火势蔓延扩大、延长支撑时间的作用，构件的耐火性能直接决定着建筑在火灾中的失稳和倒塌时间，以及控制火灾向相邻防火分区蔓延的时间。影响建筑构件耐火性能的因素较多，主要有以下几个方面。

一、材料本身的燃烧性能

材料本身的燃烧性能是构件耐火极限主要的内在影响因素。若组成建筑构件的材料是可燃材料，构件就会被引燃并传播蔓延火灾，构件的完整性被破坏，失去隔热能力，逐步丧失承载能力而失去稳定性，构件的耐火极限相对较低。材料越容易燃烧，构件的耐火极限就低，如木质楼板比钢筋混凝土楼板的耐火极限低。

二、材料的高温力学性能和导热性能

高温下力学性能较好和导热性能较差的材料组成的构件，其耐火极限较高；反之，耐火极限较低。

相同受力条件的钢筋混凝土柱的耐火极限就比钢柱的耐火极限高得多。与混凝土结构相比，钢结构自重轻、强度高、抗震性能好，便于工业化生产，施工速度快。但钢结构的耐火性能很差，其原因主要有两个方面：一是钢材热传导系数大，火灾时钢结构升温快；二是钢材强度随温度升高而迅速降低。无防火保护的钢结构的耐火时间通常仅为 15～20 min，故在火灾时极易被破坏，往往在起火初期变形倒塌。

三、建筑构件的截面尺寸

相同受力条件、相同材料组成的构件，截面尺寸越大，耐火极限就越高。

四、构件的制作方法

相同材料、相同截面尺寸、不同制作工艺生产的构件，其耐火极限也不同，如预应力钢筋混凝土构件的耐火极限远低于现浇钢筋混凝土构件。

五、构件间的构造方式

在其他条件一定时，构件间不同的连接方式影响构件的耐火极限，尤其是对节点的处理方式，如焊接、螺钉连接、简支、现浇等方式。相同条件下，现浇钢筋混凝土梁板比简支钢筋混凝土梁板的耐火极限高。

六、保护层的厚度

构件保护层的厚度越大，其耐火极限就越高。为提高钢构件的耐火极限，通常采取涂刷防火涂料或包覆不燃烧材料的方法进行防火保护。增加保护层的厚度可以提高构件的耐火极限。

7.4 课后练习与课程思政

请扫描教师提供的二维码，完成章节测试。

思政主题：耐火极限与岗位选择

建筑构件的耐火极限受构件材料的燃烧性能、构件截面大小、支座形式等的影响。通常情况下，组成构件的材料燃烧性能越差、构件截面尺度越大、支座越牢固，构件的耐火极限就越长，抵抗火灾的能力就越强。

在实际工程设计中，设计师首先根据建筑物的层数、面积、功能等确定建筑类别，然后根据建筑类别确定建筑物的耐火等级，选择各类构件的材料、确定截面尺寸以及支座形式等，并逐一验证构件的耐火极限是否满足相关要求。简单概括，对建筑整体稳定性作用大的构件、防火分区分隔构件的耐火极限要求高，其他次要部位构件的耐火极限要求低。

个人在社会生活中的作用与建筑构件在建筑物中的作用类似。比如，就体能状况来看，不同的个人差别很大。体能较弱的人员，要寻找其他方面的长处，并选择擅长的工作岗位。体能素质较好的人员，只要个人愿意，可以经过适度训练，从事消防应急救援、参军卫国等更加光荣的使命。扬长避短、贡献社会是我们不误青春的使命与担当。

英雄边防战士如图 7-1 所示。

图 7-1　英雄边防战士

Chapter 8

项目8 建筑物的耐火等级

学习重点

1 掌握建筑物的耐火等级的概念与分级；

2. 了解划分建筑物的耐火等级的意义；

3. 掌握建筑物的耐火等级的划分方法；

4. 了解建筑物的耐火等级的确定方法。

8.1 建筑物耐火等级的概念

建筑物的耐火等级是指根据建筑中墙、柱、梁、楼板、吊顶等各类构件不同的耐火极限，对建筑物等整体耐火性能进行的等级划分。

建筑物的耐火等级是衡量建筑物抵抗火灾能力大小的标准，由建筑构件的燃烧性能和耐火极限中的最低者决定。

建筑设计人员决定建筑物的耐火等级时，应综合考虑建筑的重要性、使用性质、火灾危险性、建筑物的高度和面积、火灾荷载的大小等因素。一般情况下，建筑物越重要、火灾危险性越大、单体建筑面积越大、建筑高度越高、火灾荷载越大，设计会将建筑物的耐火等级定得越高。

8.2 划分建筑物耐火等级的意义

划分建筑物的耐火等级的目的在于，根据建筑物的不同用途提出不同的耐火等级要求，做到既有利于安全，又节约基本建设投资。根据建筑物的使用性质合理确定其相应的耐火等级，既可以保证发生火灾时，建筑物在一定时间内不被破坏，不传播火灾，延缓和阻止火灾的蔓延，为安全疏散和救援提供必要的时间，又可以为消防人员扑灭火灾以及火灾后重新修复使用创造有利条件。

8.3 建筑物耐火等级的划分

我国消防规范将建筑物的耐火等级划分为一、二、三、四级，一级为最高级，说明其耐火能力强，四级最低，说明其耐火能力弱。

一、一级耐火等级建筑

一级耐火等级建筑是指主要建筑构件全部为不燃烧体且满足相应耐火极限要求的建筑。地下或半地下建筑、一类高层建筑的耐火等级不低于一级，如医疗建筑、重要公共建筑、高度大于54 m的住宅等。

二、二级耐火等级建筑

二级耐火等级建筑是指主要建筑构件除吊顶为难燃烧体，其余构件为不燃烧体且满足相应耐火极限要求的建筑。单、多层重要公共建筑和二类高层建筑的耐火等级不低于二级，如建筑高度大于27 m，但不大于54 m的住宅。

三、三级耐火等级建筑

三级耐火等级建筑是指主要构件除吊顶（包括吊顶搁栅）和房间隔墙为难燃烧体外，其余构件为不燃烧体且满足相应耐火极限要求的建筑，如木结构屋顶的砖木结构建筑。

四、四级耐火等级建筑

四级耐火等级建筑是指主要构件除防火墙为不燃烧体外，其余构件为难燃烧体和可燃烧体且满足相应耐火极限要求的建筑，如以木柱、木屋架承重的建筑。

8.4 建筑物耐火等级的确定

设计人员应根据建筑物的重要性、建筑物的高度和使用中的火灾危险性确定建筑物的耐火等级，具体依据为《建筑设计防火规范》(GB 50016—2014)(2018年版)和其他相关规范。

建筑构件的燃烧性能和耐火极限应依据建筑物的耐火等级确定。根据《建筑设计防火规范》(GB 50016—2014)(2018年版)，不同耐火等级民用建筑相应构件的燃烧性能和耐火极限如表8-1所示，不同耐火等级工业建筑相应构件的燃烧性能和耐火极限如表8-2所示。

表 8-1　不同耐火等级民用建筑相应构件的燃烧性能和耐火极限　　单位：h

构件名称		耐火等级			
		一级	二级	三级	四级
墙	防火墙	不燃性 3.00	不燃性 3.00	不燃性 3.00	不燃性 3.00
	承重墙	不燃性 3.00	不燃性 2.50	不燃性 2.00	难燃性 0.50
	非承重外墙	不燃性 1.00	不燃性 1.00	不燃性 0.50	可燃性
	楼梯间、前室的墙，电梯井的墙，住宅建筑单元之间的墙和分户墙	不燃性 2.00	不燃性 2.00	不燃性 1.50	难燃性 0.50
	疏散走道两侧的隔墙	不燃性 1.00	不燃性 1.00	不燃性 0.50	难燃性 0.25
	房间隔墙	不燃性 0.75	不燃性 0.50	难燃性 0.50	难燃性 0.25
柱		不燃性 3.00	不燃性 2.50	不燃性 2.00	难燃性 0.50
梁		不燃性 2.00	不燃性 1.50	不燃性 1.00	难燃性 0.50
楼板		不燃性 1.50	不燃性 1.00	不燃性 0.50	可燃性
屋顶承重构件		不燃性 1.50	不燃性 1.00	可燃性 0.50	可燃性
疏散楼梯		不燃性 1.50	不燃性 1.00	不燃性 0.50	可燃性
吊顶(包括吊顶搁栅)		不燃性 0.25	难燃性 0.25	难燃性 0.15	可燃性

注：1. 除另有规定外，以木柱承重且墙体采用不燃材料的建筑，其耐火等级应按四级确定。

2. 住宅建筑构件的耐火极限和燃烧性能可按现行国家标准《住宅建筑规范》(GB 50368—2005)的规定执行。

表 8-2 不同耐火等级工业建筑相应构件的燃烧性能和耐火极限　　单位:h

构件名称		耐火等级			
		一级	二级	三级	四级
墙	防火墙	不燃性 3.00	不燃性 3.00	不燃性 3.00	不燃性 3.00
	承重墙	不燃性 3.00	不燃性 2.50	不燃性 2.00	难燃性 0.50
	楼梯间和前室的墙、电梯井的墙	不燃性 2.00	不燃性 2.00	不燃性 1.50	难燃性 0.50
	疏散走道两侧的隔墙	不燃性 1.00	不燃性 1.00	不燃性 0.50	难燃性 0.25
	非承重外墙、房间隔墙	不燃性 0.75	不燃性 0.50	难燃性 0.50	难燃性 0.25
柱		不燃性 3.00	不燃性 2.50	不燃性 2.00	难燃性 0.50
梁		不燃性 2.00	不燃性 1.50	不燃性 1.00	难燃性 0.50
楼板		不燃性 1.50	不燃性 1.00	不燃性 0.75	难燃性 0.50
屋顶承重构件		不燃性 1.50	不燃性 1.00	难燃性 0.50	可燃性
疏散楼梯		不燃性 1.50	不燃性 1.00	不燃性 0.75	可燃性
吊顶(包括吊顶搁栅)		不燃性 0.25	难燃性 0.25	难燃性 0.15	可燃性

注:二级耐火等级建筑内采用不燃材料的吊顶,其耐火极限不限。

8.5 课后练习与课程思政

请扫描教师提供的二维码,完成章节测试。

思政主题:耐火等级与可持续发展

划分建筑物的耐火等级,就可以根据建筑物的不同耐火等级要求,采取差异化设计。火灾危险性大、火灾救援难度大、火灾后果严重的建筑物配备更多的防、灭火设施。反之,则可以少配备或不配备。做到既有利于安全,降低建设投资,又节约材料资源。

我们生存的地球,材料资源是有限的。资源的使用既要满足当前需要,又不能削弱子孙后代满足需要的可能，这就是可持续发展的理念。1987 年，世界环境与发展委员会主席布伦特兰夫人提出“可持续发展”概念。它是顺应时代的变迁和社会经济发展需要而被提出的。

可持续发展的核心思想是经济发展、保护资源和保护生态环境协调一致，让子孙后代能够享受充分的资源和良好的资源环境。其内容包括健康的经济发展应建立在生态可持续能力、社会公正和人民积极参与自身发展决策的基础上；它所追求的目标是既要使人类的各种需要得到满足，个人得到充分发展，又要保护资源和生态环境，不对后代人的生存和发展构成威胁；它特别关注的是各种经济活动的生态合理性，强调对资源、环境有利的经济活动应给予鼓励，反之则应摈弃。

模块2

减少火灾损失的工程措施

本模块主要学习降低火灾损失的工程措施，包括建筑总平面布局、防火与防烟分区、内外装饰材料要求、安全疏散设施、应急照明和疏散指示系统、防烟排烟系统等。

从建筑总平面布局来说，各单体建筑之间应保持足够距离，应设置消防车道和消防救援场地等；在建筑平面布置上，要重点关注设备用房、公共聚集场所、老年和儿童活动场所、医院和疗养院的住院部分、消防电梯等的布置；要在建筑内部设置防火和防烟分区；要合理选择室内外装饰材料；要做好安全疏散设施的设计，配置应急照明和疏散指示系统；要在适当位置设置防烟排烟系统，控制室内安全区域的烟量，为人员疏散创造良好条件。

Chapter 9

项目 9　建筑总平面布局

学习重点

1. 了解建筑总平面布局的一般原则；
2. 掌握防火间距的概念与测量方法；
3. 掌握消防车道的设置要求；
4. 熟练掌握防火间距的设置要求；
5. 熟练掌握建筑平面布置中特殊场所的设置要求。

建筑总平面布局和平面布置不仅影响周围环境和人们的生活，而且对建筑自身及相邻建筑的使用功能和安全都有较大的影响。建筑总平面布局及平面布置应满足城市规划和消防安全的要求。

9.1 建筑总平面布局

建筑总平面布局应综合考虑建筑的使用性质，生产经营规模，火灾危险性，所处的环境、地形、风向等因素，合理确定建筑之间的防火间距、消防车道、消防救援场地和入口、消防水源等。图 9-1 所示为某小区的总平面布局示意图。

图 9-1　某小区的总平面布局示意图

一、防火间距

1. 防火间距的概念

防火间距是防止着火建筑的辐射热在一定时间内引燃相邻建筑，且便于消防扑救的间隔距离，如图 9-2 所示。合理的防火间距，可以防止火灾蔓延，保障灭火救援场地需要，并有利于节约土地资源。

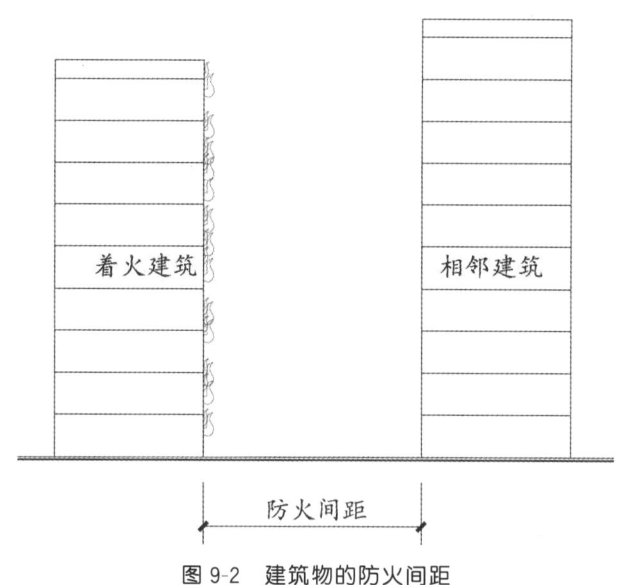

图 9-2　建筑物的防火间距

2. 防火间距的确定

对于不同建筑物的防火间距，《建筑设计防火规范》(GB 50016—2014)(2018 年版)、《汽车库、修车库、停车场设计防火规范》(GB 50067—2014)等做了具体的规定。

(1)民用建筑之间的防火间距不应小于相关规范的规定，如表 9-1 所示。

(2)厂房之间及与乙、丙、丁、戊类仓库，民用建筑之间的防火间距不应小于相应规范的规定，具体值见表 9-2。

表 9-1　民用建筑之间的防火间距　　单位：m

建筑类别		高层民用建筑	裙房和其他民用建筑		
		一、二级	一、二级	三级	四级
高层民用建筑	一、二级	13	9	11	14
裙房和其他民用建筑	一、二级	9	6	7	9
	三级	11	7	8	10
	四级	14	9	10	12

对于表 9-1，有以下几点说明。

①相邻两座单、多层建筑，当相邻外墙为不燃性墙体且无外露的可燃性屋檐，每面外墙上无防火保护的门、窗、洞口不正对开设且该门、窗、洞口的面积之和不大于外墙面积的 5%时，其防

火间距可按本表的规定减少 25%。

②两座建筑相邻较高一面外墙为防火墙，或高出相邻较低一座一、二级耐火等级建筑的屋面 15 m 及以下范围内的外墙为防火墙时，其防火间距不限。

③相邻两座高度相同的一、二级耐火等级建筑中相邻任一侧外墙为防火墙，屋顶的耐火极限不低于 1.00 h 时，其防火间距不限。

④相邻两座建筑中较低一座建筑的耐火等级不低于二级，相邻较低一面外墙为防火墙且屋顶无天窗，屋顶的耐火极限不低于 1.00 h 时，其防火间距不应小于 3.5 m；对于高层建筑，其防火间距不应小于 4 m。

⑤相邻两座建筑中较低一座建筑的耐火等级不低于二级且屋顶无天窗，相邻较高一面外墙高出较低建筑的屋面 15 m 及以下范围内的开口部位设置甲级防火门、窗，或设置符合现行国家标准《自动喷水灭火系统设计规范》(GB 50084—2017)规定的防火分隔水幕或《建筑设计防火规范》(GB 50016—2014)(2018 年版)规定的防火卷帘时，其防火间距不应小于 3.5 m；对于高层建筑，其防火间距不应小于 4 m。

⑥相邻建筑通过连廊、天桥或底部的建筑物等连接时，其防火间距不应小于本表的规定。

⑦耐火等级低于四级的既有建筑，其耐火等级可按四级确定。

表 9-2　厂房之间及与乙、丙、丁、戊类仓库，民用建筑之间的防火间距　　单位：m

<table>
<tr><th colspan="3" rowspan="3">名称</th><th>甲类厂房</th><th colspan="3">乙类厂房(仓库)</th><th colspan="4">丙、丁、戊类厂房(仓库)</th><th colspan="5">民用建筑</th></tr>
<tr><th>单、多层</th><th colspan="2">单、多层</th><th>高层</th><th colspan="3">单、多层</th><th>高层</th><th colspan="3">裙房，单、多层</th><th colspan="2">高层</th></tr>
<tr><th>一、二级</th><th>一、二级</th><th>三级</th><th>一、二级</th><th>一、二级</th><th>三级</th><th>四级</th><th>一、二级</th><th>一、二级</th><th>三级</th><th>四级</th><th>一类</th><th>二类</th></tr>
<tr><td>甲类厂房</td><td>单、多层</td><td>一、二级</td><td>12</td><td>12</td><td>14</td><td>13</td><td>12</td><td>14</td><td>16</td><td>13</td><td colspan="3" rowspan="4">25</td><td colspan="2" rowspan="4">50</td></tr>
<tr><td rowspan="3">乙类厂房</td><td rowspan="2">单、多层</td><td>一、二级</td><td>12</td><td>10</td><td>12</td><td>13</td><td>10</td><td>12</td><td>14</td><td>13</td></tr>
<tr><td>三级</td><td>14</td><td>12</td><td>14</td><td>15</td><td>12</td><td>14</td><td>16</td><td>15</td></tr>
<tr><td>高层</td><td>一、二级</td><td>13</td><td>13</td><td>15</td><td>13</td><td>13</td><td>15</td><td>17</td><td>13</td></tr>
<tr><td rowspan="4">丙类厂房</td><td rowspan="3">单、多层</td><td>一、二级</td><td>12</td><td>10</td><td>12</td><td>13</td><td>10</td><td>12</td><td>14</td><td>13</td><td>10</td><td>12</td><td>14</td><td>20</td><td>15</td></tr>
<tr><td>三级</td><td>14</td><td>12</td><td>14</td><td>15</td><td>12</td><td>14</td><td>16</td><td>15</td><td>12</td><td>14</td><td>16</td><td rowspan="2">25</td><td rowspan="2">20</td></tr>
<tr><td>四级</td><td>16</td><td>14</td><td>16</td><td>17</td><td>14</td><td>16</td><td>18</td><td>17</td><td>14</td><td>16</td><td>18</td></tr>
<tr><td>高层</td><td>一、二级</td><td>13</td><td>13</td><td>15</td><td>13</td><td>13</td><td>15</td><td>17</td><td>13</td><td>13</td><td>15</td><td>17</td><td>20</td><td>15</td></tr>
<tr><td rowspan="4">丁、戊类厂房</td><td rowspan="3">单、多层</td><td>一、二级</td><td>12</td><td>10</td><td>12</td><td>13</td><td>10</td><td>12</td><td>14</td><td>13</td><td>10</td><td>12</td><td>14</td><td>15</td><td>13</td></tr>
<tr><td>三级</td><td>14</td><td>12</td><td>14</td><td>15</td><td>12</td><td>14</td><td>16</td><td>15</td><td>12</td><td>14</td><td>16</td><td rowspan="2">18</td><td rowspan="2">15</td></tr>
<tr><td>四级</td><td>16</td><td>14</td><td>16</td><td>17</td><td>14</td><td>16</td><td>18</td><td>17</td><td>14</td><td>16</td><td>18</td></tr>
<tr><td>高层</td><td>一、二级</td><td>13</td><td>13</td><td>15</td><td>13</td><td>13</td><td>15</td><td>17</td><td>13</td><td>13</td><td>15</td><td>17</td><td>15</td><td>13</td></tr>
<tr><td rowspan="3">室外变、配电站</td><td rowspan="3">变压器总油量</td><td>≥5 t，≤10 t</td><td rowspan="3">25</td><td rowspan="3">25</td><td rowspan="3">25</td><td rowspan="3">25</td><td>12</td><td>15</td><td>20</td><td>12</td><td>15</td><td>20</td><td>25</td><td colspan="2">20</td></tr>
<tr><td>>10 t，≤50 t</td><td>15</td><td>20</td><td>25</td><td>15</td><td>20</td><td>25</td><td>30</td><td colspan="2">25</td></tr>
<tr><td>>50 t</td><td>20</td><td>25</td><td>30</td><td>20</td><td>25</td><td>30</td><td>35</td><td colspan="2">30</td></tr>
</table>

对于表 9-2,有以下几点说明。

①乙类厂房与重要公共建筑的防火间距不宜小于 50 m;与明火或散发火花地点的防火间距不宜小于 30 m。单、多层戊类厂房之间及与戊类仓库的防火间距可按本表的规定减少 2 m。为丙、丁、戊类厂房服务而单独设置的生活用房应按民用建筑确定,与所属厂房的防火间距不应小于 6 m。

②两座厂房相邻较高一面外墙为防火墙时,或相邻两座高度相同的一、二级耐火等级建筑中相邻任一侧外墙为防火墙且屋顶的耐火极限不低于 1.00 h 时,其防火间距不限,但甲类厂房之间不应小于 4 m。两座丙、丁、戊类厂房相邻两面外墙均为不燃性墙体,当无外露的可燃性屋檐,每面外墙上的门、窗、洞口面积之和各不大于该外墙面积的 5%,且门、窗、洞口不正对开设时,其防火间距可按表中的规定减少 25%。

③两座一、二级耐火等级的厂房,当相邻较低一面外墙为防火墙且较低一座厂房的屋顶耐火极限不低于 1.00 h,或相邻较高一面外墙的门、窗等开口部位设置甲级防火门、窗或防火分隔水幕或按《建筑设计防火规范》(GB 50016—2014)(2018 年版)的规定设置防火卷帘时,甲、乙类厂房的防火间距不应小于 6 m,丙、丁、戊类厂房的防火间距不应小于 4 m。

④发电厂内的主变压器,其油量可按单台确定。

⑤耐火等级低于四级的既有厂房,其耐火等级可按四级确定。

⑥当丙、丁、戊类厂房与丙、丁、戊类仓库相邻时,应符合第 2、3 条的规定。

(3)甲类仓库之间及与其他建筑、明火或散发火花地点、铁路、道路等防火间距不应小于表 9-3 所示的规定。

表 9-3 甲类仓库之间及与其他建筑、明火或散发火花地点、铁路、道路等防火间距 单位:m

名称		甲类仓库(储量)			
		甲类储存物品第 3、4 项		甲类储存物品第 1、2、5、6 项	
		≤5 t	>5 t	≤10 t	>10 t
高层民用建筑、重要公共建筑		50			
裙房、其他民用建筑、明火或散发火花地点		30	40	25	30
甲类仓库		20	20	20	20
厂房和乙、丙、丁、戊类仓库	一、二级	15	20	12	15
	三级	20	25	15	20
	四级	25	30	20	25
电力系统电压为 35～500 kV 且每台变压器容量不小于 10 MV·A 的室外变、配电站,工业企业的变压器总油量大于 5 t 的室外降压变电站		30	40	25	30
厂外铁路线中心线		40			
厂内铁路线中心线		30			
厂外道路路边		20			
厂内道路路边	主要	10			
	次要	5			

注:甲类仓库之间的防火间距,当第 3、4 项物品储量不大于 2 t,第 1、2、5、6 项物品储量不大于 5 t 时,不应小于 12 m。甲类仓库与高层仓库的防火间距不应小于 13 m。

(4)乙、丙、丁、戊类仓库之间及与民用建筑的防火间距不应小于相应规范的规定，如表 9-4 所示。

表 9-4　乙、丙、丁、戊类仓库之间及与民用建筑的防火间距

单位：m

名称			乙类仓库			丙类仓库				丁、戊类仓库			
			单、多层		高层	单、多层			高层	单、多层			高层
			一、二级	三级	一、二级	一、二级	三级	四级	一、二级	一、二级	三级	四级	一、二级
乙、丙、丁、戊类仓库	单、多层	一、二级	10	12	13	10	12	14	13	10	12	14	13
		三级	12	14	15	12	14	16	15	12	14	16	15
		四级	14	16	17	14	16	18	17	14	16	18	17
	高层	一、二级	13	15	13	13	15	17	13	13	15	17	13
民用建筑	裙房，单、多层	一、二级	25			10	12	14	13	10	12	14	13
		三级	25			12	14	16	15	12	14	16	15
		四级	25			14	16	18	17	14	16	18	17
	高层	一类	50			20	25	25	20	15	18	18	15
		二类	50			15	20	20	15	13	15	15	13

注：1. 单层、多层戊类仓库之间的防火间距，可按本表减少 2 m。

2. 两座仓库的相邻外墙均为防火墙时，防火间距可以减小，但丙类不应小于 6 m，丁、戊类不应小于 4 m。两座仓库相邻较高一面外墙为防火墙，或相邻两座高度相同的一、二级耐火等级建筑中相邻任一侧外墙为防火墙且屋顶的耐火极限不低于 1.00 h，且总占地面积不大于现行国家标准《建筑设计防火规范》(GB 50016—2014)(2018 年版)一座仓库的最大允许占地面积规定时，其防火间距不限。

3. 除乙类第 6 项物品外的乙类仓库，与民用建筑的防火间距不宜小于 25 m，与重要公共建筑的防火间距不应小于 50 m，与铁路、道路等的防火间距不宜小于表 9-3 中甲类仓库与铁路、道路等的防火间距。

3. 防火间距的测量

对防火间距进行实地测量时，测量人员应沿建筑周围选择相对较近处测量间距。

防火间距的测量方法有以下几种。

(1)建筑之间的防火间距按相邻建筑外墙的最近水平距离计算，当外墙有凸出的可燃或难燃构件时，防火间距从其凸出部分外缘算起。建筑与储罐、堆场的防火间距，为建筑外墙至储罐外壁或堆场中相邻堆垛外缘的最近水平距离。

(2)储罐之间的防火间距为相邻两储罐外壁的最近水平距离。储罐与堆场的防火间距为储罐外壁至堆场中相邻堆垛外缘的最近水平距离。

(3)堆场之间的防火间距为两堆场中相邻堆垛外缘的最近水平距离。

(4)变压器之间的防火间距为相邻变压器外壁的最近水平距离。变压器与建筑、储罐或堆场的防火间距，为变压器外壁至建筑外墙、储罐外壁或相邻堆垛外缘的最近水平距离。

(5)建筑、储罐或堆场与道路、铁路的防火间距，为建筑外墙、储罐外壁或相邻堆垛外缘距道路最近一侧路边或铁路中心线的最小水平距离。

4. 防火间距不足时应采取的措施

防火间距由于场地等原因，难以满足国家规范的要求时，可根据建筑的实际情况采取以下措施。

(1)改变建筑的生产和使用性质,尽量降低建筑的火灾危险性;改变房屋部分结构的耐火性能,提高建筑的耐火等级。

(2)调整生产厂房的部分工艺流程,限制仓库内储存物品的数量,提高部分构件的耐火性能和燃烧性能。

(3)将建筑的普通外墙改造为防火墙或减小相邻建筑的开口面积。

(4)拆除部分耐火等级低、占地面积小、存在价值低且与新建筑相邻的原有陈旧建筑。

(5)设置独立的室外防火墙。

二、消防车道

1. 消防车道的概念

消防车道是指满足消防车通行和作业等要求,在紧急情况下供消防救援队专用,使消防员和消防车等装备能到达或进入建筑的通道。

设置消防车道的目的在于,发生火灾时确保消防车畅通无阻,迅速到达火场,为及时扑灭火灾创造条件。因此,设置无人缴费系统等交通装置的区域不应影响消防车道的正常使用。

2. 消防车道的设置要求

消防车道可分为环形消防车道、穿过建筑的消防车道、尽头式消防车道以及消防水源地消防车道等。消防车道的设置应满足以下要求:

①车道的净宽度和净空高度均不应小于 4.0 m;

②转弯半径应满足消防车转弯的要求;

③消防车道与建筑之间不应设置妨碍消防车操作的树木、架空管线等障碍物;

④消防车道靠建筑外墙一侧的边缘距离建筑外墙不宜小于 5 m;

⑤消防车道的坡度不宜大于 8%;

⑥消防车道的路面应能承受重型消防车的压力。

三、消防救援场地和入口

1. 消防救援场地和入口的作用

消防救援场地和入口主要是指消防车登高操作场地、消防登高面和灭火救援窗。其中,消防车登高操作场地是指满足登高消防车靠近、停留、展开安全作业的场地。对应消防车登高操作场地的建筑外墙,是便于消防员进入建筑内部进行救人和灭火的建筑立面,称为消防登高面。供消防人员快速进入建筑主体且便于识别的灭火救援窗口称为灭火救援窗。

2. 消防救援场地和入口的设置要求

消防车登高操作场地、消防登高面和灭火救援窗是开展灭火救援行动的重要条件,应严格按照《建筑设计防火规范》(GB 50016—2014)(2018 年版)的相关规定进行设置。

9.2 建筑内部平面布置

建筑在设计时,除了应考虑城市的规划和在城市中的设置位置外,还应根据某些重点部位的火灾危险性、使用性质、人员密集场所人员快捷疏散和消防成功扑救等因素，对建筑内部空间进行合理布置，以防止火灾和烟气在建筑内部蔓延扩大，确保火灾时的人员生命安全，减少财产损失。

一、设备用房

建筑内设备用房在建筑使用过程中具有重要作用，消防系统设备用房在建筑发生火灾事故时需继续工作，因此设备用房的平面布置尤为重要。

设备用房的平面布置的防火要求应符合相应规范，如表 9-5 所示。

表 9-5　设备用房的平面布置

设备用房	设置层数及要求
燃油或燃气锅炉房、油浸变压器室	宜设置在建筑外的专用房间内；确需贴邻民用建筑布置时，应采用防火墙与所贴邻的建筑分隔，且不应贴邻人员密集场所，该专用房间的耐火等级不应低于二级；确需布置在民用建筑内时，不应布置在人员密集场所的上一层、下一层或贴邻。当布置在民用建筑内时，还应满足： ①燃油或燃气锅炉房、变压器室应设置在首层或地下一层的靠外墙部位，但常（负）压燃油或燃气锅炉可设置在地下二层或屋顶上，设置在屋顶上的常（负）压燃气锅炉，距离通向屋面的安全出口不应小于 6 m，采用相对密度（与空气密度的比值）不小于 0.75 的可燃气体为燃料的锅炉，不得设置在地下或半地下； ②锅炉房、变压器室的疏散门均应直通室外或安全出口
柴油发电机房	布置在民用建筑内时应满足： ①宜布置在首层或地下一、二层； ②不应布置在人员密集场所的上一层、下一层或贴邻； ③应采用耐火极限不低于 2.00 h 的防火隔墙和 1.50 h 的不燃性楼板与其他部位分隔，门应采用甲级防火门
消防控制室	①宜在首层或地下一层靠外墙部位； ②应采用耐火极限不低于 2.00 h 的防火隔墙和 1.50 h 的不燃性楼板与其他部位分隔，疏散门应直通室外或安全出口； ③不应设置在电磁场干扰较强及其他可能影响消防控制设备正常工作的房间附近； ④严禁与消防控制室无关的电气线路和管路穿过
消防水泵房	①独立建造的消防水泵房的耐火等级不应低于二级； ②附设在建筑内的消防水泵房，不应设置在地下三层及以下，或室内地面与室外出入口地坪高差大于 10 m 的地下楼层； ③附设在建筑内的消防水泵房，应采用耐火极限不低于 2.00 h 的隔墙和 1.50 h 的不燃性楼板与其他部位隔开，其疏散门应直通室外或安全出口，且开向疏散走道的门应采用甲级防火门
其他机房	附设在建筑内的消防设备用房，如固定灭火系统的设备室、通风空气调节机房、排烟机房等，应采用耐火极限不低于 2.00 h 的防火隔墙和 1.50 h 的不燃性楼板与其他部位隔开

二、公众聚集场所

歌舞娱乐放映游艺场所、会议厅、多功能厅、剧场、电影院、礼堂等公众聚集场所的平面布置的防火要求应符合相关规范，如表 9-6 所示。

表 9-6　公众聚集场所的平面布置

公众聚集场所	平面布置要求
歌舞娱乐放映游艺场所	①不应布置在地下二层及以下楼层； ②宜布置在一、二级耐火等级建筑的首层、二层或三层的靠外墙部位； ③不宜布置在袋形走道的两侧或尽端； ④确需布置在地下一层时，地下一层的地面与室外出入口地坪的高差不应大于 10 m； ⑤确需布置在地下或四层及以上楼层时，一个厅、室的建筑面积不应大于 200 m^2
会议厅、多功能厅	宜布置在首层、二层或三层。设置在三级耐火等级的建筑内时，不应布置在三层及以上楼层。确需布置在一、二级耐火等级建筑的其他楼层时，应符合下列规定： ①一个厅、室的疏散门不应少于 2 个，且建筑面积不宜大于 400 m^2； ②设置在地下或半地下时，宜设置在地下一层，不应设置在地下三层及以下楼层
剧场、电影院、礼堂	宜设置在独立的建筑内；采用三级耐火等级建筑时，不应超过 2 层。确需设置在其他民用建筑内时，至少应设置 1 个独立的安全出口和疏散楼梯，并应符合下列规定： ①应采用耐火极限不低于 2.00 h 的防火隔墙和甲级防火门与其他区域分隔； ②设置在一、二级耐火等级的建筑内时，观众厅宜布置在首层、二层或三层，确需布置在四层及以上楼层时，一个厅、室的疏散门不应少于 2 个，且每个观众厅的建筑面积不宜大于 400 m^2； ③设置在三级耐火等级的建筑内时，不应布置在三层及以上楼层； ④设置在地下或半地下时，宜设置在地下一层，不应设置在地下三层及以下楼层

三、老年人照料设施及儿童活动场所

老年人及儿童在火灾时难以进行适当的自救和安全逃生，因此，宜将老年人照料设施及托儿所、幼儿园的儿童用房和儿童游乐厅等儿童活动场所设置在独立的建筑内，并应符合相关规范的要求，如表 9-7 所示。

表 9-7　老年人照料设施及儿童活动场所的平面布置

场所	平面布置要求
老年人照料设施	①老年人照料设施宜独立设置，独立建造的一、二级耐火等级老年人照料设施的建筑高度不宜大于 32 m，不应大于 54 m；独立建造的三级耐火等级老年人照料设施，不应超过 2 层； ②当老年人照料设施与其他建筑上、下组合时，老年人照料设施宜设置在建筑的下部； ③当老年人照料设施中的老年人公共活动用房、康复与医疗用房设置在地下、半地下时，应设置在地下一层，每间用房的建筑面积不应大于 200 m^2 且使用人数不应大于 30 人； ④老年人照料设施中的老年人公共活动用房、康复与医疗用房设置在地上四层及以上时，每间用房的建筑面积不应大于 200 m^2 且使用人数不应大于 30 人

续表

场所	平面布置要求
儿童活动场所	宜设置在独立的建筑内，且不应设置在地下或半地下；当采用一、二级耐火等级的建筑时，不应超过 3 层；采用三级耐火等级的建筑时，不应超过 2 层；采用四级耐火等级的建筑时，应为单层。确需设置在其他民用建筑内时，应符合下列规定： ①设置在一、二级耐火等级的建筑内时，应布置在首层、二层或三层； ②设置在三级耐火等级的建筑内时，应布置在首层或二层； ③设置在四级耐火等级的建筑内时，应布置在首层； ④设置在高层建筑内时，应设置独立的安全出口和疏散楼梯； ⑤设置在单、多层建筑内时，宜设置独立的安全出口和疏散楼梯

四、医院和疗养院的住院部分

医院和疗养院的住院部分不应设置在地下或半地下。医院和疗养院的住院部分采用三级耐火等级建筑时，不应超过 2 层；采用四级耐火等级建筑时，应为单层；设置在三级耐火等级的建筑内时，应布置在首层或二层；设置在四级耐火等级的建筑内时，应布置在首层。

五、消防电梯

消防电梯是火灾时运送消防器材和消防人员的专用消防设施。

1. 消防电梯的设置场所

建筑高度大于 33 m 的住宅建筑，一类高层公共建筑和建筑高度大于 32 m 的二类高层公共建筑、5 层及以上且总建筑面积大于 3000 m^2(包括设置在其他建筑内五层及以上楼层)的老年人照料设施，均应设置消防电梯。

2. 消防电梯的设置要求

(1)消防电梯应分别设置在不同防火分区内，且每个防火分区不应少于 1 台。地下或半地下建筑(室)相邻两个防火分区可共用 1 台消防电梯。

(2)建筑高度大于 32 m 且设置电梯的高层厂房(仓库)，每个防火分区宜设置 1 台消防电梯。

(3)电梯从首层至顶层的运行时间不宜大于 60 s，首层的消防电梯入口处应设置消防员专用的操作按钮。

(4)电梯轿厢的内部设置专用消防对讲电话，装修应采用不燃材料。

六、直升机停机坪

直升机停机坪是发生火灾时供直升机救援屋顶平台上的避难人员时停靠的设施。

建筑高度超过 100 m 且标准层面积超过 2000 m^2 的旅馆、办公楼、综合楼等公共建筑的屋顶宜设直升机停机坪或供直升机救助的设施。

9.3 课后练习与课程思政

请扫描教师提供的二维码，完成章节测试。

思政主题：防火间距与合理距离

城市土地寸土寸金，十分宝贵。建筑之间到底保留多少距离，除了考虑日照因素以外，更重要的是考虑防火隔离问题。通常，一、二级耐火等级的高层建筑之间的间距不小于 13 m，高层与多层或高层裙房之间的间距不小于 9 m，多层建筑或高层裙房之间间距不小于 6 m。当一栋建筑发生火灾时，相邻建筑因与其保持足够距离，而不会诱发火灾。

任意两个自然个体之间都需要保持适度距离，人与人之间也一样。距离分为身体距离和心理距离两种。身体距离是指环绕在人体四周的一个虚拟范围，它确实存在，而且不容他人侵犯。心理距离是指两个个体虽然比较熟悉，但又各自拥有一定的隐私，不容对方知晓而产生的距离。心理距离根据两者亲疏关系的变化而变化。身体距离随心理距离的变化而变化，也随环境和场景的变化而变化。

个体之间，不管是身体距离，还是心理距离，都应根据两者的关系和环境条件保持适度，不应过远或过近。过远，可能导致心理孤独，让人感觉孤僻。过近，容易相互干扰、产生厌倦，甚至可能存在牵连的风险。保持适度距离，可以完整审视对方、准确评价对方、理性定位双方。

疫情期间，请与他人保持 1 米以上的社交距离，如图 9-3 所示。

图 9-3　保持社交距离

Chapter 10

项目 10　防火与防烟分区

学习重点

1. 掌握建筑防火分区和防烟分区的概念；
2. 了解不同建筑防火分区最大允许建筑面积；
3. 掌握建筑防火分区和防烟分区的划分方法；
4. 掌握防火分隔设施和防烟分隔构件。

建筑的某个空间发生火灾后，火势会通过热对流、热辐射和热传导作用向周围区域传播。火灾产生的烟气也会从楼板、墙壁的烧损处和门窗洞口向其他空间蔓延，严重影响人员安全疏散和消防扑救。因此，对规模、面积大或层数多的建筑而言，有效地阻止火势及烟气在建筑的水平及竖直方向蔓延，将火灾限制在一定范围之内，是十分必要的。

10.1 建筑防火分区

一、防火分区的概念

防火分区是指在建筑内部采用防火墙、耐火楼板及其他防火分隔设施分隔而成，能在一定时间内防止火灾向同一建筑的其余部分蔓延的局部空间。

在建筑内设置防火分区，可以有效地把火势控制在一定范围内，减少火灾损失，同时为人员安全疏散、消防扑救提供有利条件。

二、防火分区的类别

防火分区分为水平防火分区和竖向防火分区。

1. 水平防火分区

水平防火分区是指建筑某一楼层内采用具有一定耐火能力的防火分隔物（如防火墙、防火门、防火窗和防火卷帘等），按规定的建筑面积标准分隔的防火单元。水平防火分区是按照建筑面积划分的，因此也称为面积防火分区。

水平防火分区可采用防火墙、防火卷帘进行分隔：对于采用防火墙进行分隔的，防火墙上确需开设门、窗、洞口时，门、窗应为甲级防火门、窗；对于采用防火卷帘进行分隔的，防火卷帘的设置应满足规范要求，主要用于大型商场、大型超市、大型展馆、厂房、仓库等。

2. 竖向防火分区

竖向防火分区是指采用具有一定耐火能力的楼板和窗间墙将建筑上下层隔开。建筑中庭、自动扶梯、楼梯间、管道井、窗槛墙等上下连通的空间，一般采用防火卷帘、防火门、防火封堵等方式对上下楼层进行防火分隔。

三、防火分区的划分

防火分区的划分不应仅考虑面积大小的要求，还应综合考虑建筑的使用性质、火灾危险性及耐火等级、建筑高度、消防扑救能力、建筑投资等因素。《建筑设计防火规范》(GB 50016—2014)(2018 年版)及其他相关规范均对建筑的防火分区面积做了明确的规定。

民用建筑根据建筑类型、耐火等级、允许建筑高度或层数确定了防火分区的最大允许建筑面积，如表 10-1 所示。

表 10-1　民用建筑允许建筑高度或层数、防火分区最大允许建筑面积

名称	耐火等级	允许建筑高度或层数	防火分区的最大允许建筑面积/m^2	备注
高层民用建筑	一、二级	按规范确定	1500	对于体育馆、剧场的观众厅，防火分区的最大允许建筑面积可适当增加
单、多层民用建筑	一、二级	按规范确定	2500	
	三级	5 层	1200	
	四级	2 层	600	
地下或半地下建筑(室)	一级		500	设备用房的防火分区最大允许建筑面积不应大于 1000 m^2

注：1. 表中规定的防火分区的最大允许建筑面积，当建筑内设置自动灭火系统时，可按本表的规定增加 1.0 倍；局部设置时，防火分区的增加面积可按该局部面积的 1.0 倍计算。

2. 裙房与高层建筑主体之间设置防火墙时，裙房的防火分区可按单、多层建筑的要求确定。

厂房根据生产的火灾危险性类别、厂房的耐火等级、最多允许层数确定了防火分区的最大允许建筑面积，如表 10-2 所示。

表 10-2　厂房的每个防火分区的最大允许建筑面积

生产的火灾危险性类别	厂房的耐火等级	最多允许层数	每个防火分区的最大允许建筑面积/m^2			
			单层厂房	多层厂房	高层厂房	地下或半地下厂房(包括地下或半地下室)
甲	一级	宜采用单层	4000	3000		
	二级		3000	2000		
乙	一级	不限	5000	4000	2000	
	二级	6	4000	3000	1500	
丙	一级	不限	不限	6000	3000	500
	二级	不限	8000	4000	2000	500
	三级	2	3000	2000		

续表

生产的火灾危险性类别	厂房的耐火等级	最多允许层数	每个防火分区的最大允许建筑面积/m²			
			单层厂房	多层厂房	高层厂房	地下或半地下厂房(包括地下或半地下室)
丁	一、二级 三级 四级	不限 3 1	不限 4000 1000	不限 2000	4000	1000
戊	一、二级 三级 四级	不限 3 1	不限 5000 1500	不限 3000	6000	1000

注:1.防火分区之间应采用防火墙分隔。除甲类厂房外的一、二级耐火等级厂房,当其防火分区的建筑面积大于本表规定,且设置防火墙确有困难时,可采用防火卷帘或防火分隔水幕分隔。

2.厂房内设置自动灭火系统时,每个防火分区的最大允许建筑面积可按表中的规定增加1.0倍。当丁、戊类地上厂房内设置自动灭火系统时,每个防火分区的最大允许建筑面积不限。厂房内局部设置自动灭火系统时,防火分区的增加面积可按该局部面积的1.0倍计算。

仓库根据储存物品的火灾危险性类别、仓库的耐火等级、最多允许层数确定了防火分区的最大允许建筑面积,如表10-3所示。

表10-3　仓库的防火分区的最大允许建筑面积

储存物品的火灾危险性类别		仓库的耐火等级	最多允许层数	每座仓库的最大允许占地面积和每个防火分区的最大允许建筑面积/m²						
				单层仓库		多层仓库		高层仓库		地下或半地下仓库(包括地下或半地下室)
				每座仓库	防火分区	每座仓库	防火分区	每座仓库	防火分区	防火分区
甲	3、4项 1、2、5、6项	一级 一、二级	1 1	180 750	60 250					
乙	1、3、4项	一、二级 三级	3 1	2000 500	500 250	900	300			
乙	2、5、6项	一、二级 三级	5 1	2800 900	700 300	1500	500			
丙	1项	一、二级 三级	5 1	4000 1200	1000 400	2800	700			150
丙	2项	一、二级 三级	不限 3	6000 2100	1500 700	4800 1200	1200 400	4000	1000	300
丁		一、二级 三级 四级	不限 3 1	不限 3000 2100	3000 1000 700	不限 1500	1500 500	4800	1200	500

储存物品的火灾危险性类别	仓库的耐火等级	最多允许层数	每座仓库的最大允许占地面积和每个防火分区的最大允许建筑面积/m^2						
			单层仓库		多层仓库		高层仓库		地下或半地下仓库(包括地下或半地下室)
			每座仓库	防火分区	每座仓库	防火分区	每座仓库	防火分区	防火分区
戊	一、二级 三级 四级	不限 3 1	不限 3000 2100	不限 1000 700	不限 2100	2000 700	6000	1500	1000

注:仓库内设置自动灭火系统时,除冷库的防火分区外,每座仓库的最大允许占地面积和每个防火分区的最大允许建筑面积可按表中的规定增加1.0倍。

四、防火分隔设施

防火分隔设施是指能在一定时间内阻止火势蔓延,能把建筑内部空间分隔成若干较小防火空间的物体。防火分隔设施分为水平分隔设施和竖向分隔设施,包括防火墙、防火隔墙、楼板、防火门、防火卷帘、防火窗、防火阀等。

1. 防火墙

防火墙是防止火灾蔓延至相邻建筑或相邻水平防火分区且耐火极限不低于3.00 h的不燃性墙体,是建筑水平防火分区的主要防火分隔物,由不燃烧材料构成。其中,甲、乙类厂房和甲、乙、丙类仓库内的防火墙,其耐火极限不应低于4.00 h。防火墙上不应开设门、窗、洞口,确需开设时,应设置不可开启或火灾时能自动关闭的甲级防火门、窗。

2. 防火隔墙

防火隔墙是建筑内防止火灾蔓延至相邻区域且耐火极限不低于规定要求的不燃性墙体,是建筑功能区域分隔和设备用房分隔的特殊墙体。民用建筑内的剧院、电影院、礼堂与其他区域分隔,应采用耐火极限不低于2.00 h的防火隔墙;附设在建筑内的消防控制室、灭火设备室、消防水泵房和通风空气调节机房、变配电室等,应采用耐火极限不低于2.00 h的防火隔墙;锅炉房、柴油发电机房内设置储油间时,应采用耐火极限不低于3.00 h的防火隔墙与储油间分隔。

3. 其他防火分隔设施

其他防火分隔设施包括防火门、防火卷帘、防火窗、防火阀等。

10.2 建筑防烟分区

一、防烟分区的概念

防烟分区是指在建筑内部采用挡烟设施分隔而成,能在一定时间内防止火灾烟气向同一防火分区的其余部分蔓延的局部空间。

二、防烟分区的划分

设置排烟系统的场所或部位应划分防烟分区，防烟分区不应跨越防火分区。防烟分区面积过大时，烟气水平射流扩散会卷吸大量冷空气而沉降，不利于烟气及时排出；防烟分区面积过小时，储烟能力减弱，烟气易蔓延至相邻防烟分区。

防烟分区的划分应综合考虑建筑类型、建筑面积和高度、顶棚高度、储烟仓形状等因素，《建筑防烟排烟系统技术标准》（GB 51251—2017）给出了公共建筑、工业建筑防烟分区的最大允许面积及其长边最大允许长度，如表 10-4 所示。

表 10-4　公共建筑、工业建筑防烟分区的最大允许面积及其长边最大允许长度

空间净高 H/m	最大允许面积/m^2	长边最大允许长度/m
$H \leqslant 3.0$	500	24
$3.0 < H \leqslant 6.0$	1000	36
$H > 6.0$	2000	60 m；具有自然对流条件时，不应大于 75 m

注：1. 公共建筑、工业建筑中的走道宽度不大于 2.5 m 时，其防烟分区的长边长度不应大于 60 m；

2. 当空间净高度大于 9 m 时，防烟分区之间可不设置挡烟设施；

3. 汽车库防烟分区的划分及其排烟量应符合国家标准《汽车库、修车库、停车场设计防火规范》（GB 50067—2014）的相关规定。

三、防烟分区的划分构件

防烟分区的划分构件主要有挡烟垂壁、隔墙、防火卷帘、建筑横梁等。其中，隔墙是指只起分隔作用的墙体；挡烟垂壁是指用不燃材料制成，垂直安装在建筑顶棚、横梁或吊顶下，能在火灾时形成一定蓄烟空间的挡烟分隔设施；当建筑横梁的高度超过 500 mm 时，该横梁可作为挡烟设施使用。

10.3 课后练习与课程思政

请扫描教师提供的二维码，完成章节测试。

思政主题：分区分组与有序生活

在建筑室内做防火和防烟分区，目的是延缓烟雾蔓延速度，控制火焰蔓延范围。用防烟构件将建筑顶棚划分成一个个小的仓格，可以让烟雾在填满一格后再向相邻格蔓延，降低热烟雾蔓延速度。用防火墙、防火门窗、防火卷帘等将建筑分成一个一个防火分区，可以将火灾限制在一个防火分区内。

分区分组的方法在工作、生活的方方面面都有应用。在多格书柜放置书籍，通常要对书籍进行分类并归类摆放。校园建筑布置，要划分教学区、生活区、运动区等。购买新电脑后，要对磁盘进行分区，形成 C、D、E 等区域。超市粮斗中，大米、绿豆、红豆、面粉等分别放在不同的仓格内。超市将摊位划分成鲜菜区、粮油区、海鲜区、果蔬区等。学校将学生划分成一个个班级，并编号命名。这些都是分区分组理念的实际应用。

分区分组是一种通用的技术方法，其目的是便于归类、方便管理、实现隔离等。善于运用分区分组方法的同学，宿舍布置得整齐有序，生活安排得井井有条。

有序产生美，如图 10-1 所示。

图 10-1 有序产生美

Chapter 11

项目 11 内外装饰材料要求

学习重点

1. 熟练掌握装修材料的分类和分级；
2. 熟练掌握建筑内部防火基本要求；
3. 掌握建筑保温和外墙装饰防火基本要求。

仅从防止火灾蔓延的角度来讲，我们希望建筑物的装饰材料均为不燃材料。但是，不燃的装饰材料通常都是无机材料，导热系数大，给人冷冰冰的感觉。如果是在冬季，人们工作或生活在这种装饰材料装饰的场所，会感觉不太舒适。因此，在装饰装修选材时，应根据建筑物的性质、规模、层数、储存物的火灾危险性等因素综合考虑。

一般来说，建筑物层数少、建筑面积小、建筑处于地上、火灾危险性小、火灾可能造成的损失小的建筑物，对建筑装饰材料不燃性要求也低一些。为了便于限定不同建筑、不同部位装饰材料的燃烧性能，首先需要将装饰材料划分成不燃、难燃、可燃、易燃四个等级，根据装饰部位和功能，将装饰材料分为七个类别，然后规定哪种性质、什么规模的建筑，在哪些部位应选用可燃性能不低于什么等级的材料，以便装饰装修设计选材时遵守。

11.1 装修材料的分类分级

装修材料按其使用部位和功能，可划分为顶棚装修材料、墙面装修材料、地面装修材料、隔断装修材料、固定家具、装饰织物、其他装修装饰材料七类。其他装修装饰材料是指楼梯扶手、挂镜线、踢脚板、窗帘盒、暖气罩等。

装修材料按其燃烧性能划分为 A、B_1、B_2、B_3 四级，如表 6-1 所示。

常用建筑内部装修材料燃烧性能等级划分如表 11-1 所示。

表 11-1 常用建筑内部装修材料燃烧性能等级划分

材料类别	级别	材料举例
各部位材料	A	花岗石、大理石、水磨石、水泥制品、混凝土制品、石膏板、石灰制品、黏土制品、玻璃、瓷砖、马赛克、钢铁、铝、铜合金等

续表

材料类别	级别	材料举例
顶棚装修材料	B	纸面石膏板、纤维石膏板、水泥刨花板、矿棉装饰吸声板、玻璃棉装饰吸声板、珍珠岩装饰吸声板、难燃胶合板、难燃中密度纤维板、岩棉装饰板、难燃木材、铝箔复合材料、难燃酚醛胶合板、铝箔玻璃钢复合材料等
墙面装修材料	B_1	纸面石膏板、纤维石膏板、水泥刨花板、矿棉板、玻璃棉板、珍珠岩板、难燃胶合板、难燃中密度纤维板、防火塑料装饰板、难燃双面刨花板、多彩涂料、难燃墙纸、难燃墙布、难燃仿花岗岩装饰板、氯氧镁水泥装配式墙板、难燃玻璃钢平板、难燃 PVC 塑料护墙板、阻燃模压木质复合板材、彩色阻燃人造板等
	B_2	各类天然木材、木制人造板、竹材、纸制装饰板、装饰微薄木贴面板、印刷木纹人造板、塑料贴面装饰板、聚酯装饰板、复塑装饰板、塑纤板、胶合板、塑料壁纸、无纺贴墙布、墙布、复合壁纸、天然材料壁纸、人造革等
地面装修材料	B_1	硬 PVC 塑料地板、水泥刨花板、水泥木丝板、氯丁橡胶地板等
	B_2	半硬质 PVC 塑料地板、PVC 卷材地板、木地板氯纶地毯
装饰织物	B_1	经阻燃处理的各类难燃织物等
	B_2	纯毛装饰布、经阻燃处理的其他织物等
其他装修装饰材料	B_1	难燃聚氯乙烯塑料、难燃酚醛塑料、聚四氟乙烯塑料、难燃脲醛塑料、硅树脂塑料装饰型材、经阻燃处理的各类织物等
	B_2	经阻燃处理的聚乙烯、聚丙烯、聚氨酯、聚苯乙烯、玻璃钢、化纤织物、木制品等

11.2 建筑内装材料防火基本要求

建筑内部装修设计应尽可能采用不燃材料和难燃材料，避免采用燃烧时产生大量浓烟或有毒气体的材料，同时采取有效的防火措施。

一、特殊场所装修防火要求

1. 歌舞娱乐放映游艺场所

歌舞厅、卡拉 OK 厅（含具有卡拉 OK 功能的餐厅）、夜总会、录像厅、放映厅、桑拿浴室（除洗浴部分外）、游艺厅（含电子游艺厅）、网吧等歌舞娱乐放映游艺场所屡屡发生重大火灾事故，其中一个重要原因是这类场所装修采用了大量可燃材料。

此类场所设置在一、二级耐火等级建筑的四层及四层以上时，室内装修的顶棚装修材料应采用 A 级装修材料，其他部位应采用不低于 B_1 级的装修材料；此类场所设置在地下一层时，室内装修的顶棚、墙面装修材料应采用 A 级装修材料，其他部位应采用不低于 B_1 级的装修材料。

2. 共享空间

建筑设有上下层连通的中庭、走马廊、敞开楼梯、自动扶梯时，其连通部位的顶棚、墙面应采用 A 级装修材料，其他部位应采用不低于 B_1 级的装修材料。

3. 无窗房间

地上房间发生火灾时，室内的烟气和毒气不易排出，不利于人员疏散，也不利于消防救援人员对火情的侦查与施救。故地上无窗房间内部装修材料的燃烧性能等级应在原规定的基础上提高一级（A 级除外）。

4. 图书室、资料室、档案室和存放文物的房间

图书、资料、档案等为易燃物，一旦发生火灾，火势发展迅速。因此，此类场所的顶棚、墙面应采用 A 级装修材料，地面应使用不低于 B_1 级的装修材料。

5. 设备机房

消防水泵房、排烟机房、固定灭火系统钢瓶间、配电室、变压器室、通风和空调等设备机房在建筑中起到主控正常运转及安全的作用，其内部装修应全部采用 A 级装修材料。

6. 建筑内的厨房

厨房内明火较多，故建筑内的厨房的顶棚、墙面和地面应采用 A 级装修材料。

7. 使用明火的餐厅和科研实验室

使用明火的餐厅是指设有明火灶具的餐厅、宴会厅、包间等，科研实验室往往存放一些易燃易爆试剂、材料等。因此，使用明火的餐厅和科研实验室的内部装修材料的燃烧性能等级应比同类建筑的要求提高一级（A 级除外）。

8. 消防设施、疏散指示标志

建筑的内部装修不应擅自减少、改动、拆除、遮挡消防设施、疏散指示标志、安全出口、疏散出口、疏散走道、防火分区、防烟分区等。

二、单、多层民用建筑装修防火要求

单、多层民用建筑内部各部位装修材料的燃烧性能如表 11-2 所示。

表 11-2　单、多层民用建筑内部各部位装修材料的燃烧性能

序号	建筑及场所	建筑规模、性质	装修材料燃烧性能等级							
			顶棚	墙面	地面	隔断	固定家具	装饰织物		其他装修装饰材料
								窗帘	帷幕	
1	候机楼的候机厅、贵宾候机室、售票厅、商店、餐饮场所等		A	A	B_1	B_1	B_1	B_1		B_1
2	汽车站、火车站、轮船客运站的候车（船）室、商店、餐饮场所等	建筑面积＞10 000 m^2	A	A	B_1	B_1	B_1	B_1		B_2
		建筑面积≤10 000 m^2	A	B_1	B_1	B_1	B_1	B_1		B_2

续表

序号	建筑及场所	建筑规模、性质	装修材料燃烧性能等级							
			顶棚	墙面	地面	隔断	固定家具	装饰织物		其他装修装饰材料
								窗帘	帷幕	
3	观众厅、会议厅、多功能厅、等候厅等	每个厅的建筑面积>400 m^2	A	A	B_1	B_1	B_1	B_1	B_1	B_1
		每个厅的建筑面积≤400 m^2	A	B_1	B_1	B_1	B_2	B_1	B_1	B_2
4	体育馆	>3000 个座位	A	A	B_1	B_1	B_1	B_1	B_1	B_2
		≤3000 个座位	A	B_1	B_1	B_1	B_2	B_2	B_1	B_2
5	商店的营业厅	每层的建筑面积>1500 m^2或总建筑面积>3000 m^2	A	B_1	B_1	B_1	B_1	B_1		B_2
		每层建筑面积≤1500 m^2或总建筑面积≤3000 m^2	A	B_1	B_1	B_1	B_2	B_1		
6	宾馆、饭店的客房及公共活动用房等	设置送回风道(管)的集中空气调节系统	A	B_1	B_1	B_1	B_2	B_2		B_2
		其他	B_1	B_1	B_2	B_2	B_2	B_2		
7	养老院、托儿所、幼儿园的居住及活动场所		A	A	B_1	B_1	B_2	B_1		B_2
8	医院的病房区、诊疗区、手术区		A	A	B_1	B_1	B_2	B_1		B_2
9	教学场所、教学实验场所		A	B_1	B_2	B_2	B_2	B_2	B_2	B_2
10	纪念馆、展览馆、博物馆、图书馆、档案馆、资料馆等公众活动场所		A	B_1	B_1	B_1	B_2	B_1		B_2
11	存放文物、纪念展览物品、重要图书、档案、资料的场所		A	A	B_1	B_1	B_2	B_1		B_2
12	歌舞娱乐放映游艺场所		A	B_1	B_1	B_1	B_1	B_1	B_1	B_1

续表

序号	建筑及场所	建筑规模、性质	装修材料燃烧性能等级							
			顶棚	墙面	地面	隔断	固定家具	装饰织物		其他装修装饰材料
								窗帘	帷幕	
13	A、B级电子信息系统机房及装有重要机器、仪器的房间		A	A	B_1	B_1	B_1	B_1	B_1	B_1
14	餐饮场所	营业面积>100 m^2	A	B_1	B_1	B_1	B_1	B_2		B_2
		营业面积≤100 m^2	B_1	B_1	B_1	B_2	B_2	B_2		B_2
15	办公场所	设置送回风道（管）的集中空气调节系统	A	B_1	B_1	B_1	B_2	B_2		B_2
		其他	B_1	B_1	B_2	B_2	B_2			
16	其他公共场所		B_1	B_1	B_2	B_2	B_2			
17	住宅		B_1	B_1	B_1	B_1	B_2	B_2		B_2

三、高层民用建筑装修防火要求

高层民用建筑内部各部位装修材料的燃烧性能如表 11-3 所示。

表 11-3　高层民用建筑内部各部位装修材料的燃烧性能

序号	建筑及场所	建筑规模、性质	装修材料燃烧性能等级									
			顶棚	墙面	地面	隔断	固定家具	装饰织物				其他装修装饰材料
								窗帘	帷幕	床罩	家具包布	
1	候机楼的候机厅、贵宾候机室、售票厅、商店、餐饮场所等		A	A	B_1	B_1	B_1	B_1				B_1
2	汽车站、火车站、轮船客运站的候车（船）室、商店、餐饮场所等	建筑面积>10 000 m^2	A	A	B_1	B_1	B_1	B_1				B_2
		建筑面积≤10 000 m^2	A	B_1	B_1	B_1	B_1	B_1				B_2
3	观众厅、会议厅、多功能厅、等候厅等	每个厅的建筑面积>400 m^2	A	A	B_1	B_1	B_1	B_1	B_1		B_1	B_1
		每个厅的建筑面积≤400 m^2	A	B_1	B_1	B_1	B_2	B_1	B_1		B_1	B_1

续表

序号	建筑及场所	建筑规模、性质	装修材料燃烧性能等级									
			顶棚	墙面	地面	隔断	固定家具	装饰织物				其他装修装饰材料
								窗帘	帷幕	床罩	家具包布	
4	商店的营业厅	每层的建筑面积＞1500 m^2 或总建筑面积＞3000 m^2	A	B_1	B_1	B_1	B_1	B_1	B_1		B_2	B_1
		每层的建筑面积≤1500 m^2 或总建筑面积≤3000 m^2	A	B_1	B_1	B_1	B_1	B_1	B_2		B_2	B_2
5	宾馆、饭店的客房及公共活动用房等	一类建筑	A	B_1	B_1	B_1	B_2	B_1		B_1	B_2	B_1
		二类建筑	A	B_1	B_1	B_1	B_2	B_2		B_2	B_2	B_2
6	养老院、托儿所、幼儿园的居住及活动场所		A	A	B_1	B_1	B_2	B_1		B_2	B_2	B_1
7	医院的病房区、诊疗区、手术区		A	A	B_1	B_1	B_2	B_1	B_1		B_2	B_1
8	教学场所、教学实验场所		A	B_1	B_2	B_2	B_2	B_1	B_1		B_1	B_2
9	纪念馆、展览馆、博物馆、图书馆、档案馆、资料馆等公众活动场所	一类建筑	A	B_1	B_1	B_1	B_2	B_1	B_1		B_1	B_1
		二类建筑	A	B_1	B_1	B_1	B_2	B_1	B_2		B_2	A
10	存放文物、纪念展览物品、重要图书、档案、资料的场所		A	A	B_1	B_1	B_2	B_1			B_1	A
11	歌舞娱乐放映游艺场所		A	B_1	B_1	B_1	B_1	B_1	B_1	B_1	B_1	B_1
12	A、B级电子信息系统机房及装有重要机器、仪器的房间		A	B_1	B_1	B_1	B_1	B_1	B_1		B_1	B_1
13	餐饮场所		A	B_1	B_1	B_1	B_2	B_1			B_1	B_2
14	办公场所	一类建筑	A	B_1	B_1	B_1	B_2	B_1	B_1		B_1	B_1
		二类建筑	A	B_1	B_1	B_1	B_2	B_1	B_2		B_2	B_2

续表

序号	建筑及场所	建筑规模、性质	装修材料燃烧性能等级									
			顶棚	墙面	地面	隔断	固定家具	装饰织物				其他装修装饰材料
								窗帘	帷幕	床罩	家具包布	
15	电信楼、财贸金融楼、邮政楼、广播电视楼、电力调度楼、防灾指挥调度楼	一类建筑	A	A	B_1	B_1	B_1	B_1	B_1		B_2	B_1
		二类建筑	A	B_1	B_2	B_2	B_2	B_1	B_2		B_2	B_2
16	其他公共场所		A	B_1	B_1	B_1	B_2	B_2	B_2	B_2	B_2	B_2
17	住宅		A	B_1	B_1	B_1	B_2	B_1		B_1	B_2	B_1

四、地下民用建筑装修防火要求

地下民用建筑内部各部位装修材料的燃烧性能如表 11-4 所示。

表 11-4　地下民用建筑内部各部位装修材料的燃烧性能

序号	建筑及场所	装修材料燃烧性能等级						
		顶棚	墙面	地面	隔断	固定家具	装饰织物	其他装修装饰材料
1	观众厅、会议厅、多功能厅、等候厅等，商店的营业厅	A	A	A	B_1	B_1	B_1	B_2
2	宾馆、饭店的客房及公共活动用房等	A	B_1	B_1	B_1	B_1	B_1	B_2
3	医院的诊疗区、手术区	A	A	B_1	B_1	B_1	B_1	B_2
4	教学场所、教学实验场所	A	A	B_1	B_2	B_2	B_1	B_2
5	纪念馆、展览馆、博物馆、图书馆、档案馆、资料馆等公众活动场所	A	A	B_1	B_1	B_1	B_1	B_1
6	存放文物、纪念展览物品、重要图书、档案、资料的场所	A	A	A	A	A	B_1	B_1
7	歌舞娱乐放映游艺场所	A	A	B_1	B_1	B_1	B_1	B_1
8	A、B 级电子信息系统机房及装有重要机器、仪器的房间	A	A	B_1	B_1	B_1	B_1	B_1
9	餐饮场所	A	A	A	B_1	B_1	B_1	B_2
10	办公场所	A	B_1	B_1	B_1	B_1	B_2	B_2
11	其他公共场所	A	B_1	B_1	B_2	B_2	B_2	B_2
12	汽车库、修车库	A	A	B_1	A	A		

 外墙保温和外装材料防火基本要求

一、建筑保温材料的分类

建筑外墙的保温材料可以分为三大类：

①以矿棉和岩棉为代表的无机保温材料，通常被认定为不燃材料；

②以胶粉聚苯颗粒保温浆料为代表的有机-无机复合型保温材料，通常被认定为难燃材料；

③以聚苯乙烯泡沫塑料(包括 EPS 板和 XPS 板)、硬泡沫聚氨酯和改性酚醛树脂为代表的有机保温材料，通常被认定为可燃材料。

常见建筑保温材料的导热系数及燃烧性能等级如表 11-5 所示。

表 11-5 常见建筑保温材料的导热系数及燃烧性能等级

材料名称	导热系数/[W/(m/K)]	燃烧性能等级	材料名称	导热系数/[W/(m/K)]	燃烧性能等级	材料名称	导热系数/[W/(m/K)]	燃烧性能等级
胶粉聚苯颗粒保温浆料	0.06	B_1	聚氨酯	0.025	B_2	泡沫玻璃	0.066	A
EPS 板	0.041	B_2	岩棉	0.036～0.041	A	加气混凝土	0.116～0.212	A
XPS 板	0.030	B_2	矿棉	0.053	A			

二、建筑外墙内保温防火

人员密集场所，用火、燃油、燃气等具有火灾危险的场所，以及各类建筑内的疏散楼梯间、避难走道、避难间、避难层等场所或部位，应采用燃烧性能为 A 级的保温材料；其他场所，应采用低烟、低毒且燃烧性能不低于 B_1 级的保温材料。

外墙内保温系统应采用不燃材料做防护层，当保温材料的燃烧性能为 B_1 级时，防护层的厚度不应小于 10 mm。

三、建筑外墙外保温防火

建筑外墙外保温系统的技术要求如表 11-6 所示。

表 11-6 建筑外墙外保温系统的技术要求

建筑及场所	保温系统	建筑高度	A 级保温材料	B_1 级保温材料	B_2 级保温材料
人员密集场所			应采用	不允许	不允许

续表

建筑及场所	保温系统	建筑高度	A 级保温材料	B_1 级保温材料	B_2 级保温材料
住宅建筑	与基层墙体、装饰层之间无空腔	$H>100$ m	应采用	不允许	不允许
		27 m$<H\leqslant100$ m	宜采用	可采用： 1. 每层设置防火隔离带； 2. 建筑外墙上门、窗的耐火完整性不应低于 0.50 h	不允许
		$H\leqslant27$ m	宜采用	可采用，每层设置防火隔离带	可采用： 1. 每层设置防火隔离带； 2. 建筑外墙上门、窗的耐火完整性不应低于 0.50 h
	有空腔	$H>24$ m	应采用	不允许	不允许
		$H\leqslant24$ m	宜采用	可采用，每层设置防火隔离带	不允许
除住宅建筑和设置在人员密集场所的建筑外的其他建筑	与基层墙体、装饰层之间无空腔	$H>50$ m	应采用	不允许	不允许
		24 m$<H\leqslant50$ m	宜采用	可采用： 1. 每层设置防火隔离带； 2. 建筑外墙上门、窗的耐火完整性不应低于 0.50 h	不允许
		$H\leqslant24$ m	宜采用	可采用，每层设置防火隔离带	可采用： 1. 每层设置防火隔离带； 2. 建筑外墙上门、窗的耐火完整性不应低于 0.50
	有空腔	$H>24$ m	应采用	不允许	不允许
		$H\leqslant24$ m	宜采用	可采用，每层设置防火隔离带	不允许

四、屋面层保温防火

建筑的屋面外保温系统，当屋面板的耐火极限不低于 1.00 h 时，保温材料的燃烧性能不应低于 B_2 级；当屋面板的耐火极限低于 1.00 h 时，保温材料的燃烧性能不应低于 B_1 级。采用 B_1、B_2 级保温材料的保温系统应采用不燃材料作为防护层，防护层的厚度不应小于 10 mm。

当建筑的屋面和外墙外保温系统均采用 B_1、B_2 级保温材料时，屋面与外墙之间应采用宽度不小于 500 mm 的不燃材料设置防火隔离带进行分隔。

五、建筑外墙装饰防火

建筑外墙的装饰层应采用燃烧性能为 A 级的材料，但建筑高度不大于 50 m 时，可采用 B_1 级的材料。

11.4 课后练习与课程思政

请扫描教师提供的二维码，完成章节测试。

思政主题：外观形象与全面发展

从主要功能上看，装饰材料要美观、舒适。但从消防安全来看，装饰材料还必须具有较好的阻燃性能。简而言之，就是既美观舒适，又要阻燃。前者是外在的形象要求，后者是内在的性能（素质）要求。实际装修中，许多业主只重视前者，而忽视后者，这将给使用者带来消防安全风险。无数火灾案例都告诉我们，不注意装饰材料的阻燃性，后果极其严重，如图 11-1 所示。

图 11-1　可燃外墙装饰材料加速火灾蔓延

任何高品质的事物都应是外在形象与内在素质的完美统一，人也不例外。不重视装饰材料的阻燃能力，会给建筑带来消防安全隐患；不重视个人的内在修为，可能导致人设崩塌，遭人唾弃。作为新时代的大学生，我们在注意自身外在形象的同时，更要专心于内在品质修炼和专业技能提升，做到德、智、体、美、劳全面发展。

Chapter 12

项目 12 安全疏散设施

学习重点

1. 了解安全疏散距离；
2. 掌握避难层、避难走道、下沉式广场的设置要求；
3. 掌握疏散楼梯的类型；
4. 熟练掌握疏散出口和安全出口的概念。

安全疏散是指火灾时人员由危险区域向安全区域撤离的过程。安全疏散是建筑发生火灾后确保人员生命财产安全的有效措施，是建筑防火的一项重要内容。

12.1 安全疏散指标

一、安全疏散的相关概念

1. 安全区域

当建筑发生火灾时，能够确保避难人员安全的场所都是安全区域。通常，建筑的室外地坪以及类似的空旷场所、封闭楼梯间和防烟楼梯间、建筑屋顶平台、高层建筑中的避难层和避难间可视为安全区域。

2. 允许安全疏散时间

允许安全疏散时间是指建筑发生火灾时，建筑发生失稳破坏或人员遭受火灾烟气影响且达到不可忍受状态的时间。

3. 安全疏散宽度

为了尽快进行安全疏散，建筑除需要设置足够数量的安全出口外，还应合理设置各安全出口、疏散走道、疏散楼梯的宽度，该宽度称为安全疏散宽度。

4. 安全疏散距离

安全疏散距离包括房间内最远点到房门的疏散距离和从房门至最近安全出口的直线距离。

二、疏散宽度指标

1. 高层民用建筑

高层民用建筑的疏散外门、走道和楼梯的宽度，应按通过人数每 100 人不小于 1 m 计算确定。公共建筑内安全出口和疏散门的净宽度不应小于 0.9 m，疏散走道和疏散楼梯的净宽度不应小于 1.1 m。高层住宅建筑疏散走道的净宽度不应小于 1.20 m。

高层公共建筑内楼梯间的首层疏散门、首层疏散外门、疏散走道和疏散楼梯的最小净宽度不应小于相关规范的要求，如表 12-1 所示。

表 12-1　高层公共建筑内楼梯间的首层疏散门、首层疏散外门、疏散走道和疏散楼梯的最小净宽度

建筑类别	楼梯间的首层疏散门、首层疏散外门	疏散走道		疏散楼梯
		单面布房	双面布房	
高层医疗建筑	1.30	1.40	1.50	1.30
其他高层公共建筑	1.20	1.30	1.40	1.20

2. 其他民用建筑

除剧场、电影院、礼堂、体育馆外的其他公共建筑的房间疏散门、安全出口、疏散走道和疏散楼梯的最小疏散宽度，应按相关规范的要求计算确定，如表 12-2 所示。

表 12-2　其他公共建筑中房间疏散门、安全出口、疏散走道和疏散楼梯的最小疏散净宽度

建筑层数		建筑耐火等级		
		一、二级	三级	四级
地上楼层	1～2 层	0.65	0.75	1.00
	3 层	0.75	1.00	—
	≥4 层	1.00	1.25	—
地下楼层	与地面出入口地面的高差≤10 m	0.75	—	—
	与地面出入口地面的高差>10 m	1.00	—	—

当建筑使用人数不多，其安全出口的宽度经计算数值又较小时，为便于人员疏散，首层疏散外门、楼梯和走道应满足最小宽度的要求。

(1)建筑内疏散走道和楼梯的净宽度不应小于 1.1 m，安全出口和疏散出口的净宽度不应小于 0.9 m。不超过 6 层的单元式住宅一侧设有栏杆的疏散楼梯，其最小宽度可不小于 1 m。

(2)人员密集的公共场所，其疏散门的净宽度不应小于 1.4 m，室外疏散小巷的净宽度不应小于 3.0 m。

同时，《建筑设计防火规范》(GB 50016—2014)(2018 年版)也对剧场、电影院、礼堂、体育馆等场所的安全疏散做了具体要求，应严格执行。

三、疏散距离指标

影响安全疏散距离的因素很多，如建筑的使用性质、人员密集程度、人员本身活动的能力等，因此，设计人员应根据建筑的使用性质、规模、火灾危险性等因素，合理设置安全疏散距离，确保人员疏散安全。

以公共建筑为例，公共建筑直通疏散走道的房间疏散门至最近安全出口的直线距离如表 12-3 所示。

表 12-3　公共建筑直通疏散走道的房间疏散门至最近安全出口的直线距离　　单位：m

名称			位于两个安全出口之间的疏散门			位于袋形走道两侧或尽端的疏散门		
			耐火等级			耐火等级		
			一、二级	三级	四级	一、二级	三级	四级
托儿所、幼儿园、老年人照料设施			25	20	15	20	15	10
歌舞娱乐放映游艺场所			25	20	15	9		
医疗建筑	单、多层		35	30	25	20	15	10
	高层	病房部分	24			12		
		其他部分	30			15		
教学建筑	单、多层		35	30	25	22	20	10
	高层		30			15		
高层旅馆、展览建筑			30			15		
其他建筑	单、多层		40	35	25	22	20	15
	高层		40			20		

注：1. 建筑内开向敞开式外廊的房间疏散门至最近安全出口的直线距离可按本表的规定增加 5 m；

2. 直通疏散走道的房间疏散门至最近敞开楼梯间的直线距离，当房间位于两个楼梯间之间时，应按本表的规定减少 5 m；当房间位于袋形走道两侧或尽端时，应按本表的规定减少 2 m；

3. 建筑内全部设置自动喷水灭火系统时，其安全疏散距离可按本表的规定增加 25%。

公共建筑房间内任一点至房间直通疏散走道的疏散门的直线距离，不应大于表 12-3 规定的袋形走道两侧或尽端的疏散门至最近安全出口的直线距离。

其中，一、二级耐火等级建筑内疏散门或安全出口不少于 2 个的观众厅、展览厅、多功能厅、餐厅、营业厅等，其室内任一点至最近疏散门或安全出口的直线距离不应大于 30 m；当疏散门不能直通室外地面或疏散楼梯间时，应采用长度不大于 10 m 的疏散走道通至最近的安全出口。当该场所设置自动喷水灭火系统时，室内任一点至最近安全出口的安全疏散距离可增加 25%。

12.2 安全疏散设施

建筑应根据其建筑高度、规模、使用功能和耐火等级等因素合理设置安全疏散和避难设施。安全疏散和避难设施包括疏散出口、疏散走道、疏散楼梯(间)、疏散指示标志、避难层(间)等。

一、疏散出口

疏散出口包括疏散门和安全出口。建筑内的疏散门和安全出口应分散布置，并应符合双向疏散的要求。

1. 疏散门

疏散门是直接通向疏散走道的房间门、直接开向疏散楼梯间的门或室外的门，不包括套间内的隔间门或住宅套内的房间门。除另有规定外，公共建筑内各房间疏散门的数量应计算确定且不应少于 2 个，疏散门的净宽度不应小于 0.90 m，每个房间相邻 2 个疏散门最近边缘之间的水平距离不应小于 5 m；民用建筑及厂房的疏散门应采用平开门，向疏散方向开启，不应采用推拉门、卷帘门、吊门、转门和折叠门。

2. 安全出口

安全出口是指供人员安全疏散用的楼梯间、室外楼梯的出入口或直通室内外安全区域的出口。

公共建筑内的每个防火分区或一个防火分区的每个楼层，其安全出口数量应经计算确定，且不应少于 2 个，安全出口最近边缘之间的水平距离不应小于 5.0 m，安全出口的净宽度不应小于 1.10 m。

其中，符合下列条件之一的公共建筑，可设置一个安全出口。

(1)除托儿所、幼儿园外，建筑面积不大于 200 m^2 且人数不超过 50 人的单层建筑或多层建筑的首层。

(2)除医疗建筑，老年人照料设施，托儿所、幼儿园的儿童用房和儿童游乐厅等儿童活动场所，歌舞娱乐放映游艺场所外，符合表 12-4 所示条件的建筑。

表 12-4　公共建筑可设置一个安全出口的条件

耐火等级	最多层数	每层建筑面积/m^2	人数
一、二级	3 层	200	第 2 层和第 3 层的人数之和不超过 50 人
三级	3 层	200	第 2 层和第 3 层的人数之和不超过 25 人
四级	2 层	200	第 2 层人数不超过 15 人

(3)一、二级耐火等级公共建筑，当设置不少于 2 部疏散楼梯且顶层局部升高层数不超过 2 层、人数之和不超过 50 人、每层建筑面积不大于 200 m^2 时，该局部高出部位可设置一部与下部主体建筑楼梯间直接连通的疏散楼梯，但至少应另设置一个直通主体建筑上人平屋面的安全出口。

二、疏散走道

疏散走道是指发生火灾时，建筑内人员从火灾现场逃往安全场所的通道。疏散走道的布置应简明直接，尽量避免曲折和袋形走道，并按规定设置疏散指示标志和诱导灯。

厂房内疏散走道的净宽度不宜小于 1.4 m，公共建筑内疏散走道的净宽度不应小于 1.10 m。

三、疏散楼梯(间)

疏散楼梯(间)是建筑中的主要竖向交通设施，是安全疏散的重要通道。

1. 一般要求

(1)楼梯间应能天然采光和自然通风，并宜靠外墙设置。

(2)楼梯间应在标准层或防火分区的两端布置，便于双向疏散，并应满足安全疏散距离的要求，尽量避免袋形走道。

(3)楼梯间内不应有影响疏散的凸出物或其他障碍物。楼梯间及前室不应设置烧水间、可燃材料储藏室、垃圾道，不应设置可燃气体和甲、乙、丙类液体管道。

(4)除通向避难层错位的疏散楼梯外，建筑内的疏散楼梯(间)在各层的平面位置不应改变。

2. 分类

疏散楼梯(间)分为室外敞开式疏散楼梯、敞开楼梯间、封闭楼梯间和防烟楼梯间四种形式。

1)室外敞开式疏散楼梯

室外敞开式疏散楼梯是指在建筑的外墙上设置的全部敞开的楼梯，如图 12-1 所示。室外敞开式疏散楼梯由于不在建筑内部，不易受烟火的威胁，防烟效果和经济性都较好，适用于甲、乙、丙类厂房和建筑高度大于 32 m 且任一层人数超过 10 人的厂房，也可以辅助防烟楼梯使用。

室外敞开式疏散楼梯应采用不燃烧材料制作，楼梯的最小净宽不小于 0.9 m，倾斜角度不大于 45°，栏杆扶手的高度不小于 1.1 m；在楼梯周围 2.0 m 内的墙面上不开设其他门、窗、洞口，疏散门应为乙级防火门。

2)敞开楼梯间

敞开楼梯间是指与走廊或大厅相连处敞开在建筑内的楼梯，又称普通楼梯间，如图 12-2 所示。敞开楼梯间由于使用方便、经济，在楼层低、危险性小的建筑中经常被采用。但敞开楼梯间由于缺少围护，安全可靠程度极低，在发生火灾时会成为火灾或烟气向其他楼层蔓延的主要通道，在建筑疏散楼梯使用中要进行严格限制。

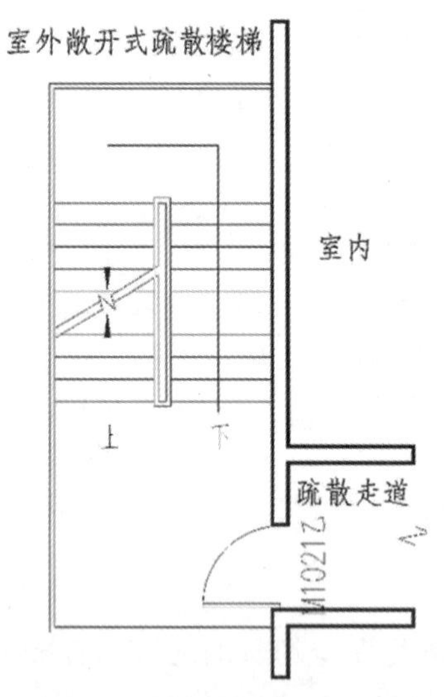

图 12-1 室外敞开式疏散楼梯

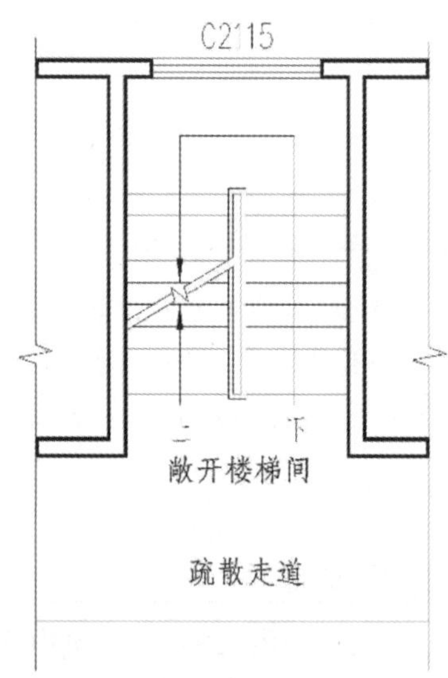

图 12-2 敞开楼梯间

3)封闭楼梯间

封闭楼梯间是指在楼梯间入口处设置门，以防止火灾的烟气和热气进入的楼梯间，如图 12-3 所示。

封闭楼梯间有墙和门与走道分隔，安全性较高，当楼梯间不能天然采光和自然通风时，应按防烟楼梯间的要求设置。在多层公共建筑中，医疗建筑、旅馆及类似使用功能的建筑，设置歌舞娱乐放映游艺场所的建筑，商店、图书馆、展览建筑、会议中心及类似使用功能的建筑和 6 层及以上的其他建筑，其疏散楼梯均应设置为封闭楼梯间。高层建筑的裙房和建筑高度不超过 32 m 的二类高层建筑，建筑高度大于 21 m 且不大于 33 m 的住宅建筑，高层厂房和甲、乙、丙类多层厂房，其疏散楼梯间也应采用封闭楼梯间。

4）防烟楼梯间

防烟楼梯间是指在楼梯间入口处设置防烟的前室、开敞式阳台或凹廊（统称前室）等设施，且通向前室和楼梯间的门均为防火门，以防止火灾的烟气和热气进入的楼梯间，如图 12-4 所示。

防烟楼梯间设有两道防火门和防烟设施，安全性高。一类高层建筑及建筑高度大于 32 m 的二类高层建筑，建筑高度大于 33 m 的住宅建筑，建筑高度大于 32 m 且任一层人数超过 10 人的高层厂房，其疏散楼梯均应设置为防烟楼梯间。当建筑地下层数为 3 层及 3 层以上或地下室内地面与室外出入口地坪高差大于 10 m 时，疏散楼梯也应设置为防烟楼梯间。

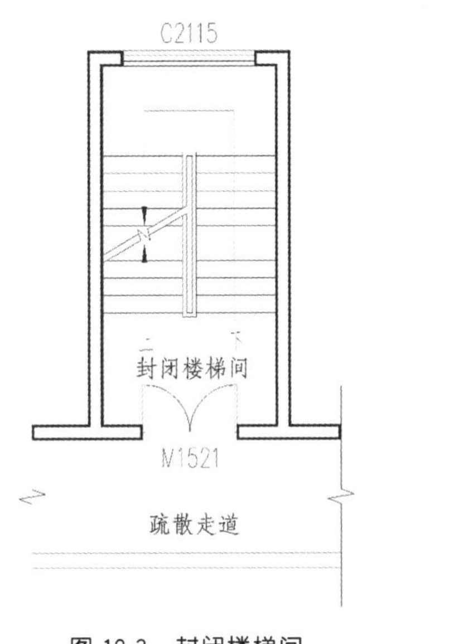

图 12-3　封闭楼梯间

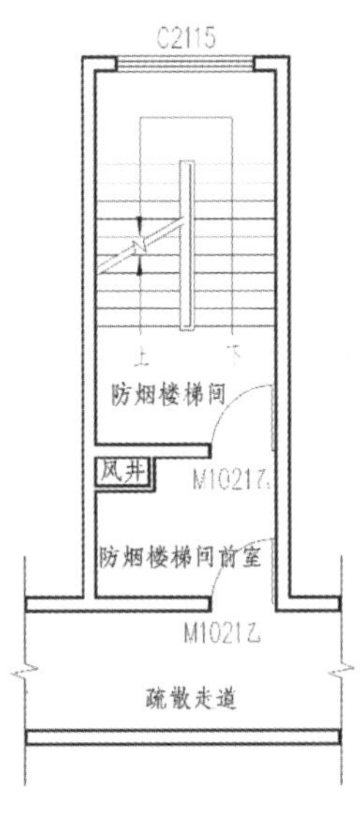

图 12-4　防烟楼梯间

12.3 避难设施

一、避难层（间）

避难层是建筑高度超过 100 m 的公共建筑和住宅建筑中发生火灾时供人员临时避难使用的楼层，避难间是建筑中设置的供火灾时人员临时避难使用的房间。

避难层的设置应满足下列要求：

①首层与第一个避难层之间及两个避难层之间的高度不应大于 50 m。

②通向避难层的疏散楼梯应在避难层分隔、同层错位或上下层断开，人员必须经避难层才能上下。

③避难层的净面积应能满足设计避难人数的要求，宜按 5 人/m^2 计算。

④避难层可与设备层结合布置，但设备管道应集中布置。

⑤避难层应设置消防电梯出口。

⑥避难层应设置消火栓和消防软管卷盘、直接对外的可开启窗口或独立的机械防烟设施、消

防专线电话和应急广播。

二、大型地下或半地下商店建筑的避难

总建筑面积大于 20 000 m^2 的地下或半地下商店，应采用无门、窗、洞口的防火墙和耐火极限不低于 2.00 h 的楼板分隔为多个建筑面积不大于 20 000 m^2 的区域。相邻区域确需局部连通时，应采用下沉式广场等室外开敞空间、防火隔间、避难走道、防烟楼梯间等方式进行连通。

1. 避难走道

避难走道是指设置防烟设施且两侧采用防火墙分隔，用于人员安全通行至室外的走道。

避难走道的设置应符合下列规定。

①避难走道防火隔墙的耐火极限不应低于 3.00 h，楼板的耐火极限不应低于 1.50 h。

②避难走道直通地面的出口不应少于 2 个，并应设置在不同方向；当避难走道仅与一个防火分区相通且该防火分区至少有 1 个直通室外的安全出口时，可设置 1 个直通地面的出口。任一防火分区通向避难走道的门至该避难走道最近直通地面的出口的距离不应大于 60 m。

③避难走道的净宽度不应小于任一防火分区通向该避难走道的设计疏散总净宽度。

④避难走道内部装修材料的燃烧性能应为 A 级。

⑤防火分区至避难走道入口处应设置防烟前室，前室的使用面积不应小于 6.0 m^2，开向前室的门应采用甲级防火门，前室开向避难走道的门应采用乙级防火门。

⑥避难走道内应设置消火栓、消防应急照明、应急广播和消防专线电话。

2. 防火隔间

防火隔间只能用于相邻两个独立使用场所的人员相互通行，其设置应符合下列规定。

①防火隔间的建筑面积不应小于 6.0m^2。

②防火隔间的门应采用甲级防火门。

③不同防火分区通向防火隔间的门不应计入安全出口，门的最小间距不应小于 4 m。

④防火隔间内部装修材料的燃烧性能应为 A 级。

⑤不应用于除人员通行外的其他用途。

3. 下沉式广场

下沉式广场是指用于防火分隔的室外开敞空间，其设置应符合下列规定。

①分隔后的不同区域通向下沉式广场等室外开敞空间的开口最近边缘之间的水平距离不应小于 13 m。室外开敞空间除用于人员疏散外不得用于其他商业或可能导致火灾蔓延的用途，其中用于疏散的净面积不应小于 169 m^2。

②下沉式广场等室外开敞空间内应设置不少于 1 部直通地面的疏散楼梯。当连接下沉广场的防火分区需利用下沉广场进行疏散时，疏散楼梯的总净宽度不应小于任一防火分区通向室外开敞空间的设计疏散总净宽度。

③确需设置防风雨篷时，防风雨篷不应完全封闭，四周开口部位应均匀布置，开口的面积不应小于该空间地面面积的 25%，开口高度不应小于 1.0 m；开口设置百叶时，百叶的有效排烟面积可按百叶通风口面积的 60%计算。

12.4 课后练习与课程思政

请扫描教师提供的二维码,完成章节测试。

思政主题:宽阔利于疏散,畅通保障安全

当建筑发生火灾时,烟雾逐渐弥漫在空气中,慌乱的人群从起火点向走道、楼梯间、安全出口疏散。如果疏散通道的某一个局部疏散宽度不足,或者通道中有障碍物,就会造成局部路段疏散受阻,前后疏散速度不一致,出现拥挤、踩踏等二次伤害。因此,建筑设计时,应计算疏散人数和所需疏散宽度,禁止在疏散通道内设置突出物。建筑使用期间,应坚决清除疏散走道、楼梯间内的堆放物,不得锁闭疏散出口门,确保应急时通道畅通,保障安全。

通畅是一切事物运行和发展的必然要求。呼吸需要通畅,否则就会窒息。血脉需要通畅,不然会形成血栓。道路需要通畅,否则就会堵车。河流需要通畅,不然就会形成堰塞湖,危及下游安全。思维需要通畅,否则就会僵化。情绪需要通畅,不然就会暴躁不安。信息需要通畅,否则就得不到同步和共享。通畅可保证生命经久不息,通畅可保障事物常态运转。

加强疏导,保证通畅是解决矛盾和问题的普遍方法。

Chapter 13

项目 13 应急照明和疏散指示系统

学习重点

1. 掌握应急照明和疏散指示系统的概念、作用；
2. 掌握应急照明和疏散指示系统的应用场所和部位；
3. 熟悉应急照明和疏散指示系统的分类、组成与工作原理。

13.1 概念及作用

应急照明和疏散指示系统是指在发生火灾时，为人员疏散和消防作业提供应急照明和疏散指示的建筑消防系统，由各类消防应急灯具及相关装置组成。

该系统的主要功能是在火灾等紧急情况下，为人员安全疏散和灭火救援行动提供必要的照明条件及正确的疏散指示信息，是建筑中不可缺少的重要消防设施。

13.2 应用场所及部位

现行国家标准《建筑设计防火规范》(GB 50016—2014)(2018 年版)、《人民防空工程设计防火规范》(GB 50098—2009)、《汽车库、修车库、停车场设计防火规范》(GB 50067—2014)、《地铁设计防火标准》(GB 51298—2018)、《石油化工企业设计防火规范》(GB 50160—2008)(2018 年版)、《钢铁冶金企业设计防火规范》(GB 50414—2018)等对应急照明和疏散指示系统设置场所及部位分别做了具体规定，设置时应符合国家相关标准的规定。

《建筑设计防火规范》(GB 50016—2014)(2018 年版)规定，除建筑高度小于 27 m 的住宅建筑外，民用建筑、厂房和丙类仓库的下列部位应设置疏散照明。

①封闭楼梯间、防烟楼梯间及其前室、消防电梯间的前室或合用前室、避难走道、避难层(间)。

②观众厅，展览厅，多功能厅和建筑面积大于 200 m^2 的营业厅、餐厅、演播室等人员密集场所。

③建筑面积大于 100 m^2 的地下或半地下公共活动场所。

④公共建筑内的疏散走道。

⑤人员密集的厂房内的生产场所及疏散走道。

13.3 分类、组成与工作原理

一、应急照明和疏散指示系统的分类

应急照明和疏散指示系统按其系统类型可分为自带电源集中控制型（系统内可包括子母型消防应急灯具）、自带电源非集中控制型（系统内可包括子母型消防应急灯具）、集中电源集中控制型和集中电源非集中控制型四种类型，如表 13-1 所示。

表 13-1　应急照明和疏散指示系统的分类

系统分类	系统组成
自带电源集中控制型（系统内可包括子母型消防应急灯具）	由自带电源型消防应急灯具、应急照明控制器、应急照明配电箱及相关附件等组成
自带电源非集中控制型（系统内可包括子母型消防应急灯具）	由自带电源型消防应急灯具、应急照明配电箱及相关附件等组成
集中电源集中控制型	由集中控制型消防应急灯具、应急照明控制器、应急照明集中电源、应急照明分配电装置及相关附件组成
集中电源非集中控制型	由集中电源型消防应急灯具、应急照明集中电源、应急照明分配电装置及相关附件等组成

二、应急照明和疏散指示系统的组成

应急照明和疏散指示系统主要由消防应急照明灯具、消防应急标志灯具、应急照明配电箱、应急照明集中电源、应急照明控制器等组成，如图 13-1 所示。

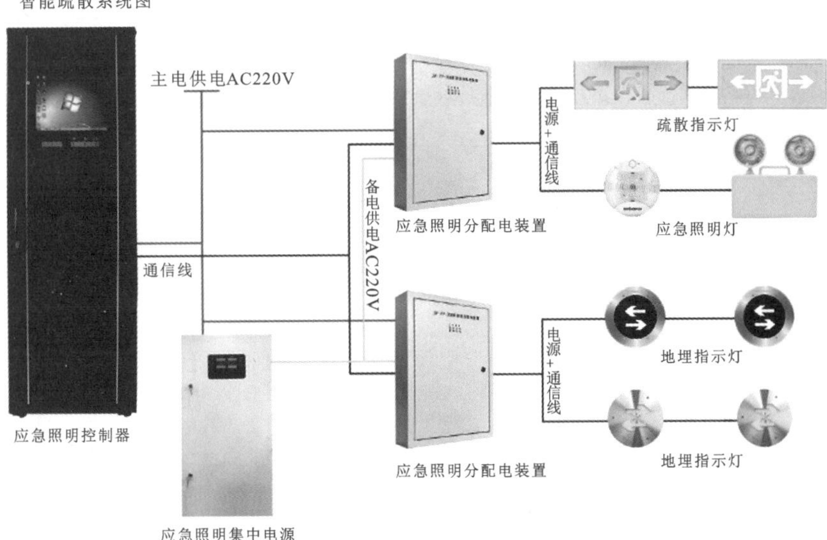

图 13-1　应急照明和疏散指示系统组成

三、应急照明和疏散指示系统的工作原理

集中控制型系统的主要特点是所有消防应急灯具的工作状态都受应急照明集中控制器控制。发生火灾时，火灾报警控制器或消防联动控制器向应急照明控制器发出相关信号，应急照明控制器按照预设程序控制各消防应急灯具的工作状态。

集中电源非集中控制型系统在发生火灾时，消防联动控制器联动控制集中电源和应急照明分配电装置的工作状态，进而控制各路消防应急灯具的工作状态。

自带电源非集中控制型系统在发生火灾时，消防联动控制器联动控制应急照明配电箱的工作状态，进而控制各路消防应急灯具的工作状态。

13.4 课后练习与课程思政

请扫描教师提供的二维码，完成章节测试。

思政主题：爱惜公物，照亮生路

应急照明和疏散指示系统是指在发生火灾时，为人员疏散和消防作业提供应急照明和疏散指示的建筑消防系统，由各类消防应急灯具及相关装置组成，如图 13-2 和图 13-3 所示。

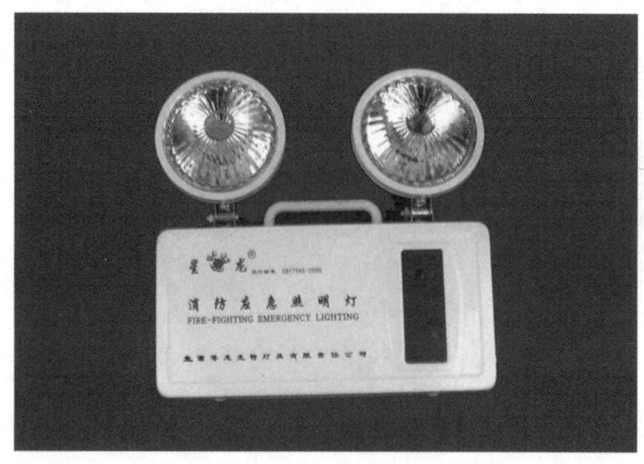

图 13-2　应急照明灯

图 13-3　疏散指示

疏散指示设施，指引逃生方向；消防应急照明，点燃生的希望。

应急照明和疏散指示设施是公共服务设施，属于公共财物。我们一定要爱惜公共财物，不得故意损坏它们。破坏疏散指示设施，就是切断了大家逃生的路。

Chapter 14

项目 14 防烟排烟系统

学习重点

1. 了解防烟系统的概念及作用；
2. 掌握防烟系统的类型及特点；
3. 掌握防烟系统的组成及工作原理；
4. 了解防烟系统的设置场所及部位；
5. 了解排烟系统的概念及作用；
6. 掌握排烟系统的类型及特点；
7. 掌握排烟系统的组成及工作原理；
8. 了解排烟系统的设置场所及部位。

14.1 防烟系统

一、防烟系统的概念及作用

防烟系统是指通过自然通风方式，防止火灾烟气在楼梯间、前室、避难层(间)等空间内积聚，或者通过机械加压送风方式阻止火灾烟气侵入楼梯间、前室、避难层(间)等空间的一种系统。

该系统可以阻止烟气侵入，控制烟气蔓延，为安全疏散创造有利条件，保证人员安全疏散。

二、防烟系统的设置场所及部位

在现行国家标准《建筑设计防火规范》(GB 50016—2014)(2018 年版)、《人民防空工程设计防火规范》(GB 50098—2009)、《汽车库、修车库、停车场设计防火规范》(GB 50067—2014)、《地铁设计防火标准》(GB 51298—2008)、《石油库设计规范》(GB 50074—2014)、《石油化工企业设计防火规范》(GB 50160—2008)(2018 年版)、《钢铁冶金企业设计防火规范》(GB 50414—2018)等规范对防烟系统的设置场所及部位分别做了具体规定，设置时应符合国家相关标准的规定。

《建筑设计防火规范》(GB 50016—2014)(2018 年版)规定，下列建筑或场所应设置防烟系统：

①防烟楼梯间及其前室；

②消防电梯间前室或合用前室；

③避难走道的前室、避难层(间)。

三、防烟系统的类型及特点

防烟系统的类型及特点如表14-1所示。

表14-1　防烟系统的类型及特点

类型名称	特点
自然通风	利用在建筑物外墙上开设的通风口,防止火灾烟气在楼梯间、前室、避难层(间)等空间内积聚
机械加压送风	利用送风机对非着火区域加压送风,使其保持一定的正压,防止烟气侵入

四、防烟系统的组成及工作原理

1)自然通风防烟系统的组成及工作原理

自然通风防烟系统主要由在适当位置开设的适当大小的墙洞或可开启的窗洞组成。这里的适当位置主要是指墙洞或可开启的窗洞应该处于所在空间的外墙顶部,这里所说的适当大小是指墙洞或可开启的窗洞要具有足够的面积,以便具有足够的通风条件。

该系统的工作原理就是在楼梯间、前室、避难层(间)等用于人员应急疏散或等待的空间的外墙上开设自然通风口,防止烟气在该区域滞留。

2)机械加压送风防烟系统的组成及工作原理

机械加压送风防烟系统主要由送风口、送风管道、止回阀、加压送风机和风机控制设备等组成,如图14-1所示。

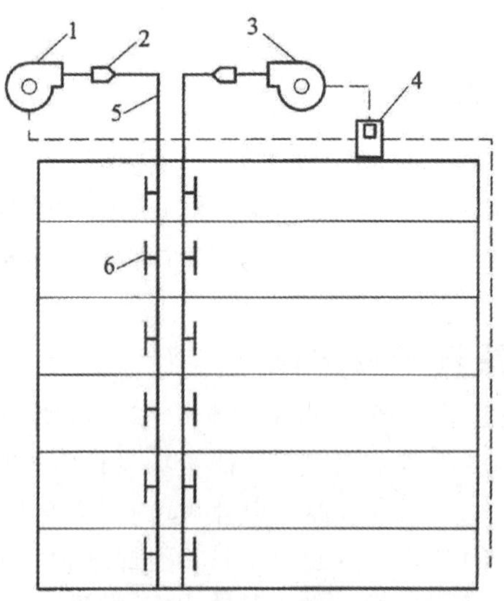

图14-1　机械加压送风防烟系统的组成

1、3—加压送风机;2—止回阀;4—风机控制设备;5—送风管道;6—送风口该系统的工作原理是在疏散通道等需要防烟的部位送入足够的新鲜空气，使其维持高于建筑物其他部位的压力，从而把着火区域产生的烟气堵截于防烟部位之外。建筑发生火灾时，机械加压送风系统打开，向楼梯间、前室、避难层(间)等区域加注有压新鲜空气，使楼梯间、前室、避难层(间)等区域形成正压，楼层间形成“防烟楼梯间压力＞前室压力＞走道压力＞房间压力”的递减压力分布。当非加压区域和加压区域之间的门关闭时，由于门两侧具有一定的压力差，加压区域保持一定的正压值可以阻止烟气通过门缝渗漏；当门打开时，加压区域在门洞处向非加压区域施加并维持一定的风速值可以阻挡烟气通过门洞注入加压区域。机械加压送风原理图如图 14-2 所示。

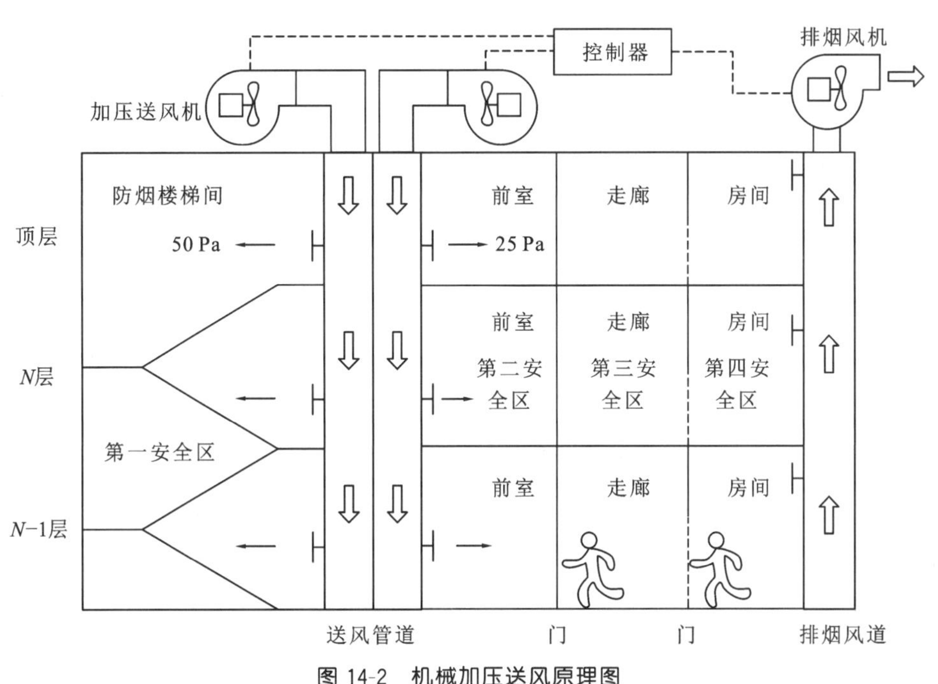

图 14-2　机械加压送风原理图

当火灾发生时，起火部位所在防火分区内的两只独立火灾探测器的报警信号或一只火灾探测器与一只手动火灾报警按钮的报警信号被发送至火灾报警控制器，火灾报警控制器对这两个信号进行识别并确认火灾，再以这两个信号的“与”逻辑作为开启送风口和启动加压送风机的联动触发信号，消防联动控制器在接收到满足逻辑关系的联动触发信号后，联动开启该防火分区内着火层及相邻上下两层前室及合用前室的常闭送风口，同时开启该防火分区楼梯间的全部加压送风机。

14.2 排烟系统

一、排烟系统的概念及作用

排烟系统是指采用自然排烟或机械排烟的方式，将房间、走道等空间的火灾烟气排至建筑物外的系统。

该系统可以在建筑中某部位起火时排除大量烟气和热量，起到控制烟气和火势蔓延的作用。

二、排烟系统的设置场所及部位

现行国家标准《建筑设计防火规范》(GB 50016—2014)(2018 年版)、《人民防空工程设计防火规范》(GB 50098—2009)、《汽车库、修车库、停车场设计防火规范》(GB 50067—2014)、《地铁设计防火标准》(GB 51298—2018)、《石油库设计规范》(GB 50074—2014)、《石油化工企业设计防火规范》(GB 50160—2008)(2018 年版)、《钢铁冶金企业设计防火规范》(GB 50414—2018)等规范对排烟系统的设置场所及部位分别做了具体规定，设置时应符合国家相关标准的规定。

《建筑设计防火规范》(GB 50016—2014)(2018 年版)规定，下列建筑或场所应设置排烟系统。

(1)厂房或仓库的下列场所或部位应设置排烟设施：

①人员或可燃物较多的丙类生产场所，丙类厂房内建筑面积大于 300 m^2 且经常有人停留或可燃物较多的地上房间；

②建筑面积大于 5000 m^2 的丁类生产车间；

③占地面积大于 1000 m^2 的丙类仓库；

④高度大于 32 m 的高层厂房(仓库)内长度大于 20 m 的疏散走道，其他厂房(仓库)内长度大于 40 m 的疏散走道。

(2)民用建筑的下列场所或部位应设置排烟设施：

①设置在一、二、三层且房间建筑面积大于 100 m^2 的歌舞娱乐放映游艺场所，设置在四层及以上楼层、地下或半地下的歌舞娱乐放映游艺场所；

②中庭；

③公共建筑内建筑面积大于 100 m^2 且经常有人停留的地上房间；

④公共建筑内建筑面积大于 300 m^2 且可燃物较多的地上房间；

⑤建筑内长度大于 20 m 的疏散走道。

(3)地下或半地下建筑(室)、地上建筑内的无窗房间，当总建筑面积大于 200 m^2 或一个房间的建筑面积大于 50 m^2，且经常有人停留或可燃物较多时，应设置排烟设施。

三、排烟系统的类型及特点

排烟系统的类型及特点如表 14-2 所示。

表 14-2 排烟系统的类型及特点

类型名称	特点
自然排烟	利用火灾产生的热烟气的浮力和外部风力作用，通过建筑物的对外开口把烟气排至室外
机械排烟	利用排烟机把着火区域产生的烟气通过排烟口排至室外

四、排烟系统的组成及工作原理

1)自然排烟系统的组成及工作原理

自然排烟系统就是在房间或走道外墙顶部设置一定面积的洞口或可开启窗扇。当房间发生火灾时，烟气自动通过洞口或可开启窗洞扇排出，从而达到减少室内烟气的目的。

2)机械排烟系统的组成及工作原理

机械排烟系统由挡烟垂壁、排烟口、防火排烟阀、排烟风道、排烟风机、排烟出口及系统控制器等组成,如图 14-3 所示。

该系统的工作原理是通过排烟风机运转产生的气体流动和压力差,在排烟口处形成局部负压将烟气吸入,并利用排烟管道将烟气排出。当火灾发生时,起火部位所在防火分区内的两只独立火灾探测器的报警信号作为开启排烟口、排烟窗或排烟阀的触发信号,同时作为停止该防烟分区的空气调节系统的信号。当排烟口、电动排烟窗或排烟阀开启时,其开启动作信号作为排烟风机启动的联动触发信号,消防联动控制器在接收到排烟口、排烟窗或排烟阀开启信号后,联动启动排烟风机。机械排烟系统的工作原理如图 14-4 所示。

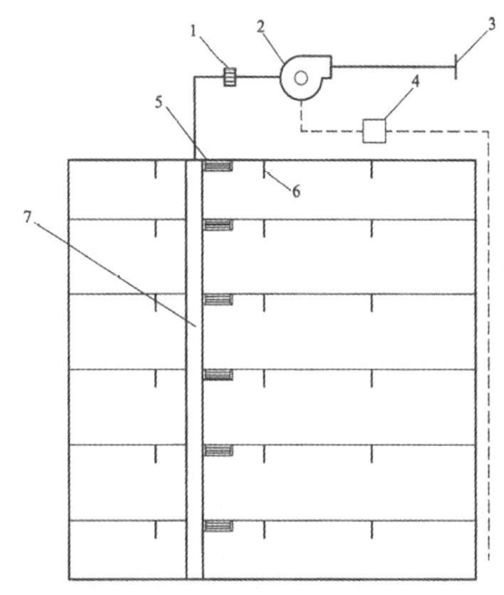

图 14-3　机械排烟系统的组成

1—防火排烟阀;2—排烟风机;3—排烟出口;4—系统控制器;5—排烟口;6—挡烟垂壁;7—排烟风道

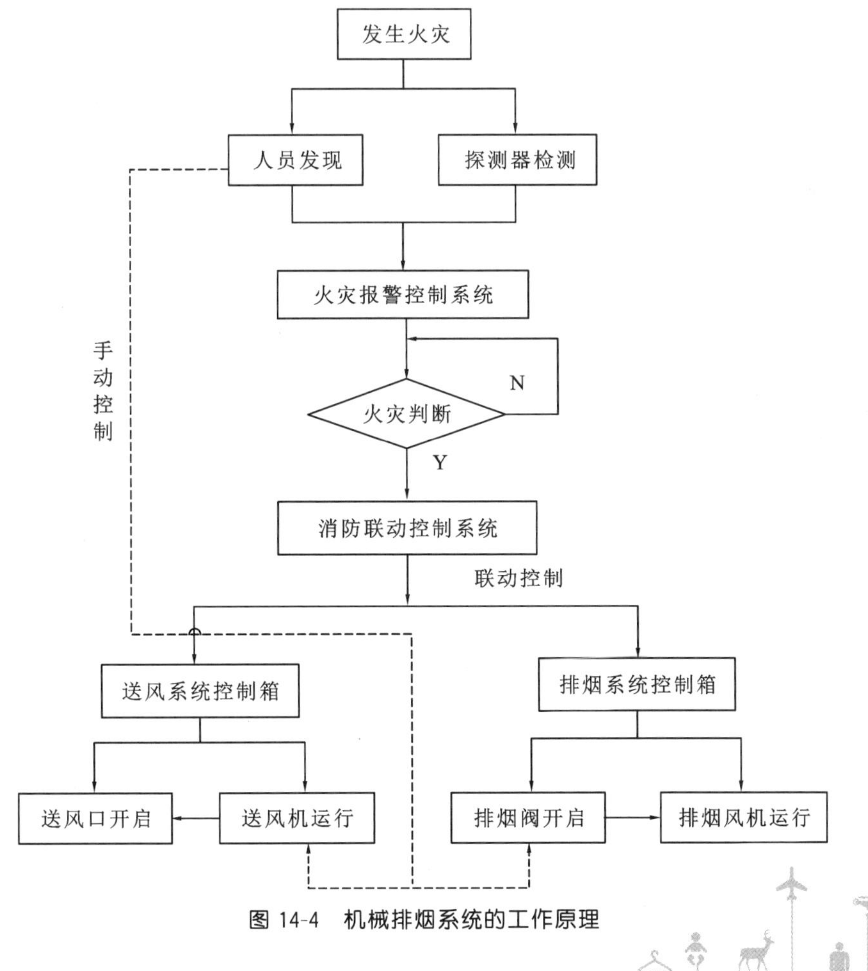

图 14-4　机械排烟系统的工作原理

14.3 课后练习与课程思政

请扫描教师提供的二维码,完成章节测试。

思政主题:保持洁净,我要呼吸

一般火灾首先出现的产物就是烟雾和有毒气体。烟雾和有毒气体从着火房间向走道、楼梯间弥漫,造成火场人员无法呼吸、无法判明逃生方向。因此,建筑需要采用排烟系统,将有毒气体和烟雾从着火房间直接排出。同时,设计人员要将楼梯间设置成防烟楼梯间,向楼梯间输送新风,保持正压,防止烟雾和有毒气体串入,维持人员能够正常呼吸的环境条件,以便人员在其中安全疏散。

还我一片蓝天、保障正常呼吸是人类最基本的愿望。十八大以来,党中央高度重视环境问题,提出了绿色发展理念,落实"湖长制""河长制",压实各级党委政府的环境保护责任,高悬环保督查利剑,环境保护效果明显,如图 14-5 和图 14-6 所示。

图 14-5 曾经的雾霾天气

图 14-6 天朗气清、惠风和畅

作为新时代的大学生,作为祖国未来的建设者和接班人,我们一定要牢固树立绿色发展理念,将环境保护落实到工作、生活的方方面面。

模块3

及时发现和扑救火灾的工程措施

在建筑设计时，设计人员应考虑建筑物如果在生命周期内发生火灾，如何做到及时发现火情，如何使建筑中的人员得到火灾的消息，如何让专业的消防救援人员知道哪栋建筑的哪个楼层发生了火灾，采取哪些措施及时扑灭火灾等。

因此，建筑物的特殊部位应设置火灾自动报警系统，配置灭火器，设置室内外消火栓系统，设置自动喷水灭火系统，设置气体、泡沫、细水雾、水喷雾或干粉灭火系统，配置固定消防炮或自动跟踪定位射流灭火系统等。

Chapter 15

项目 15 火灾自动报警系统

1. 了解火灾自动报警系统的设置场所及部位;
2. 熟练掌握火灾自动报警系统的组成及工作原理;
3. 掌握火灾自动报警系统的类型及适用范围。

在建筑设计施工时,建筑内的重要或危险部位应设置若干火灾探测装置。当建筑中出现火情时,火灾探测装置能及时发现火灾早期特征,向火场人群发出火灾报警信号,提醒火场人群及时疏散或扑灭初起火灾。

15.1 火灾自动报警系统的概念、作用与组成

火灾自动报警系统是指探测火灾早期特征,发出火灾报警信号,为人员疏散、防止火灾蔓延和启动自动灭火设备提供控制与指示的消防系统。

火灾自动报警系统是一种能够在早期发现和通报火情,并能够向各类消防联动设施发出控制信号,实现预设消防功能而设置在建(构)筑物中的自动消防设施。该系统一般设置在工业与民用建筑内部和其他可对生命、财产造成危害的火灾危险场所,与自动灭火系统、防烟排烟系统以及消火栓系统等消防设施一起构成完整的建筑消防系统。

火灾自动报警系统包括火灾探测报警系统和消防联动控制系统。火灾探测报警系统的作用是通过探测保护现场的火焰、热量和烟雾等相关参数发出报警信号,显示火灾发生的部位,发出声、光报警信号以通知相关人员进行疏散和实施火灾扑救。消防联动控制系统的作用是控制及监视消防水泵、排烟风机、消防电梯以及防火卷帘等相关消防设备,发生火灾时执行预设的消防功能。

15.2 火灾自动报警系统的设置场所及部位

现行国家标准《建筑设计防火规范》(GB 50016—2014)(2018 年版)、《人民防空工程设计防火规范》(GB 50098—2009)、《汽车库、修车库、停车场设计防火规范》(GB 50067—2014)、《飞机库设计防火规范》(GB 50284—2008)、《石油库设计规范》(GB 50074—2014)、《石油化工企业设计防火规范》(GB 50160—2008)(2018 年版)、《钢铁冶金企业设计防火规范》(GB 50414—2018)

等对火灾自动报警系统的设置场所和部位分别做了具体规定。

《建筑设计防火规范》(GB 50016—2014)(2018 年版)规定,下列建筑或场所应设置火灾自动报警系统。

①任一层建筑面积大于 1500 m^2 或总建筑面积大于 3000 m^2 的制鞋、制衣、玩具、电子等类似用途的厂房。

②每座占地面积大于 1000 m^2 的棉、毛、丝、麻、化纤及其制品的仓库,占地面积大于 500 m 或总建筑面积大于 1000 m^2 的卷烟仓库。

③任一层建筑面积大于 1500 m^2 或总建筑面积大于 3000 m^2 的商店、展览、财贸金融、客运和货运等类似用途的建筑,总建筑面积大于 500 m^2 的地下或半地下商店。

④图书或文物的珍藏库,藏书超过 50 万册的图书馆,重要的档案馆。

⑤地市级及以上广播电视建筑、邮政建筑、电信建筑,城市或区域性电力、交通和防灾等指挥调度建筑。

⑥特等、甲等剧场,座位数超过 1500 个的其他等级的剧场或电影院,座位数超过 2000 个的会堂或礼堂,座位数超过 3000 个的体育馆。

⑦大、中型幼儿园的儿童用房等场所,老年人照料设施,任一层建筑面积大于 1500 m^2 或总建筑面积大于 3000 m^2 的疗养院的病房楼、旅馆建筑和其他儿童活动场所,不少于 200 个床位的医院门诊楼、病房楼和手术部等。

⑧歌舞娱乐放映游艺场所。

⑨净高大于 2.6 m 且可燃物较多的技术夹层,净高大于 0.8 m 且有可燃物的闷顶或吊顶。

⑩电子信息系统的主机房及其控制室、记录介质库,特殊贵重或火灾危险性大的机器、仪表、仪器设备室、贵重物品仓库。

⑪二类高层公共建筑内建筑面积大于 50 m^2 的可燃物品仓库和建筑面积大于 500 m^2 的营业厅。

⑫其他一类高层公共建筑。

⑬设置机械排烟、防烟系统,雨淋或预作用自动喷水灭火系统,固定消防水炮灭火系统,气体灭火系统等需与火灾自动报警系统联锁动作的场所或部位。

15.3 火灾自动报警系统的形式、工作原理

火灾自动报警系统的形式有区域报警系统、集中报警系统和控制中心报警系统三种类型。

一、区域报警系统

1. 区域报警系统的概念

由区域火灾报警控制器和火灾探测器组成,功能简单的火灾自动报警系统称为区域报警系统。

2. 区域报警系统的组成及工作原理

区域报警系统主要由火灾探测器、手动火灾报警按钮、火灾声光警报器、火灾显示盘及区域火灾报警控制器等组成,如图 15-1 所示。触发器件主要有火灾探测器和手动火灾报警按钮,其

作用是自动或手动产生火灾报警信号。火灾探测器可对烟雾、温度、火焰辐射、气体浓度等火灾参数进行响应，并自动产生火灾报警信号。手动火灾报警按钮可手动产生火灾报警信号。火灾报警控制器的作用是接收、显示和传递火灾报警信号，记录报警的具体部位及时间，监视探测器及系统自身的工作状态，并执行相应辅助控制等任务。火灾报警控制器能发出区别于环境声、光的火灾报警信号，警示人们迅速进行安全疏散和采取火灾扑救措施。仅需要报警，不需要联动自动消防设备的保护对象宜采用区域报警系统。

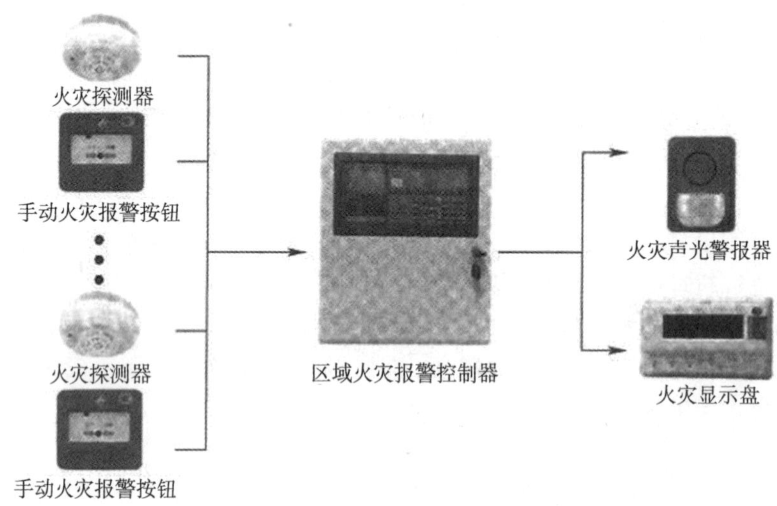

图 15-1　区域报警系统示意图

区域报警系统的工作原理：建筑发生火灾，燃烧产生的烟雾、热量和光辐射等火灾特征参数达到设定的阈值时，安装在保护区域现场的火灾探测器将火灾特征参数转变为电信号，传输至火灾报警控制器，火灾报警控制器在接收到探测器的报警信息后，经报警确认判断，显示报警探测器的具体部位并记录火灾报警时间等信息，启动火灾警报装置，发出火灾警报，向保护区域内的相关人员警示火灾的发生；处于火灾现场的人员，在发现火情后可按下安装在现场的手动火灾报警按钮，手动火灾报警按钮将报警信息传输到火灾报警控制器，火灾报警控制器在接收到此报警信息后，经报警确认判断，显示动作的手动火灾报警按钮的部位并记录报警时间等信息，启动火灾警报装置，发出火灾警报，向保护区域内的相关人员警示火灾的发生。区域报警系统的工作原理如图 15-2 所示。

二、集中报警系统

1. 集中报警系统的概念

由集中火灾报警控制器、区域火灾报警控制器、区域显示器和火灾探测器等组成，功能较复杂的火灾自动报警系统称为集中报警系统。

2. 集中报警系统的组成及工作原理

集中报警系统主要由火灾探测器、手动火灾报警按钮、火灾声光警报器、消防应急广播、消防专用电话、消防控制室图形显示装置、集中火灾报警控制器、消防联动控制系统等组成，如图 15-3 所示。消防联动控制系统主要由消防联动控制器、输入/输出模块、消防电气控制装置、消防电动装置等设备组成，作用是实现对建筑内相关消防设备的控制功能并接收和显示设备的反馈信号。

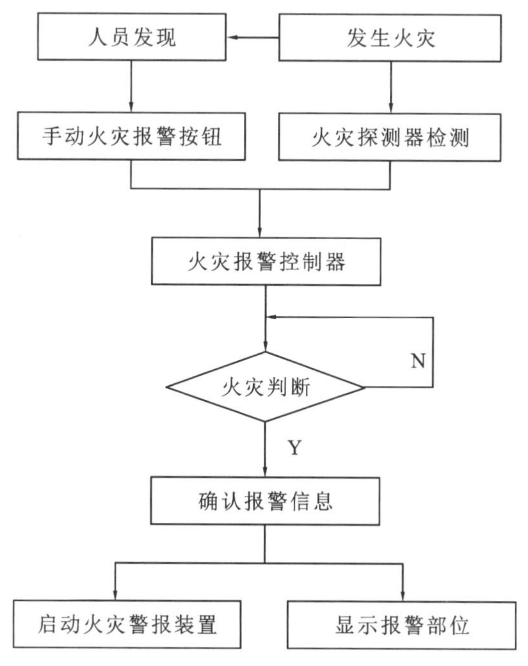

图 15-2 区域报警系统的工作原理

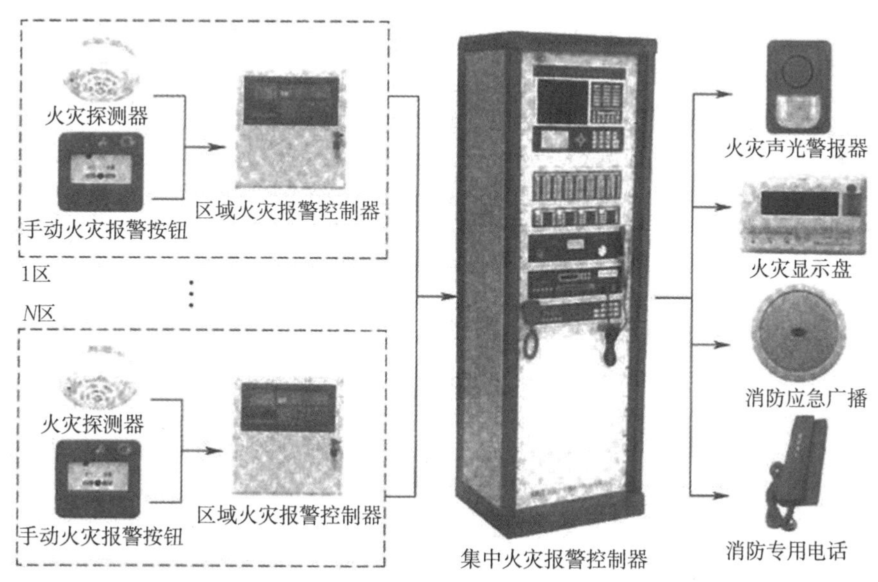

图 15-3 集中报警系统示意图

消防联动控制器是按设定的控制逻辑向各相关受控设备发出联动控制信号,并接收相关设备的联动反馈信号的设备。

输入/输出模块在有控制要求时输出或提供一个开关量信号,使被控设备动作,同时接收设备的反馈信号并报告主机。

消防电气控制装置接收消防联动控制器的联动控制信号,在自动工作状态下执行预定的动作,控制受控设备进入预定的工作状态。

消防电动装置接收消防联动控制器发出的启动信号,并在规定的时间内执行驱动。

不仅需要报警,同时需要联动自动消防设备,且只设置一台具有集中控制功能的火灾报警控制器和消防联动控制器的保护对象,应采用集中报警系统,并设置一个消防控制室。

集中报警系统的工作原理:集中报警系统的火灾报警逻辑与区域报警系统相同,因集中报警系统中有消防联动控制系统,故在系统发生报警后,火灾报警控制器对消防联动控制器下达联动控制指令,消防联动控制器按照预设的逻辑关系对接收到的触发信号进行识别判断,当满足逻辑关系条件时,消防联动控制器按照预设的控制时序启动相应的自动消防系统,实现预设的消防功能,与此同时,消防联动控制器接收并显示消防系统动作的反馈信息;消防控制室的消防管理人员也可通过操作消防联动控制器上的手动控制盘直接启动相应的自动消防系统,从而实现相应的消防系统预设的消防功能,消防联动控制器接收并显示消防系统动作的反馈信息。集中报警系统的工作原理如图 15-4 所示。

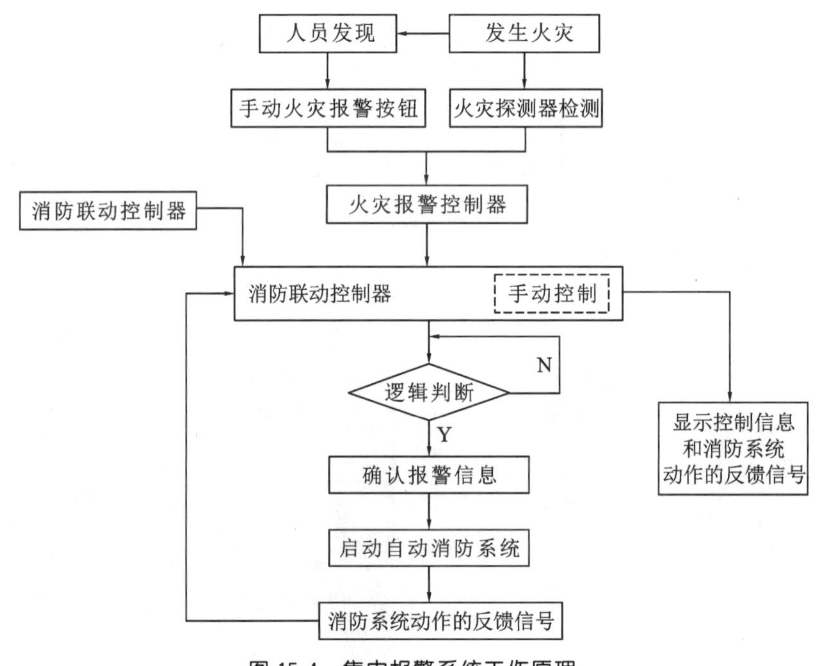

图 15-4　集中报警系统工作原理

三、控制中心报警系统

1. 控制中心报警系统的概念

由消防控制室的消防控制设备、集中火灾报警控制器、区域火灾报警控制器和火灾探测器等组成,或由消防控制室的消防控制设备、火灾报警控制器、区域显示器和火灾探测器等组成,功能复杂的火灾自动报警系统称为控制中心报警系统。

2. 控制中心报警系统的组成及工作原理

控制中心报警系统主要由火灾探测器、手动火灾报警按钮、火灾声光警报器、消防应急广播、消防专用电话、消防控制室图形显示装置、控制中心型火灾报警控制器、消防联动控制系统等组成,且包含两个及两个以上集中报警系统,如图 15-5 所示。设置两个及两个以上消防控制室的保护对象,或已设置两个及两个以上集中报警系统的保护对象,应采用控制中心报警系统。

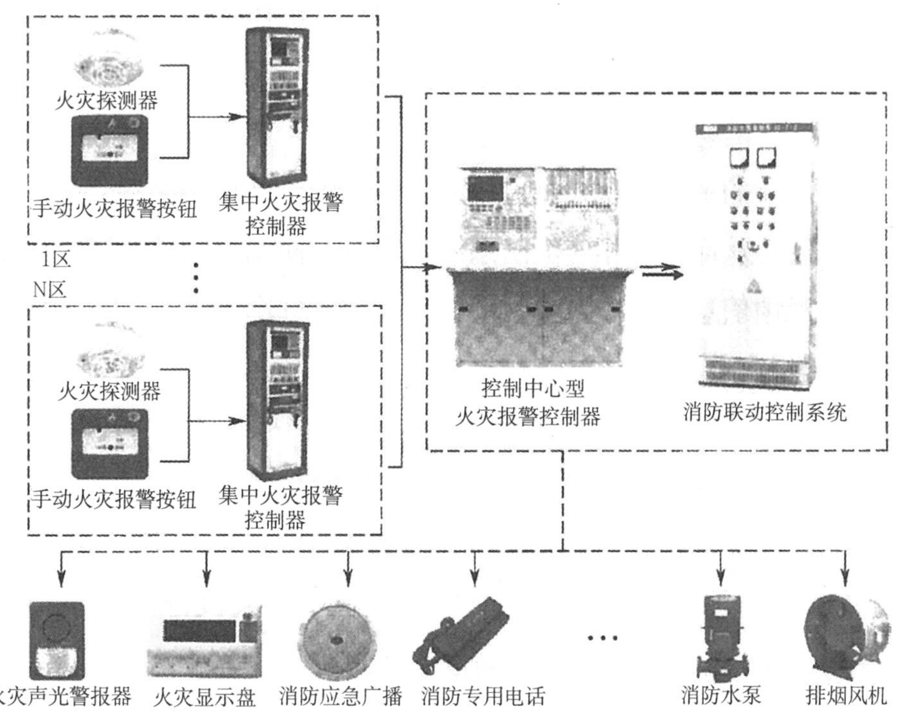

图 15-5　控制中心报警系统示意图

控制中心报警系统的工作原理与集中报警系统基本相同。值得注意的是，当有两个及两个以上消防控制室时，应确定一个主消防控制室。主消防控制室应能显示所有火灾报警信号和联动控制状态信号，并应能控制重要的消防设备；各分消防控制室内的消防设备之间可互相传输、显示状态信息，但不应互相控制。

15.4 课后练习与课程思政

请扫描教师提供的二维码，完成章节测试。

思政主题：岁月静好是因有人替你负重

火灾自动报警系统通过温感、烟感等多种探测器，时刻监测着人们工作、生活的空间，一旦捕捉到疑似火灾的信息，就会及时发出警报，开启联动系统等，提醒火场人员检查火灾情况。正是因为有了火灾自动报警系统的守护，我们才能专心工作、安心休息，享受着静好岁月。

小到一栋建筑，大到一个国家，安宁都需要守护者。我们的边防部队，边防官兵正是履行着监测报警的职能，他们时刻关注着祖国边界的动向，及时采取应对措施。他们用青春为国家、为人民看好大门，才保障了经济社会稳定发展和我们的美好生活。

“哪里有什么岁月静好，不过是有人替你负重前行”。

2020 年 6 月，外军公然违背与我方达成的共识，悍然越线挑衅。在前去交涉和激烈斗争中，边防团长祁发宝（见图 15-6）身先士卒，身负重伤；营长陈红军、战士陈祥榕突入重围营救，奋力反

击，英勇牺牲；战士肖思远，突围后义无反顾返回营救战友，战斗至生命最后一刻；战士王焯冉，在渡河前去支援的途中，拼力帮助被冲散的战友脱险，自己却淹没在冰河之中。

我们需要珍惜这来之不易的美好时光，更不应忘记那些守护者。

图 15-6　英勇的边防团长

Chapter 16

项目 16 灭火器配置和使用

学习重点

1. 掌握灭火剂的类型划分及适用范围；
2. 熟练掌握灭火剂的灭火原理；
3. 掌握灭火器的作用；
4. 了解灭火器的配置场所；
5. 了解灭火器的类型及选型方法；
6. 了解灭火器的主要技术性能；
7. 了解灭火器配置的最低标准；
8. 熟练掌握灭火器的操作使用方法。

16.1 灭火剂

灭火剂是指能够有效破坏燃烧条件，终止燃烧的物质。常用灭火剂主要有水系灭火剂、泡沫灭火剂、气体灭火剂、干粉灭火剂、7150 灭火剂等类型。

一、水系灭火剂

水系灭火剂是指由水、渗透剂、阻燃剂以及其他添加剂组成，一般以液滴或以液滴和泡沫混合的形式灭火的液体灭火剂。

1. 灭火原理

水系灭火剂的灭火原理主要体现在以下几个方面。

一是冷却。水的比热容大，汽化热高，具有较好的导热性，因此，水与燃烧物接触或流经燃烧区时，将被加热或汽化，吸收热量，使燃烧区温度降低，致使燃烧中止。

二是窒息。水汽化后在燃烧区产生大量水蒸气占据燃烧区，降低燃烧区氧气的浓度，使可燃物得不到氧气的补充，导致燃烧强度减弱直至中止。

三是稀释。水是一种良好的溶剂，可以溶解水溶性甲、乙、丙类液体，此类物质起火后，可用水稀释，以降低可燃液体的浓度。

四是对非水溶性可燃液体的乳化。非水溶性可燃液体的初起火灾，在未形成热波之前，以较强的水雾射流或滴状射流灭火，可在液体表面形成“油包水”型乳液，重质油品甚至可以形成含水油泡沫。水的乳化作用可使液体表面受到冷却，使可燃蒸汽产生的速率降低，致使燃烧中止。

综上所述，用水灭火往往是以上几种作用的共同结果，但冷却发挥着主要作用。

2. 类型划分

水系灭火剂按性能分为以下两类：

①非抗醇性水系灭火剂(S)，即适用于扑灭A类火灾和B类火灾(水溶性和非水溶性液体燃料)的水系灭火剂；

②抗醇性水系灭火剂(S/AR)，即适用于扑灭A类火灾或A、B类火灾(非水溶性液体燃料)的水系灭火剂。

3. 适用范围

(1)直流水或开花水可以扑救一般固体物质的表面火灾及闪点在120℃以上的重油火灾。

(2)雾状水可以扑救阴燃物质火灾、可燃粉尘火灾、电气设备火灾。

(3)水蒸气可以扑救封闭空间内(如船舱)的火灾。

遇水能发生燃烧和爆炸的物质，不能用水进行扑救。

二、泡沫灭火剂

泡沫灭火剂是指泡沫液与水混溶，并通过机械方法或化学反应产生的灭火泡沫。

1. 灭火原理

泡沫灭火剂是通过冷却、窒息、速断、淹没等综合作用实现灭火的。

2. 类型划分

泡沫灭火剂按发泡倍数不同，分为低倍泡沫灭火剂、中倍泡沫灭火剂和高倍泡沫灭火剂；按构成成分不同，分为蛋白泡沫灭火剂、氟蛋白泡沫灭火剂、水成膜泡沫灭火剂、成膜氟蛋白泡沫灭火剂、合成泡沫灭火剂、抗溶性泡沫灭火剂和A类泡沫灭火剂等。

1)低倍泡沫灭火剂

低倍泡沫灭火剂指发泡倍数为1～20的泡沫灭火剂。低倍泡沫灭火剂主要用于甲、乙、丙类液体的生产、储存、运输和使用场所，如石油化工企业、炼油厂、储油罐区、飞机库、车库、为铁路油槽车装卸油的鹤管栈桥、码头、飞机库、机场以及燃油锅炉房等。

2)中倍泡沫灭火剂

中倍泡沫灭火剂指发泡倍数为21～200的泡沫灭火剂，一般用于控制或扑灭易燃、可燃液体、固体表面火灾及固体深位阴燃火灾。其稳定性较低倍泡沫灭火剂差，在一定程度上会受风的影响，抗复燃能力较低，因此使用时需要增加供给的强度。

3)高倍泡沫灭火剂

高倍泡沫灭火剂指发泡倍数为201以上的泡沫灭火剂。它以合成表面活性剂为基料，通过高倍数泡沫产生器可产生气泡直径为10 mm以上的泡沫，通过产生的泡沫迅速充满被保护区域和空间，隔绝空气实施灭火；同时，泡沫受热后产生大量水蒸气，降低燃烧区域温度，稀释空气，阻止热量传递，防止火势蔓延。

4)蛋白泡沫灭火剂

蛋白泡沫灭火剂是泡沫灭火剂中最基本的一种，由含蛋白的原料经部分水解制成，是一种黑褐色的黏稠液体，具有天然蛋白质分解后的臭味。蛋白泡沫灭火剂具有原料易得、生产工艺简单、成本低、泡沫稳定性好、对水质要求不高、储存性能较好等优点，主要用于扑救油类液体火灾。但蛋白泡沫灭火剂的流动性能较差，抵抗油质污染的能力较弱，不能用于液下喷射灭火，也不能与干粉灭火剂联用。

5)氟蛋白泡沫灭火剂

氟蛋白泡沫灭火剂是在蛋白泡沫液中加入氟碳表面活性剂、碳氢表面活性剂等制成的。氟碳表面活性剂的表面张力较低，并具有较好的疏油性，能使蛋白泡沫液的性能得到改善。与蛋白泡沫液相比，氟蛋白泡沫的流动性能较好，疏油性强，可以用于液下喷射灭火，也可以与干粉灭火剂联用，提高整体灭火效率。

6)水成膜泡沫灭火剂(又称"轻水"泡沫灭火剂，英文简称 AFFF)

水成膜泡沫灭火剂是指以碳氢表面活性剂和氟碳表面活性剂为基料，可在某些烃类表面形成一层水膜的泡沫灭火剂。其特点是可在某些烃类表面形成一层能够抑制油品蒸发的水膜，靠泡沫和水膜的双重作用灭火，灭火速度最快，具有流动性好、可液下喷射、可与干粉联用、可预混等特点；但与蛋白泡沫液相比，水成膜泡沫不够稳定，防复燃隔热性能差，而且成本较高。

7)成膜氟蛋白泡沫灭火剂(英文简称 FFFP)

成膜氟蛋白泡沫灭火剂是由碳氢表面活性剂、氟碳表面活性剂、抗燥剂、助剂、极性成膜剂、稳定剂、抗冻剂、防腐剂等配制而成的，可在某些烃类表面形成一层水膜的氟蛋白泡沫，主要用于扑救油类火灾和极性溶剂火灾。成膜氟蛋白泡沫灭火剂的灭火性能和抗复燃性能与水成膜泡沫灭火剂相当，是一种多功能泡沫灭火剂。

8)抗溶性泡沫灭火剂

抗溶性泡沫灭火剂是指产生的泡沫施放到醇类或其他极性溶剂表面时，可抵抗其对泡沫破坏性的泡沫灭火剂，又称为抗醇泡沫灭火剂。抗溶性泡沫灭火剂有金属皂型、凝胶型、氟蛋白型、硅酮表面活性剂型等多种类型，用于扑救水溶性甲、乙、丙类液体火灾。

9)A 类泡沫灭火剂

A 类泡沫灭火剂是指主要适用于扑救 A 类火灾的泡沫灭火剂。A 类泡沫灭火剂按产品性能分为以下两类：

①适用于扑救 A 类火灾及隔热防护的 A 类泡沫灭火剂，代号为 MJAP；

②适用于扑救 A 类火灾、非水溶性液体燃料火灾及隔热防护的 A 类泡沫灭火剂，代号为 MJABP。

特别指出，我国作为联合国环境规划署《关于持久性有机污染物的斯德哥尔摩公约》的缔约方，已经批准将持久性有机污染物(POPs)列入受控清单。全氟辛基磺酸及其盐类和全氟辛基磺酰氟(PFOS 类物质)是典型的 POPs，主要作为泡沫灭火剂的表面活性剂。我国现在生产、销售的 PFOS 类灭火剂，是利用前期生产未销售完的 PFOS 类物质来配制的，PFOS 类灭火剂的产量只会越来越少，不久将退出市场，PFOS 类灭火剂的淘汰与替代工作正在加快推进。

三、气体灭火剂

气体灭火剂是指以气体状态进行灭火的灭火剂。

1. 二氧化碳灭火剂

1)灭火原理

二氧化碳灭火剂在常温常压下是一种无色、无味的气体。当储存于密封高压气瓶中,低于临界温度31.4℃时,二氧化碳灭火剂以气、液两相共存。在灭火过程中,二氧化碳从储存气瓶中释放出来,压力骤然下降,二氧化碳由液态转变成气态,分布于燃烧物的周围,稀释空气中的氧含量,氧含量降低会使燃烧时热的产生率减小,而当热产生率减小到低于热散失率的程度时燃烧就会停止,这是二氧化碳产生的窒息作用;另外,二氧化碳释放时又因焓降的关系温度急剧下降,形成细微的固体干冰粒子,干冰吸取其周围的热量而升华,即能产生冷却燃烧物的作用。因此,二氧化碳灭火剂灭火作用主要在于窒息,其次是冷却。

2)适用范围

二氧化碳灭火剂可以扑救灭火前可切断气源的气体火灾,液体火灾或石蜡、沥青等可熔化的固体火灾,固体表面火灾及棉毛、织物、纸张等部分固体深位火灾,电气火灾。二氧化碳灭火剂不得用于扑救硝化纤维、火药等含氧化剂的化学制品火灾,钾、钠、镁、钛、锆等活泼金属火灾,氢化钾、氢化钠等金属氢化物火灾。

2. 卤代烷灭火剂

1)含义

具有灭火作用的卤代碳氢化合物统称为卤代烷灭火剂。

2)种类

卤代烷灭火剂分为二氟一氯一溴甲烷灭火剂(简称为1211灭火剂)和三氟一溴甲烷灭火剂(简称为1301灭火剂)两种,国际上通称为Halon,是迄今灭火效果最好的灭火剂。该类灭火剂在常温常压下为无色气体,加压压缩后变成液态。

3)灭火原理及适用范围

卤代烷灭火剂主要通过抑制燃烧的化学反应过程,使燃烧的链式反应中断,达到灭火的目的。该类灭火剂灭火后不留痕迹,适用于扑救可燃气体火灾,甲、乙、丙类液体火灾,可燃固体的表面火灾和电气火灾。研究发现,卤代烷灭火剂对大气臭氧层具有破坏作用,因此在非必要场所应限制使用。

3. 七氟丙烷灭火剂(FM-200气体灭火剂)

七氟丙烷灭火剂是一种无色无味、低毒性、不导电的洁净气体灭火剂,其密度大约是空气密度的6倍,可在一定压力下呈液态。七氟丙烷灭火剂释放后无残余物,对环境的不良影响小,大气臭氧层的耗损潜能值(ODP)为零,毒性较低,不会污染环境和保护对象,是目前卤代烷1211、1301灭火剂最理想的替代品。

1)灭火原理

当七氟丙烷灭火剂喷射到保护区或对象后,液态灭火剂迅速转变成气态,吸收大量热量,使保护区和火焰周围的温度显著降低;七氟丙烷灭火剂在化学反应过程中释放游离基,能阻止燃烧的链式反应,从而使火灾被扑灭。

2)适用范围

七氟丙烷灭火剂适用于扑救甲、乙、丙类液体火灾,可燃气体火灾,电气设备火灾,可燃固体物质的表面火灾。

4. 六氟丙烷灭火剂(HFC236fa)

依照国际通用卤代烷命名法,六氟丙烷灭火剂称为 HFC236fa。HFC 代表氢氟烃;2 代表碳原子个数减 1(3 个碳原子);3 代表氢原子个数加 1(2 个氢原子);6 代表氟原子个数(6 个氟原子);f 表示中间碳原子的取代基形式为“—CH—”;a 表示两端碳原子的取代原子量之和的差为最小,即最对称。六氟丙烷灭火剂的灭火原理和适用范围与七氟丙烷灭火剂相同。

5. 惰性气体灭火剂

1)含义及类型

惰性气体灭火剂指由氮气、氩气和二氧化碳气按一定质量比混合而成的灭火剂。惰性气体灭火剂又分为 IG-01 惰性气体灭火剂(由氩气单独组成的气体灭火剂)、IG-100 惰性气体灭火剂(由氮气单独组成的气体灭火剂)、IC-55 惰性气体灭火剂(由氩气和氮气按一定质量比混合而成的灭火剂)和 IG-541 惰性气体灭火剂(由氩气、氮气和二氧化碳按一定质量比混合而成的灭火剂)四种类型。该类灭火剂主要通过降低防护对象周围的氧气浓度以致窒息进行灭火。

2)灭火原理

惰性气体灭火剂属于物理灭火剂,混合气体释放后,通过降低防护区的氧气浓度,使可燃物不能维持燃烧而达到灭火的目的。

3)适用范围

惰性气体灭火剂的适用范围与二氧化碳灭火剂相同。

四、干粉灭火剂

1. 含义及类型

干粉灭火剂是指用于灭火的干燥、易于流动的细微粉末。干粉灭火剂是由灭火基料(如小苏打、磷酸铵盐等)、适量的流动助剂(硬脂酸镁、云母粉、滑石粉等),以及防潮剂(硅油)在一定工艺条件下研磨、混配制成的固体粉末灭火剂。

干粉灭火剂有以下类型。

(1)普通干粉灭火剂。普通干粉灭火剂又称为 BC 干粉灭火剂。这类灭火剂可以扑救 B 类、C 类、E 类火灾。

(2)多用途干粉灭火剂。多用途干粉灭火剂又称为 ABC 干粉灭火剂。这类灭火剂可以扑救 A 类、B 类、C 类、E 类火灾。

(3)超细干粉灭火剂。超细干粉灭火剂是指 90%粒径小于或等于 20 μm 的固体粉末灭火剂。该类灭火剂按其灭火性能分为 BC 超细干粉灭火剂和 ABC 超细干粉灭火剂两类。

(4)D 类干粉灭火剂。D 类干粉灭火剂即能扑灭 D 类火灾的干粉灭火剂。D 类干粉灭火剂按可扑救的金属材料对象分为单一型和复合型两类。

2. 灭火机理

干粉在灭火过程中,粉雾与火焰接触、混合,发生一系列物理和化学作用,灭火原理如下。

1)化学抑制作用

当干粉灭火剂加入燃烧区与火焰混合后,干粉粉末与火焰中的自由基接触,捕获“OH.”和“H.”,使自由基被瞬时吸附在粉末表面,使自由基数量急剧减少,致使燃烧反应链中断,最终使火焰熄灭。

2)冷却与窒息作用

干粉灭火剂的基料在火焰高温作用下,将会发生一系列分解反应,如钠盐干粉在燃烧区吸收部分热量,并放出水蒸气和二氧化碳气体,起到冷却和稀释可燃气体的作用;磷酸盐等化合物还具有导致碳化的作用,它附着于着火固体表面可碳化,碳化物是热的不良导体,可使燃烧过程变得缓慢,使火焰的温度降低。

3)隔离作用

干粉灭火剂覆盖在燃烧物表面,构成阻碍燃烧的隔离层;粉末覆盖达到一定厚度时,还可以起到防止复燃的作用。有关研究认为,干粉灭火剂的灭火原理较复杂,主要通过化学抑制作用灭火。

3. 适用范围及注意事项

磷酸铵盐干粉灭火剂适用于扑灭 A 类、B 类、C 类和 E 类火灾;碳酸氢钠干粉灭火剂适用于扑灭 B 类、C 类和 E 类火灾;BC 超细干粉灭火剂适用于扑灭 B 类、C 类火灾,ABC 超细干粉灭火剂适用于扑灭 A 类、B 类、C 类火灾;D 类干粉灭火剂适用于扑灭 D 类火灾。特别指出,BC 类干粉灭火剂与 ABC 类干粉灭火剂不兼容,BC 类干粉灭火剂与蛋白泡沫灭火剂不兼容,因为干粉灭火剂中的防潮剂对蛋白泡沫有较大的破坏作用。对于一些扩散性很强的气体,如氢气、乙炔气体,干粉喷射后难以稀释整个空间的气体,会在精密仪器、仪表上留下残渣,所以不适宜用干粉灭火剂灭火。

五、7150 灭火剂

7150 灭火剂是特种灭火剂的一种,适用于扑救 D 类火灾。7150 灭火剂是一种无色透明液体,它的化学名称为三甲氧基硼氧六环。7150 灭火剂热稳定性较差,同时本身又是可燃物。它以雾状被喷到炽热燃烧的轻金属上面时,会发生化学反应,生成的物质在轻金属燃烧的高温下熔化为玻璃状液体,流散于金属表面及其缝隙中,在金属表面形成一层隔膜,使金属与大气(氧气)隔绝,从而使燃烧停止;7150 灭火剂发生燃烧反应时,还需消耗金属表面附近的大量氧气,这就能够降低轻金属的燃烧强度。

16.2 灭火器

16.2.1 灭火器的概念及作用

灭火器是一种能在其内部压力作用下将所装的灭火剂喷出以扑救火灾,并可手提或推拉移动的灭火器具。灭火器是扑救初起火灾的重要消防器材,轻便灵活,稍经训练即可掌握其操作使用方法,可手提或推拉至着火点附近及时灭火,确属消防实战灭火过程中较理想的第一线灭火装备。

16.2.2 灭火器的配置场所及部位

《建筑设计防火规范》(GB 50016—2014)(2018 年版)规定,高层住宅建筑的公共部位和公共建筑内应设置灭火器,其他住宅建筑的公共部位宜设置灭火器;厂房、仓库、储罐(区)和堆场应设置灭火器。

16.2.3 灭火器的类型及选型

一、灭火器的类型

灭火器按结构形式不同，分为手提式灭火器和推车式灭火器等，如图 16-1 和图 16-2 所示。

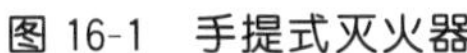

图 16-1 手提式灭火器　　图 16-2 推车式灭火器

灭火器按充装的灭火剂的不同，可分为水基型灭火器、干粉型灭火器、二氧化碳灭火器和洁净气体灭火器等；灭火器按驱动灭火剂的形式，可分为储气瓶式灭火器和储压式灭火器等。

灭火器的分类及特点如表 16-1 所示。

表 16-1 灭火器的分类及特点

分类方法	类别	特点
按结构形式分	手提式	手提式灭火器是指能够在其内部压力作用下将所装的灭火剂喷出以扑救火灾，并可手提移动的灭火器具
	推车式	推车式灭火器是指装有轮子可由一人推（或拉）至火场，且能在其内部压力作用下将所装的灭火剂喷出，以扑救火灾的灭火器具
按充装的灭火剂分	水基型	水型包括清洁水或带添加剂（如湿润剂、增稠剂、阻燃剂或发泡剂等）的水。常用的水基型灭火器有清水灭火器、水基型泡沫灭火器和水基型水雾灭火器三种
	干粉型	干粉型灭火器内充装的灭火剂是干粉，根据充装的干粉灭火剂的不同，可分为碳酸氢钠干粉（BC 类干粉）灭火器、磷酸铵盐干粉（ABC 类干粉）灭火器和灭金属火专用干粉（D 类干粉）灭火器
	二氧化碳	二氧化碳灭火器内部充装有液态二氧化碳，利用气压将二氧化碳喷出实施灭火
	洁净气体	洁净气体灭火器内部充装六氟丙烷、三氟甲烷等灭火剂，利用气压将灭火剂喷出实施灭火

续表

分类方法	类别	特点
按驱动灭火剂的形式分	储气瓶式	储气瓶式灭火器是指灭火剂由灭火器的储气瓶释放的压缩气体或液化气体的压力驱动的灭火器。该类灭火器的特点是动力气体与灭火剂分开储存,动力气体储存在专用的小钢瓶内,有外置与内置两种形式,使用时将高压气体放出至灭火剂储瓶内,作为驱动灭火剂的动力气体
	储压式	储压式灭火器是指灭火剂由储存于灭火器同一容器内的压缩气体或灭火剂蒸气压力驱动的灭火器。该类灭火器的特点是动力气体与灭火剂储存在同一个容器内.依靠这些气体压力驱动将灭火剂喷出

二、灭火器选型

选择灭火器时应考虑灭火器配置场所的火灾种类、灭火器配置场所的最低基准、灭火器配置的最大保护半径、灭火器的灭火效能和通用性、灭火剂对被保护物品的污损程度、灭火器设置点的环境温度以及使用灭火器人员的体能等因素,综合考虑并配置适合该场所的灭火器具。

1. 灭火器配置场所的火灾种类

在选择灭火器时,灭火器的类型一定要与保护场所的火灾种类相适应,否则灭火器不仅有可能灭不了火,而且有可能引起灭火剂对燃烧的逆化学反应,甚至发生爆炸伤人事故。例如,A 类火灾场所不能配置 BC 类干粉(碳酸氢钠干粉)灭火器;碱金属(如钾、钠等)火灾不能用水基型灭火器灭火。因此,在确定了保护场所的火灾种类后,要考虑火灾类别是否与所配置的灭火器类型相适应。表 16-2 所示为火灾种类与灭火器类型对应表。

表 16-2　火灾种类与灭火器类型对应表

火灾种类	灭火器类型
A 类火灾	水基型(水雾、泡沫)灭火器、ABC 干粉灭火器
B 类火灾	水基型(水雾、泡沫)灭火器、ABC 干粉灭火器、BC 干粉灭火器、洁净气体灭火器
C 类火灾	水基型(水雾、泡沫)灭火器、ABC 干粉灭火器、BC 干粉灭火器、洁净气体灭火器、二氧化碳灭火器
E 类火灾	ABC 干粉灭火器、BC 干粉灭火器、洁净气体灭火器、二氧化碳灭火器
F 类火灾	水基型(水雾、泡沫)灭火器、BC 干粉灭火器

2. 灭火器的灭火效能和通用性

选择灭火器时,应考虑灭火器的灭火效能和通用性。有几种类型的灭火器均适用于扑灭同一种类的火灾,但值得注意的是,它们在灭火有效程度方面可能存在明显的差异。例如,一具 7 kg 的二氧化碳灭火器的灭火级别为 55B,而一具 4 kg 的磷酸铵盐干粉灭火器的灭火级别也为 55B。相比而言,在相同灭火级别的情况下,磷酸铵盐干粉灭火器的质量低于二氧化碳灭火器的质量,且适用于 A 类火灾,灭火效能和通用性优于二氧化碳灭火器。

3. 灭火剂对被保护物品的污损程度

选择灭火器时，应考虑其对被保护物品的污损程度，保护贵重物资与设备免受污渍损坏。例如，在计算机机房内，若使用干粉灭火器进行灭火，灭火后残留的粉末状覆盖物对电子元器件会产生一定的腐蚀作用，且难以清洁；选用气体灭火器灭火，则可避免对电子设备的污损和腐蚀。

4. 灭火器设置点的环境温度

选择灭火器时，应考虑环境温度的影响。环境温度对灭火器的喷射性能和安全性能都有较大的影响：环境温度过低，灭火器的喷射性能就会降低；环境温度过高，灭火器内部压力会剧增，有爆炸伤人的危险。例如水基型、泡沫型灭火器不能在低于 4℃ 的环境中使用，过低的环境温度会导致这些灭火器出现灭火剂冻结而不能喷射。灭火器的使用温度范围如表 16-3 所示。

表 16-3　灭火器的使用温度范围

灭火器类型		使用温度范围/℃
水基型灭火器		4～55
干粉型灭火器	储气瓶式灭火器	−10～55
	储压式灭火器	−20～55
二氧化碳灭火器		−10～55
洁净气体灭火器		−20～55

5. 灭火剂的相容性

选择灭火器时，相同灭火器配置场所存在不同火灾种类时，应选用通用型灭火器；相同灭火器配置场所选用两种或两种以上类型灭火器时，应采用灭火剂相容的灭火器。不相容的灭火剂可能会相互作用，产生泡沫消失等不利现象，使灭火器灭火效力明显降低。

不相容的灭火剂举例如表 16-4 所示。

表 16-4　不相容的灭火剂举例

灭火剂类型	不相容的灭火剂	
干粉与干粉	磷酸铵盐	碳酸氢钠、碳酸氢钾
干粉与泡沫	碳酸氢钠、碳酸氢钾	蛋白泡沫
泡沫与泡沫	蛋白泡沫、氟蛋白泡沫	水成膜泡沫

6. 使用灭火器人员的体能

选择灭火器时，应考虑使用灭火器人员的体能状况。灭火器是靠人来操作的，要为某建筑场所配置适用的灭火器，也应对该场所中的人员的体能，包括年龄、性别、体质和身手敏捷程度等进行分析，然后正确地选择灭火器的类型、规格和布置形式。例如，办公室、会议室、卧室、客房，以及学校、幼儿园、养老院的教室、活动室等民用建筑场所的灭口器应以中、小规格的手提式灭火器为主；工业建筑场所的大车间和古建筑场所的大殿可考虑选用大、中规格的手提式灭火器或推车式灭火器。

16.2.4 灭火器的主要技术性能

一、灭火器的喷射性能

喷射性能是指对灭火器喷射灭火剂的技术要求，包括有效喷射时间、喷射滞后时间、有效喷射距离和喷射剩余率。

1. 有效喷射时间

有效喷射时间是指灭火器在最大开启状态下，自灭火剂从喷嘴喷出，到灭火剂喷射结束的时间。不同的灭火器，对有效喷射时间的要求也不同，但必须满足在最高使用温度条件下不得低于6 s。

2. 喷射滞后时间

喷射滞后时间是指自灭火器开启到喷嘴开始喷射灭火剂的时间。喷射滞后时间反映了灭火器动作速度的快慢，技术上一般要求在灭火器的使用温度范围内，其喷射滞后时间不大于5 s，间歇喷射的滞后时间不大于3 s。

3. 有效喷射距离

有效喷射距离是指灭火器有效喷射灭火的距离，是从灭火器喷嘴顶端起，到喷出的灭火剂最集中处中心的水平距离。不同的灭火器有不同的有效喷射距离要求。

4. 喷射剩余率

喷射剩余率是指额定充装状态下的灭火器，在喷射到内部压力与外部环境压力相等时(不再有灭火剂从灭火器喷嘴喷出时)，内部剩余灭火剂量相对于额定充装量的百分比。喷射剩余率的一般要求是在(20±5)℃时不大于10%，在灭火器的使用温度范围内不大于15%。

二、灭火器的灭火能力

灭火器的灭火能力是通过试验来测定的。对于同一灭火剂类型的灭火器而言，灭火能力由其充装量决定，衡量标准是灭火级别。充装量大的灭火器的灭火能力强、灭火级别大。

灭A类火的能力是按照标准的试验方法，由灭火器能够扑灭的最大木条堆垛火灾来确定的灭火级别；

灭B类火的能力是按照标准的试验方法，由灭火器能够扑灭的最大油盘火来确定的灭火级别。

在灭火器的灭火级别中，前面的系数代表的是灭火器的灭火能力，系数大的灭火能力强；后面的字母代表的是能扑救的火灾类别。

各类灭火器的类型、规格和灭火级别如表16-5和表16-6所示。

表 16-5　手提式灭火器的类型、规格和灭火级别

灭火剂类型	灭火剂充装量(规格)		灭火器类型规格代号(型号)	灭火级别	
	L	kg		A类	B类
水	3		MS/Q3	1A	
			MS/T3		55B
	6		MS/Q6	1A	
			MS/T6		55B
	9		MS/Q9	2A	
			MS/T9		89B
泡沫	3		MP3、MP/AR3	1A	55B
	4		MP4、MP/AR4	1A	55B
	6		MP6、MP/AR6	1A	55B
	9		MP9、MP/AR9	2A	89B
干粉(碳酸氢钠)		1	MF1		21B
		2	MF2		21B
		3	MF3		34B
		4	MF4		55B
		5	MF5		89B
		6	MF6		89B
		8	MF8		144B
		10	MF10		144B
干粉(磷酸铵盐)		1	MF/ABC1	1A	21B
		2	MF/ABC2	1A	21B
		3	MF/ABC3	2A	34B
		4	MF/ABC4	2A	55B
		5	MF/ABC5	3A	89B
		6	MF/ABC6	3A	89B
		8	MF/ABC8	4A	144B
		10	MF/ABC10	6A	144B
二氧化碳		2	MT2		21B
		3	MT3		21B
		5	MT5		34B
		7	MT7		55B

表 16-6 推车式灭火器的类型、规格和灭火级别

灭火剂类型	灭火剂充装量(规格)		灭火器类型规格代号(型号)	灭火级别	
	L	kg		A类	B类
水	20		MST20	4A	
	45		MST45	4A	
	60		MST60	4A	
	125		MST125	6A	
泡沫	20		MPT20、MPT/AR20	4A	113B
	45		MPT45、MPT/AR45	4A	144B
	60		MPT60、MPT/AR60	4A	233B
	125		MPT125、MPT/AR125	6A	297B
干粉(碳酸氢钠)		20	MFT20		183B
		50	MFT50		297B
		100	MFT100		297B
		125	MFT125		297B
干粉(磷酸铵盐)		20	MFT/ABC20	6A	183B
		50	MFT/ABC50	8A	297B
		100	MFT/ABC100	10A	297B
		125	MFT/ABC125	10A	297B
二氧化碳		10	MTT10		55B
		20	MTT20		70B
		30	MTT30		113B
		50	MTT50		183B

16.2.5 灭火器配置的最低标准

《建筑灭火器配置设计规范》(GB 50140—2005)对建筑的火灾危险性等级进行了具体划分，不同危险等级场所对灭火器的最低配置基准有不同的要求。选择灭火器时，要依据保护场所的危险等级和火灾种类等因素确定灭火器的保护距离和配置基准。

A类火灾场所灭火器的最低配置基准如表 16-7 所示。

表 16-7 A类火灾场所灭火器的最低配置基准

危险等级	单具灭火器最小配置灭火级别	单位灭火级别最大保护面积/(m^2/A)
严重危险级	3A	50
中危险级	2A	75
轻危险级	1A	100

B、C 类火灾场所灭火器的最低配置基准如表 16-8 所示。

表 16-8　B、C 类火灾场所灭火器的最低配置基准

危险等级	单具灭火器最小配置灭火级别	单位灭火级别最大保护面积/(m^2/B)
严重危险级	89B	0.5
中危险级	55B	1.0
轻危险级	21B	1.5

D 类火灾场所的灭火器最低配置基准，应根据金属的种类、物态及其特性等研究确定。

E 类火灾场所的灭火器最低配置基准不应低于该场所内 A 类(或 B 类)火灾的规定。

16.3 灭火器的使用方法和注意事项

一、手提式灭火器

1. 使用方法

以干粉灭火器为例，使用灭火器灭火时，操作者先将灭火器从设置点提至距离燃烧物 2～5 m 处，然后拔掉保险销，一只手握住喷筒，另一只手握住开启压把并用力压下鸭嘴，灭火剂喷出，对准火焰根部进行扫射灭火。随着灭火器喷射距离缩短，操作者应逐渐向燃烧物靠近。

手提式灭火器的操作要领归纳为“一提，二拔，三握，四压，五瞄，六射”，如图 16-3 所示。

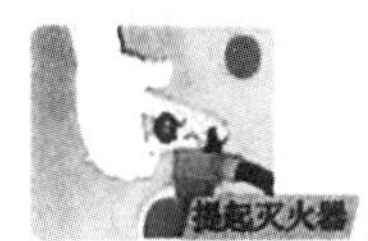

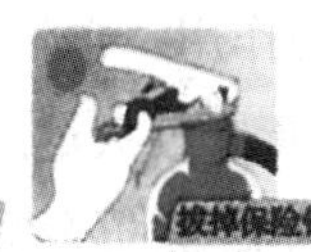

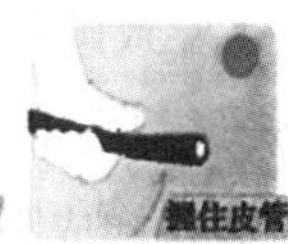

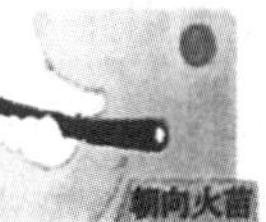

图 16-3　手提式灭火器操作示意

2. 注意事项

(1)使用干粉灭火器前，操作者要先将灭火器上下颠倒几次，使筒内的干粉松动。使用过程中，灭火器应始终保持竖直状态，避免颠倒或横卧造成灭火剂无法正常喷射。有喷射软管的灭火器或储压式灭火器在使用时，一只手应始终压下压把，不能放开，否则喷射会中断。

(2)使用二氧化碳灭火器灭火时，手一定要握在喷筒木柄处，接触喷筒或金属管要戴防护手套，以防局部皮肤被冻伤。

(3)扑救可燃液体火灾时，应避免灭火剂直接冲击燃烧液面，防止可燃液体流散扩大火势。

(4)扑救火灾时，应由近及远喷射灭火剂，直至灭火。

(5)扑救电气火灾时，应先断电后灭火。

二、推车式灭火器

1. 使用方法

以推车式干粉灭火器为例，推车式灭火器使用时一般由两人协同操作，先将灭火器推(拉)至现场,在上风方向距离火源约 10 m 处做好喷射准备。一个人拔掉保险销,迅速向上扳起手柄或旋转手轮到最大开度位置打开钢瓶;另一个人取下喷枪,展开喷射软管,然后一只手握住喷枪枪管行至距离燃烧物 1～2 m 处,将喷嘴对准火焰根部,另一只手开启喷枪阀门,将灭火剂喷出灭火。喷射时,操作者要沿火焰根部喷扫推进,直至把火扑灭,如图 16-4 所示。灭火后,放松手握开关压把,开关即自行关闭,喷射停止,同时关闭钢瓶上的启闭阀。

推车式灭火器的操作要领归纳为“一推,二拔,三展,四开,五扣,六射”。

图 16-4　推车式灭火器操作示意

2. 注意事项

(1)使用时注意喷射软管不能打折或打圈。

(2)灭火时对准火焰根部,应由近及远扫射推进,注意死角,防止复燃。

(3)使用二氧化碳灭火器灭火时,手一定要握在喷筒木柄处,接触喷筒或金属管要戴防护手套,应避免触碰喇叭筒喷嘴前部,防止冷灼伤。在狭小空间喷射灭火剂时,应提前采取预防措施,防止人员窒息。

(4)扑救可燃液体火灾时,应避免灭火剂直接冲击燃烧液面,防止可燃液体流散扩大火势。

(5)扑救电气火灾时,应先断电后灭火。

16.4 课后练习与课程思政

请扫描教师提供的二维码,完成章节测试。

思政主题:静候一生,守护安宁

灭火器是扑救初起火灾的重要消防器材,平时被安放在预定位置,并不被人们关注。灭火器在建筑物的全生命周期内,伴随着建筑物的老化而老化。也许自从他被放在那里,直到报废,它的潜能一次都没有发挥,但是,有它的存在,安全就有了保障。它为灭火“满腹经纶”,练就技学一身,它为安全静候一生,付出无悔青春,这是灭火器的牺牲精神,如图 16-5 所示。

消防领域的从业人员也要像灭火器一样,时刻想着有可能发生火灾,不应有侥幸心理。消防工程设计人员,要认真研究规范和项目实际,精心开展消防设施设备的配置设计,不要使新建建筑出现先天不足;消防审查人员,应认真研究规范条文,仔细对照相关法规,严肃签批标准,不得

图 16-5　静候中的灭火器

放松要求；消防施工、监理人员，应严格按图施工和监理，使用合格产品，高标准完成设施设备安装，不应偷工减料；消防设施设备检测人员，一定要认真检测，实事求是地编写报告，不应不检测就出假报告；开展消防工程验收是消防工程交付使用的最后一环，验收人员要坚守职业操守，做到廉洁从业，认真开展验收，不留一处隐患；建筑工程交付使用后，用户单位的消防安全管理人员，一定要严格按照相关要求开展消防安全管理规划、计划，开展消防设施维护保养，开展日常和集中消防安全检查，不应麻痹大意。哪怕做了千万次的看似无用的工作，也应一丝不苟，认认真真。

我们要发扬灭火器的牺牲精神，用无悔青春、满腹经纶和一身技学为万分之一可能发生的火灾做百分之百的准备。

一生只做一件事，守护安宁有价值。

Chapter 17

项目 17 消防给水

学习重点

1. 掌握消防水源的概念和类型;
2. 掌握消防给水基础设施功能。

17.1 消防水源

一、消防水源的概念

消防水源是指向水灭火设施、车载或手抬等移动消防水泵、固定消防水泵等提供消防用水的水源,是灭火成功的基本保证。

二、消防水源的类型

消防水源有市政给水、消防水池、天然水源三类。雨水清水池、中水清水池、水景和游泳池可作为备用消防水源,当消防水源设置出现困难必须把雨水清水池、中水清水池、水景和游泳池作为消防水源时,应保证在任何情况下均能满足消防给水系统所需的水量和水质的技术措施。

1. 市政给水

市政给水管网遍布城市的各个角落,可通过进户管为建筑物提供消防用水,也可通过在其上设置的室外消火栓为火场提供灭火用水。因此,市政给水管网是主要的消防水源。当市政给水管网能连续供水且能满足《消防给水及消火栓系统技术规范》(GB 50974—2014)的要求时,消防给水系统可采用市政给水管网直接供水。

2. 消防水池

消防水池是人工建造的供固定或移动消防水泵吸水的储水设施,是建筑消防中十分重要的水源。符合下列规定之一时,应设置消防水池:①当生产、生活用水量达到最大时,市政给水管网或入户引入管不能满足室内、室外消防给水设计流量;②当采用一路消防供水或只有一条入户引入管,且室外消火栓设计流量大于 20 L/s 或建筑高度大于 50 m;③市政消防给水设计流量小于建筑室内外消防给水设计流量。

3. 天然水源

由地理条件自然形成的，可供灭火时取水的水源称为天然水源，如江河、海洋、湖泊、池塘、溪沟等。天然水源的设计枯水流量保证率应根据城乡规模和工业项目的重要性、火灾危险性和经济合理性等因素综合确定，宜为90%～97%，但村镇室外消防给水水源的设计枯水流量保证率可根据当地水源情况适当降低。

17.2 消防给水基础设施

消防给水基础设施包括消防水泵、消防水泵接合器、高位水箱、稳压设备等。这些基础设施是消防水系统灭火的基本保证。

一、消防水泵

消防水泵是在消防给水系统（包括消火栓系统、自动喷水灭火系统等）中用于保证系统供水压力和水量的给水泵，如消火栓泵、喷淋泵、消防传输泵等。消防水泵是消防给水系统的心脏，其工作状况的好坏直接影响着灭火的成效。

1. 消防水泵的类型

消防水泵的类型很多，按出口压力等级可分为低压消防泵、中压消防泵、中低压消防泵、高压消防泵和高低压消防泵，按辅助特征可分为普通消防泵、深井消防泵和潜水消防泵，按动力源形式可分为柴油机消防泵组、电动机消防泵组、燃气轮机消防泵组和汽油机消防泵组，按用途可分为供水消防泵组、稳压消防泵组和手抬机动消防泵组。

2. 消防水泵的组成及工作原理

消防给水系统中使用的水泵多为离心泵。离心泵主要由蜗壳形的泵壳、泵轴、叶轮、吸水管、滤网、调节阀、出水管和底阀等组成，如图17-1所示。其工作原理是利用叶轮旋转使水产生离心力。离心泵启动前须使泵壳和吸水管内注满水。启动电动机后，泵轴带动叶轮和水高速旋转，水在离心力的作用下甩向叶轮外缘，经蜗形泵壳的流道流入水泵的压水管路；与此同时，水泵叶轮中心处形成负压，水在大气压力的作用下被吸进泵壳。叶轮不停地转动，使水在叶轮的作用下不断流入与流出，达到输送水的目的。

3. 消防水泵的性能参数及特性曲线

消防水泵的性能参数包括流量（Q）、扬程（H）、轴功率（P）、效率（η）和转速（n）等。流量是指单位时间内输送液体的体积；扬程是指对单位重量液体所做的功，也就是单位重量液体通过水泵后其能量的增值；轴功率是原动机输送给水泵的功率；效率是指水泵的有效功率与轴功率的比值；转速是指单位时间内水泵叶轮的转动次数。

水泵的流量、扬程、轴功率、效率等性能参数之间存在着一定的关系，通常经过水泵实验获得各参数间的关系曲线，这种曲线被称为水泵的性能曲线，不同型号的水泵的性能并不相同，如图17-2所示。

图中三条曲线分别为流量-扬程（Q-H）曲线、流量-轴功率（Q-P）曲线、流量-效率（Q-η）曲线。从图中可以看出，流量与扬程、轴功率、效率等是一一对应的关系，确定了其中一个值，其余

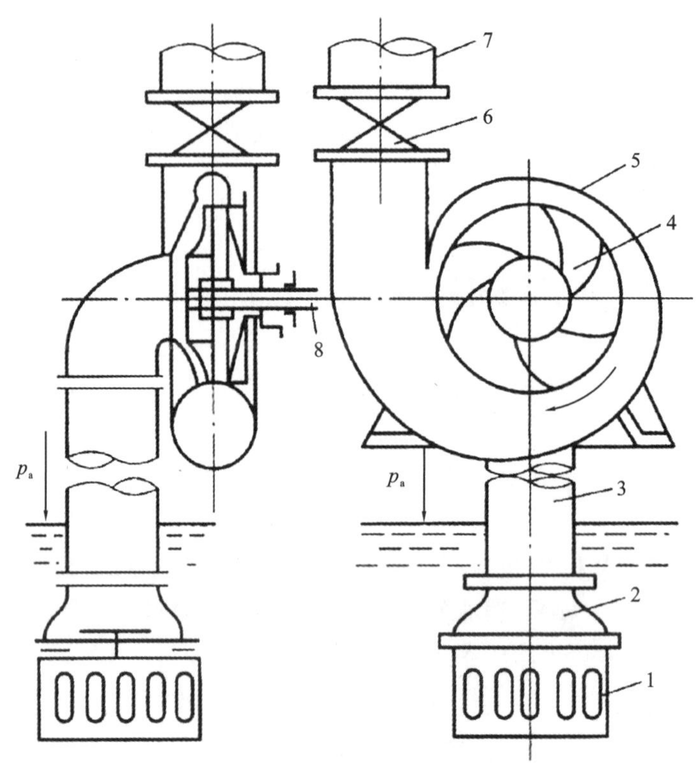

图 17-1　离心泵组成示意图

1—滤网；2—底阀；3—吸水管；4—叶轮；5—泵壳；6—调节阀；7—出水管；8—泵轴

值也都相应地确定下来。流量-扬程曲线是一条不规则的曲线，一般的规律是扬程随流量的增大而减小。流量-轴功率曲线反映出离心泵的轴功率随着流量增大而逐渐增加。流量为零时轴功率最小，所以水泵启动一般采用“关闸启动”，以减小电动机的启动电流，水泵正常运转后再开启闸阀。流量-效率曲线反映出每台水泵都有一个高效段，操作者应使水泵在高效段运行。消防水泵不经常运行，因此可以允许其在高效段外运行。

4. 消防水泵的并联和串联

消防给水的过程中，常常需要多台水泵共同工作，即通过水泵的串联或并联向消防给水管网供水。

消防泵并联的目的主要在于增加流量，在流量叠加时，系统的总流量会有所下降，并非几台消防泵流量的叠加。消防泵的并联是两台或两台以上的消防泵同时向消防给水系统供水，如图 17-3 所示。

消防泵的串联在流量不变时可增加扬程，故当单台消防泵的扬程不能满足最不利点处的水压要求时，系统可采用串联消防给水系统。消防泵的串联是将一台泵的出水口与另一台泵的吸水管直接连接且两台泵同时运行，如图 17-4 所示。

二、消防水泵接合器

消防水泵接合器是供消防车向消防给水管网输送消防用水的预留接口。

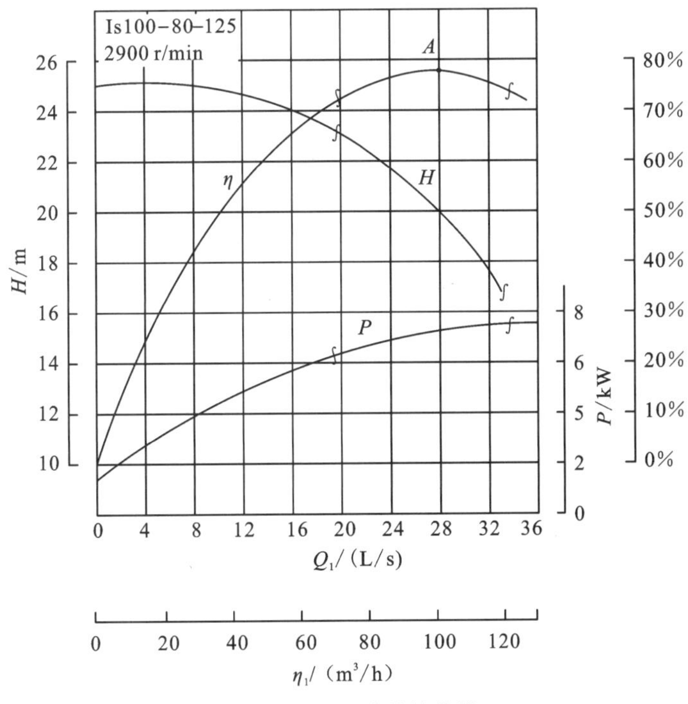

图 17-2 水泵的性能曲线

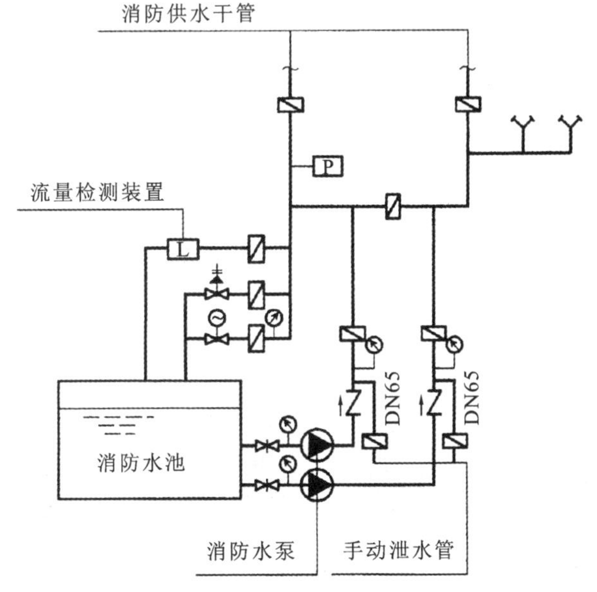

图 17-3 消防水泵并联示意图

1. 消防水泵接合器的组成及作用

消防水泵接合器一般由本体、消防接口、安全阀、止回阀和水流截断装置等组成，其作用是在发生火灾的情况下，当建筑物内消防水泵发生故障或室内消防用水不足时，利用消防车或机动泵等通过水泵接合器向室内消防给水管网输送消防用水。

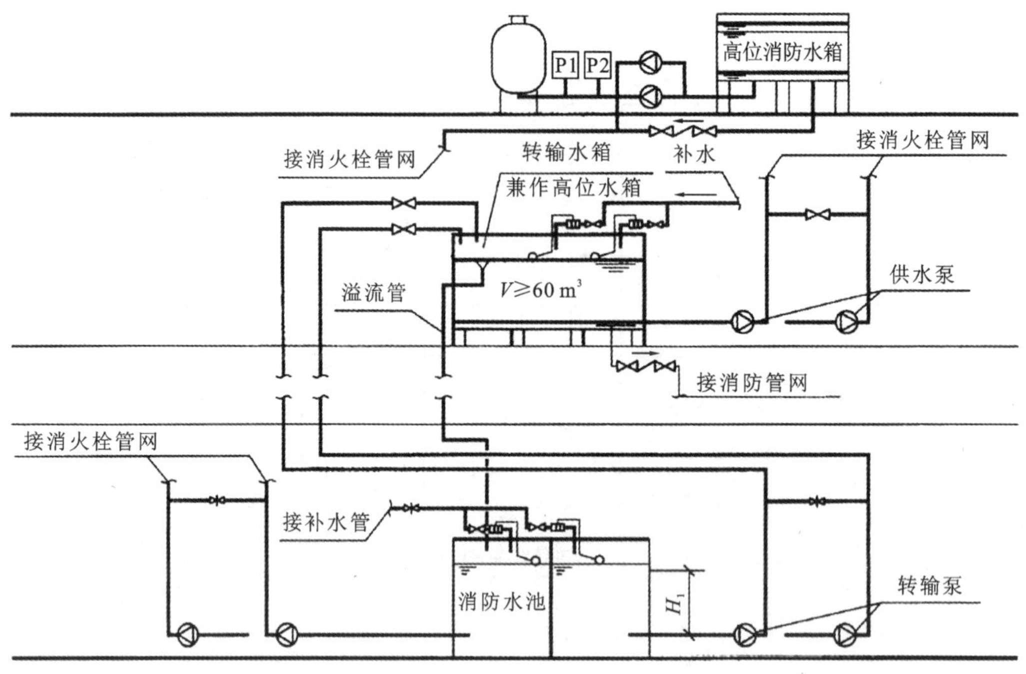

图 17-4　消防水泵串联示意图

2. 消防水泵接合器的设置场所

自动喷水灭火系统、水喷雾灭火系统、泡沫灭火系统和固定消防炮灭火系统等系统以及下列建筑的室内消火栓给水系统应设置消防水泵接合器：超过 5 层的公共建筑；超过 4 层的厂房或仓库；其他高层建筑；超过 2 层或建筑面积大于 10 000 m^2 的地下建筑（室）。

3. 消防水泵接合器的类型及适用范围

消防水泵接合器按安装形式可分为地上式、地下式和墙壁式三种，如图 17-5 所示。

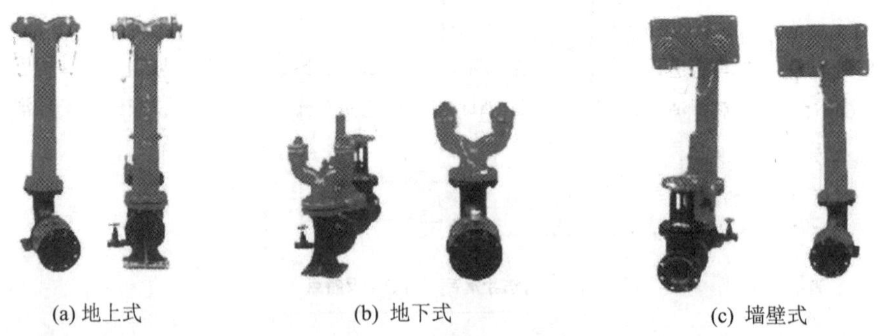
(a) 地上式　(b) 地下式　(c) 墙壁式

图 17-5　消防水泵接合器

消防水泵接合器按接合器出口的公称通径，可分为 100 mm 和 150 mm 两种。

消防水泵接合器按接合器公称压力，可分为 1.6 MPa、2.5 MPa 和 4.0 MPa 等多种。

消防水泵接合器按接合器连接方式，可分为法兰式和螺纹式。

地上式适用于温暖地区；地下式（应有明显标志）适用于寒冷地区；墙壁式安装在建筑物的墙角处，不占位置，使用方便，但设置不明显。其中，地上式消防水泵接合器应用最为广泛。

三、高位水箱

设置高位水箱的目的主要是储存建筑初起火灾所需的消防用水量，保证初起火灾消防给水管网的消防水压。采用临时高压给水系统的建筑物，应设置高位水箱。

室内采用临时高压消防给水系统时，高位水箱的设置应符合下列规定。

①高层民用建筑、总建筑面积大于 10 000 m^2 且层数超过 2 层的公共建筑和其他重要建筑，必须设置高位水箱。

②其他建筑应设置高位水箱，但当设置高位水箱确有困难，且采用安全可靠的消防给水形式时，可不设高位消防水箱，但应设稳压泵。

③当市政供水管网的供水能力在满足生产、生活最大小时用水量后，仍能满足初起火灾所需的消防流量和压力时，市政直接供水可替代高位水箱。

四、稳压设备

稳压设备是临时高压消防给水系统中的一种技术保障措施。采用临时高压消防给水系统的高层或多层建筑，当消防水箱设置高度不能满足系统最不利点处灭火设备所需的水压要求时，应设置稳压设备。

17.3 课后练习与课程思政

请扫描教师提供的二维码，完成章节测试。

思政主题：心存大爱，上善若水

水是生命之源，它变换成雨、雪、冰、霜，滋养着万千生命，让曾经死寂的星球充满生机。水不仅能滋养万物，还能洗涤污渍。水是最容易得到的灭火剂，是最先参与人类灭火任务的灭火剂，降低了人类的火灾困扰。

水恩泽万物而无所求，如图 17-6 所示。

图 17-6　水恩泽万物而无所求

道家学派代表人物老子说过："上善若水，水善利万物而不争，处众人之所恶，故几于道。"这句话的意思是最善的人就像水一样，滋润万物而不与他人争高下，谦卑并处于人们不愿去的最低矮位置，这样的品格才最接近于道。

做人就应如水一般，广施恩泽，从善如流：多施恩于他人，不计回报；不与他人争高低，看淡名利；处事低调而温和，谦虚且谨慎。

Chapter 18

项目 18 消火栓灭火系统

学习重点

1. 掌握室外消火栓系统的概念、作用、设置场所和部位；
2. 掌握室外消火栓系统的类型、特点和组成；
3. 掌握室内消火栓系统的概念、作用、设置场所及部位；
4. 掌握室内消火栓系统的类型、特点及组成。

具备充足的消防水源后，建筑设计时，设计人员除了需要在建筑物室内每一层设计室内消火栓系统外，还需要设计室外消火栓系统。室内消火栓系统主要是供火灾现场人员扑灭初起火灾使用的，低压室外消火栓系统主要是为消防车等消防设备提供消防用水，高压室外消火栓系统可连接水带和水枪灭火。

18.1 室外消火栓系统

一、室外消火栓系统的概念及作用

室外消火栓系统是指由供水设施、室外消火栓、配水管网和阀门等组成的系统。不同压力的室外消火栓系统的作用各不相同。低压室外消火栓系统的作用是为消防车等消防设备提供消防用水，或通过消防车和水泵接合器为室内灭火设施提供消防用水；高压室外消火栓系统经常保持足够的压力和消防用水量，火灾发生时，现场的火灾扑救人员可直接连接水带与水枪灭火。

二、室外消火栓系统的设置场所及部位

现行国家标准《建筑设计防火规范》(GB 50016—2014)(2018 年版)、《人民防空工程设计防火规范》(GB 50098—2009)、《汽车库、修车库、停车场设计防火规范》(GB 50067—2014)、《地铁设计防火标准》(GB 51298—2008)、《石油库设计规范》(GB 50074—2014)、《石油化工企业设计防火规范》(GB 50160—2008)(2018 年版)、《钢铁冶金企业设计防火规范》(GB 50414—2018)等对室外消火栓系统的设置场所及部位分别做了具体规定，设置时应符合国家相关标准的规定。《建筑设计防火规范》(GB 50016—2014)(2018 年版)规定：城镇(包括居住区、商业区、开发区、工业区等)应沿可通行消防车的街道设置市政消火栓系统；民用建筑、厂房、仓库、储罐(区)和堆场周围应设置室外消火栓系统；用于消防救援和消防车停靠的屋面上，应设置室外消火栓系统。

三、室外消火栓系统的类型及特点

室外消火栓系统的类型及特点如表 18-1 所示。

表 18-1　室外消火栓系统的类型及特点

分类方式	类型名称	特点
按水压分	高压消防给水系统	消火栓管网内能始终满足水灭火设施所需的工作压力和流量，火灾时无须消防水泵直接加压的供水系统
	临时高压消防给水系统	平时不能满足水灭火设施所需的工作压力和流量，火灾时通过自动或手动启动消防水泵以满足水灭火设施所需的工作压力和流量的供水系统
	低压消防给水系统	管网的最低压力大于 0.1 MPa，能满足消防车、手抬移动消防水泵等取水所需的工作压力和流量的供水系统
按用途分	独立消防给水系统	仅向消火栓系统供水的独立的给水系统
	生活、消防合用给水系统	生活给水管网与消防给水管网合用的给水系统
	生产、消防合用给水系统	生产给水管网与消防给水管网合用的给水系统
	生活、生产、消防合用给水系统	生活、生产和消防合用的给水系统
按管网形式分	环状管网消防给水系统	消防给水管网构成闭合环形，可多向供水
	枝状管网消防给水系统	消防给水管网似树枝状，仅能单向供水

四、室外消火栓系统的组成

不同类型的室外消火栓系统的组成不尽相同，以临时高压室外消火栓系统为例，其系统由消防水源、消防给水设备、室外消防给水管网、室外消火栓，以及相应的配件、附件等组成，如图 18-1 所示。

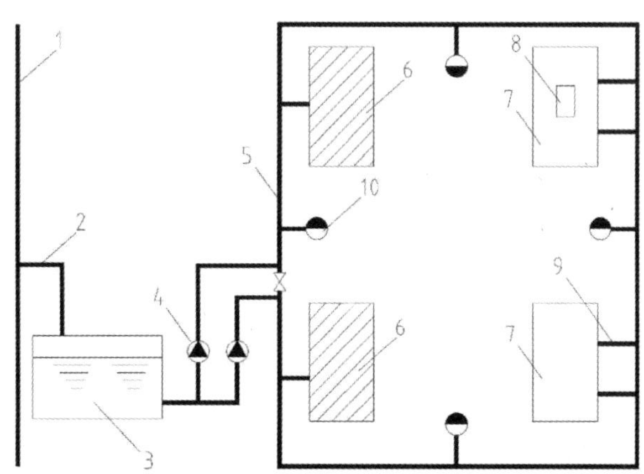

图 18-1　室外消火栓系统的组成

1—市政供水管网；2—供水接入管；3—消防水池；4—消防水泵；5—室外消防环网；6—多层建筑；7—高层建筑；8—高位水箱；9—消防引入管；10—室外消火栓

18.2 室内消火栓系统

一、室内消火栓系统的概念及作用

室内消火栓系统是指由供水设施、室内消火栓、配水管网和阀门等组成的系统。室内消火栓系统是建筑物应用最广泛的一种消防设施，当建筑内发生火灾时，该系统既可供火灾现场人员就近利用水喉、水枪扑救初起火灾，又可供消防救援人员扑救建筑火灾。

二、室内消火栓系统的设置场所及部位

现行国家标准《建筑设计防火规范》(GB 50016—2014)(2018 年版)、《人民防空工程设计防火规范》(GB 50098—2009)、《汽车库、修车库、停车场设计防火规范》(GB 50067—2014)、《地铁设计防火标准》(GB 51298—2018)、《石油库设计规范》(GB 50074—2014)、《石油化工企业设计防火规范》(GB 50160—2008)(2018 年版)、《钢铁冶金企业设计防火规范》(GB 50414—2018)等对室内消火栓系统的设置场所及部位分别做了具体规定，设置时应符合国家相关标准的规定。

《建筑设计防火规范》(GB 50016—2014)(2018 年版)规定，下列建筑或场所应设置室内消火栓系统：

①建筑占地面积大于 300 m^2 的厂房和仓库；

②高层公共建筑和建筑高度大于 21 m 的住宅建筑；

③体积大于 5000 m^3 的车站、码头、机场的候车(船、机)建筑、展览建筑、商店建筑、旅馆建筑、医疗建筑、老年人照料设施和图书馆建筑等单、多层建筑；

④特等、甲等剧场，超过 800 个座位的其他等级的剧场和电影院等，以及超过 1200 个座位的礼堂、体育馆等单、多层建筑；

⑤建筑高度大于 15 m 或体积大于 10 000 m^3 的办公建筑、教学建筑和其他单、多层民用建筑。

三、室内消火栓系统的类型及特点

室内消火栓系统的类型及特点如表 18-2 所示。

表 18-2 室内消火栓系统的类型及特点

分类方式	类型名称	特点
按水压分	高压消防给水系统	能始终满足水灭火设施所需的工作压力和流量，火灾时无须消防水泵直接加压的供水系统
	临时高压消防给水系统	平时不能满足水灭火设施所需的工作压力和流量，火灾时能自动启动消防水泵以满足水灭火设施所需的工作压力和流量的供水系统
按给水范围分	独立消防给水系统	在一幢建筑内消防给水系统自成体系，可独立工作
	区域(集中)消防给水系统	两幢及两幢以上的建筑合用消防给水系统

续表

分类方式	类型名称	特点
按用途分	独立消防给水系统	仅向消火栓系统供水的独立给水系统
	生活、消防合用给水系统	生活给水管网与消防给水管网合用的给水系统
	生产、消防合用给水系统	生产给水管网与消防给水管网合用的给水系统
	生活、生产、消防合用给水系统	生活、生产和消防合用的给水系统
按管网状态分	湿式消火栓系统	平时配水管网充满水的消火栓系统
	干式消火栓系统	平时配水管网不充水，火灾时向配水管网充水的消火栓系统

四、室内消火栓系统的组成及工作原理

不同类型的室内消火栓系统的组成不尽相同，以临时高压室内消火栓为例，该系统由室外消防给水管网、消防水池、消防水泵、消防水箱、稳压设备、水泵接合器、室内消火栓、报警控制设备和系统附件等组成，如图 18-2 所示。

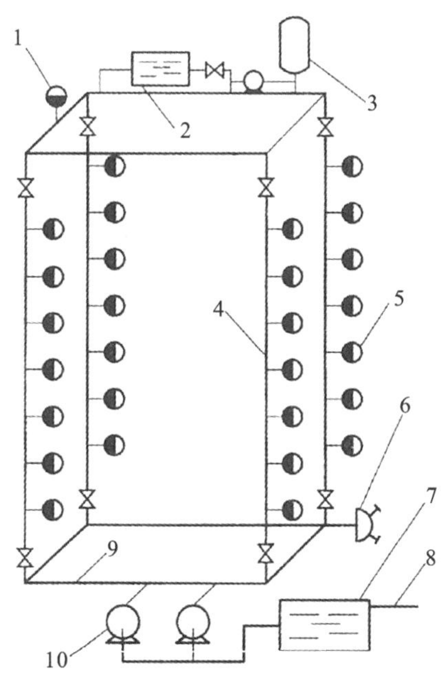

图 18-2　室内消火栓系统的组成

1—屋顶消火栓；2—消防水箱；3—气压罐；4—消防竖管；5—室内消火栓；
6—水泵接合器；7—消防水池；8—进户管；9—水平干网；10—消防水泵

室内消火栓系统的工作原理与系统的给水方式有关，在临时高压消防给水系统中，系统设有消防水泵和消防水箱，消火栓箱内的按钮直接启动消火栓泵，并向消防控制中心报警。火灾发生后，现场人员可打开消火栓箱，将水带与消火栓栓口连接，打开消火栓阀门，按下消火栓箱内的启动按钮，消火栓即可投入使用。在供水初期，消火栓泵启动需要一定时间，初期供水由消防水箱来完成。消火栓泵还可由消防水泵现场、消防控制中心启动，消火栓泵启动后不得自动停泵，停

泵只能手动控制。常高压室内消火栓系统在使用时无须启泵,可直接使用。

18.3 课后练习与课程思政

请扫描教师提供的二维码,完成章节测试。

思政主题:耐得住寂寞,守得住清苦

我是校园里的一枚室外消火栓,有幸被安装在路边的草地上,工程师还给我穿上大红衣裳,似乎是想以此引起过往者的注意,我很自豪,信心满满,感觉我就是主角,人们都很需要我,我备受关注。验收时,专家们还拿着工具,把我左敲敲,右拍拍,还接上水龙带,看我肚子里的水能够喷多远。我没让他们失望,我憋足了劲,一口气喷到20米开外。我被验收合格了。

专家走了以后,我就呆呆地伫立在那里,一动也不动。来来往往的师生,拿着书本,提着电脑,说说笑笑。我一声不吭,注视着他们,向他们微笑。可她们眼中无我,面无表情。我十分沮丧,心想,这种风吹雨淋、寂寞无趣的日子,何时才是尽头?

一年过去了,终于有一天,来了几个人,他们又拿着工具,对我敲敲打打,检查一番之后,日子又回到了从前。既然大家都不关注我,让我站在那里做啥?我越想越憋屈,越想越生气,我得想个法子,让他们重视我。终于有一天,机会来了。一个司机倒车不小心碰到了我,我顺势倒在地上。脚下的水不断喷出,流了满地。几个工程师过来,把我扶起,安在管道上,日子还是回到了从前。

我思来想去,慢慢地,我似乎明白了。原来我生来就是个安全卫士,任务就是等待,我的价值只能体现在这默默等待的平凡日子里。

人生也是一样,少时雄心壮志,壮年踌躇满志,中年之后才知道,平凡是绝大多数人必须接受的生活方式。“耐得住寂寞,守得住清苦”就是用平凡的心态对待人生,在平凡的岗位上,日积月累,做出不平凡的业绩。

Chapter 19

项目 19 自动喷水灭火系统

学习重点

1. 掌握系统的概念、作用，以及系统的设置场所及部位；
2. 掌握场所危险等级划分；
3. 了解系统的分类、含义及应用范围；
4. 掌握系统的组成及工作原理。

19.1 系统的概念及作用

自动喷水灭火系统是由洒水喷头、报警阀组、水流报警装置(水流指示器或压力开关)等组件以及管道、供水设施等组成，能在发生火灾时喷水的自动灭火系统。该系统主要用于扑救建(构)筑物初起火灾，平时处于准工作状态，当设置场所发生火灾时，喷头或报警控制装置探测火灾信号后立即自动启动喷水灭火，具有安全可靠、经济实用、灭火成功率高等优点。

19.2 系统的设置场所及部位

自动喷水灭火系统是最常见的自动灭火系统。根据《建筑设计防火规范》(GB 50016—2014)(2018 年版)的规定，自动喷水灭火系统的设置场所分为厂房、仓库和民用建筑三大类。

一、厂房或生产部位

除不宜用水保护或灭火的场所外，下列厂房或生产部位应设置自动灭火系统，并宜采用自动喷水灭火系统：

①不小于 50 000 纱锭的棉纺厂的开包、清花车间，不小于 5000 锭的麻纺厂的分级、梳麻车间，火柴厂的烤梗、筛选部位；

②占地面积大于 1500 m^2 或总建筑面积大于 3000 m^2 的单、多层制鞋、制衣、玩具及电子等类似生产的厂房；

③占地面积大于 1500 m^2 的木器厂房；

④泡沫塑料厂的预发、成型、切片、压花部位；

⑤高层乙、丙类厂房；

⑥建筑面积大于 500 m^2 的地下或半地下丙类厂房。

二、仓库

除不宜用水保护或灭火的仓库外，下列仓库应设置自动灭火系统，并宜采用自动喷水灭火系统：

①占地面积大于 1000 m^2 的棉、毛、丝、麻、化纤、毛皮及其制品的仓库，需要注意的是，单层占地面积不大于 2000 m^2 的棉花仓库，可不设置自动喷水灭火系统；

②占地面积大于 600 m^2 的火柴仓库；

③邮政建筑内建筑面积大于 500 m^2 的空邮袋库；

④可燃、难燃物品的高架仓库和高层仓库；

⑤设计温度高于 0℃的高架冷库，设计温度高于 0℃且每个防火分区建筑面积大于 1500 m^2 的非高架冷库；

⑥总建筑面积大于 500 m^2 的可燃物品地下仓库；

⑦占地面积大于 1500 m^2 或总建筑面积大于 3000 m^2 的其他单层或多层丙类物品仓库。

三、高层民用建筑或场所

除不宜用水保护或灭火的场所外，下列高层民用建筑或场所应设置自动灭火系统，并宜采用自动喷水灭火系统：

①一类高层公共建筑(除游泳池、溜冰场外)及其地下、半地下室；

②二类高层公共建筑及其地下、半地下室的公共活动用房，走道，办公室和旅馆的客房，可燃物品仓库，自动扶梯底部；

③高层民用建筑内的歌舞娱乐放映游艺场所；

④建筑高度大于 100 m 的住宅建筑。

四、单、多层民用建筑或场所

除不宜用水保护或灭火的场所外，下列单、多层民用建筑或场所应设置自动灭火系统，并宜采用自动喷水灭火系统：

①特等、甲等剧场，超过 1500 个座位的其他等级的剧场，超过 2000 个座位的会堂或礼堂，超过 3000 个座位的体育馆，超过 5000 人的体育场的室内人员休息室与器材间等；

②任一层建筑面积大于 1500 m^2 或总建筑面积大于 3000 m^2 的展览、商店、餐饮和旅馆建筑以及医院中同样建筑规模的病房楼、门诊楼和手术部；

③设置送回风道(管)的集中空气调节系统且总建筑面积大于 3000 m^2 的办公建筑等；

④藏书量超过 50 万册的图书馆；

⑤大、中型幼儿园，老年人照料设施；

⑥总建筑面积大于 500 m^2 的地下或半地下商店；

⑦设置在地下、半地下或地上四层及以上楼层的歌舞娱乐放映游艺场所(除游泳场所外)，设置在首层、二层和三层且任一层建筑面积大于 300 m^2 的地上歌舞娱乐放映游艺场所(除游泳场

所外）。

五、雨淋自动喷水灭火系统的设置场所和部位

下列建筑或部位应设置雨淋自动喷水灭火系统：

①火柴厂的氯酸钾压碾厂房，建筑面积大于 100 m^2 且生产或使用硝化棉、喷漆棉、火胶棉、赛璐珞胶片、硝化纤维的厂房；

②乒乓球厂的轧坯、切片、磨球、分球检验部位；

③建筑面积大于 60 m^2 或储存量大于 2 t 的硝化棉、喷漆棉、火胶棉、赛璐珞胶片、硝化纤维的仓库；

④日装瓶数量大于 3000 瓶的液化石油气储配站的灌瓶间、实瓶库；

⑤特等、甲等剧场，超过 1500 个座位的其他等级剧场和超过 2000 个座位的会堂或礼堂的舞台葡萄架下部；

⑥建筑面积不小于 400 m^2 的演播室，建筑面积不小于 500 m^2 的电影摄影棚。

六、水幕系统的设置场所和部位

下列部位宜设置水幕系统：

①特等、甲等剧场，超过 1500 个座位的其他等级的剧场，超过 2000 个座位的会堂或礼堂，高层民用建筑内超过 800 个座位的剧场或礼堂的舞台口，上述场所内与舞台相连的侧台、后台的洞口；

②应设置防火墙等防火分隔物而无法设置的局部开口部位；

③需要防护冷却的防火卷帘或防火幕的上部。

19.3 场所危险等级划分

根据火灾荷载、室内空间条件、人员密集程度、采用自动喷水灭火系统扑救初起火灾的难易程度，以及疏散及外部增援条件等因素，自动喷水灭火系统的场所危险等级划分为以下四类，共八级。

一、轻危险级

轻危险级一般是指可燃物品较少、火灾放热速率较低、外部增援和人员疏散较容易的场所，如住宅、幼儿园、老年人建筑，建筑高度为 24 m 及以下的旅馆、办公楼，仅在走道设置闭式系统的建筑等。

二、中危险级

中危险级一般是指内部可燃物数量、火灾放热速率中等，火灾初期不会引起剧烈燃烧的场所。大部分民用建筑和工业厂房划归中危险级。根据此类场所种类多、范围广的特点，中危险级又分为中危险Ⅰ级和中危险Ⅱ级。

1. 中危险Ⅰ级

①高层民用建筑，包括旅馆、办公楼、综合楼、邮政楼、金融电信楼、指挥调度楼、广播电视楼（塔）等。

②公共建筑（含单、多、高层）：医院、疗养院；图书馆（书库除外）、档案馆、展览馆（厅）；影剧院、音乐厅、礼堂（舞台除外）及其他娱乐场所；火车站、机场及码头的建筑；总建筑面积小于 5000 m^2 的商场，总建筑面积小于 1000 m^2 的地下商场等。

③文化遗产建筑，包括木结构古建筑、国家文物保护单位等。

④工业建筑：食品、家用电器、玻璃制品等工厂的备料与生产车间等；冷藏库、钢屋架等构件建筑。

2. 中危险Ⅱ级

①民用建筑，包括书库，舞台（葡萄架除外），汽车停车场（库），总建筑面积 5000 m^2 及以上的商场，总建筑面积 1000 m^2 及以上的地下商场，净空高度不超过 8 m、物品高度不超过 3.5 m 的超级市场等。

②工业建筑，包括棉毛麻丝及化纤的纺织、织物及制品，木材木器及胶合板，谷物加工，烟草及制品，饮用酒（啤酒除外），皮革及制品，造纸及纸制品，制药等工厂的备料与生产车间等。

三、严重危险级

严重危险级一般是指火灾危险性大，可燃物品数量多，火灾发生时容易引起猛烈燃烧并可能迅速蔓延的场所。严重危险级可细分为严重危险Ⅰ级和严重危险Ⅱ级。严重危险Ⅰ级一般是指印刷、酒精制品、可燃液体制品等工厂的备料及生产车间，净空高度超过 8 m、物品高度超过 3.5 m 的超级市场等。严重危险Ⅱ级一般是指易燃液体喷雾操作区域，固体易燃物品、可燃的气溶胶制品、溶剂清洗、喷涂油漆、沥青制品等工厂的备料及生产车间，摄影棚、舞台葡萄架下部等。

四、仓库火灾危险级

根据仓库储存物品及其包装材料的火灾危险性，仓库火灾危险级划分为仓库火灾危险Ⅰ级、仓库火灾危险Ⅱ级、仓库火灾危险Ⅲ级。仓库火灾危险Ⅰ级一般是指储存食品、烟酒以及用木箱、纸箱包装的不燃或难燃物品的场所。仓库火灾危险Ⅱ级一般是指储存木材，纸，皮革，谷物及制品，棉、毛、麻丝、化纤及制品，家用电器，电缆，B 组塑料与橡胶及其制品，钢塑混合材料制品等物品和用各种塑料瓶、盒包装的不燃物品及各类物品混杂储存的场所。仓库火灾危险Ⅲ级一般是指储存 A 组塑料与橡胶及其制品、沥青制品等物品的场所。

19.4 系统的分类、含义及应用范围

自动喷水灭火系统的分类、含义与适用范围如表 19-1 所示。

表 19-1 自动喷水灭火系统的分类、含义与适用范围

类型	类型名称	含义及特点	适用范围
闭式系统	湿式系统	准工作状态时配水管道充满用于启动系统的有压水，火灾发生时喷头受热开放后即能喷水灭火，系统响应速度较快	环境温度不低于 4℃且不高于 70℃的场所
	干式系统	准工作状态时配水管道充满用于启动系统的有压气体，火灾发生时喷头受热开放，配水管道排气充水后喷水灭火，系统响应速度比湿式系统慢	环境温度低于 4℃或高于 70℃的场所，但不适用于可能发生蔓延速度较快火灾的场所
	预作用系统	准工作状态时配水管道不充水，发生火灾时火灾自动报警系统、充气管道上的压力开关联锁控制预作用装置和启动消防水泵向配水管道供水，喷头受热开放后喷水灭火。该系统综合了湿式系统和干式系统的优点，可有效避免喷头误动作造成的水渍损失	(1)系统处于准工作状态时严禁误喷的场所，应采用单联锁预作用系统； (2)系统处于准工作状态时严禁管道充水的场所，应采用双联锁预作用系统； (3)用于替代干式系统的场所，应采用双联锁预作用系统
	重复启闭预作用系统	该系统与常规预作用系统的不同之处在于扑灭火灾后能自动关闭报警阀、停止喷水，发生复燃时又能再次开启报警阀恢复喷水	灭火后必须及时停止喷水，要求减少不必要水渍损失的场所
开式系统	雨淋系统	发生火灾时由火灾自动报警系统或传动管控制，自动开启雨淋报警阀组和启动消防水泵，与该雨淋报警阀连接的所有开式喷头同时喷水灭火	(1)火灾的水平蔓延速度快、闭式洒水喷头的开放不能及时使喷水有效覆盖着火区域的场所； (2)室内净空高度超过闭式系统最大允许净空高度，且必须迅速扑救初起火灾的场所； (3)严重危险Ⅱ级的场所
	水幕系统	该系统不具备直接灭火的能力，主要用于发生火灾时通过密集喷洒形成水墙或水帘，达到阻隔火蔓延及热扩散的目的，或直接喷洒到被保护对象上，达到冷却、降温的目的	(1)设置防火卷帘或防火幕等简易防火分隔物的上部； (2)不能用防火墙分隔的开口部位(如舞台口)； (3)相邻建筑物之间的防火间距不能满足要求时，建筑物外墙上的门、窗、洞口处； (4)石油化工企业中的防火分区或生产装置设备之间； (5)其他需要进行水幕保护或防火隔断的部位

19.5 系统的组成及工作原理

一、湿式系统

湿式系统主要由闭式喷头、湿式报警阀组(包括湿式报警阀、2个压力表、延迟器、滴水阀、压力开关以及水力警铃等)、水流指示器、末端试水装置、管道和供水设施等组成,如图19-1所示。

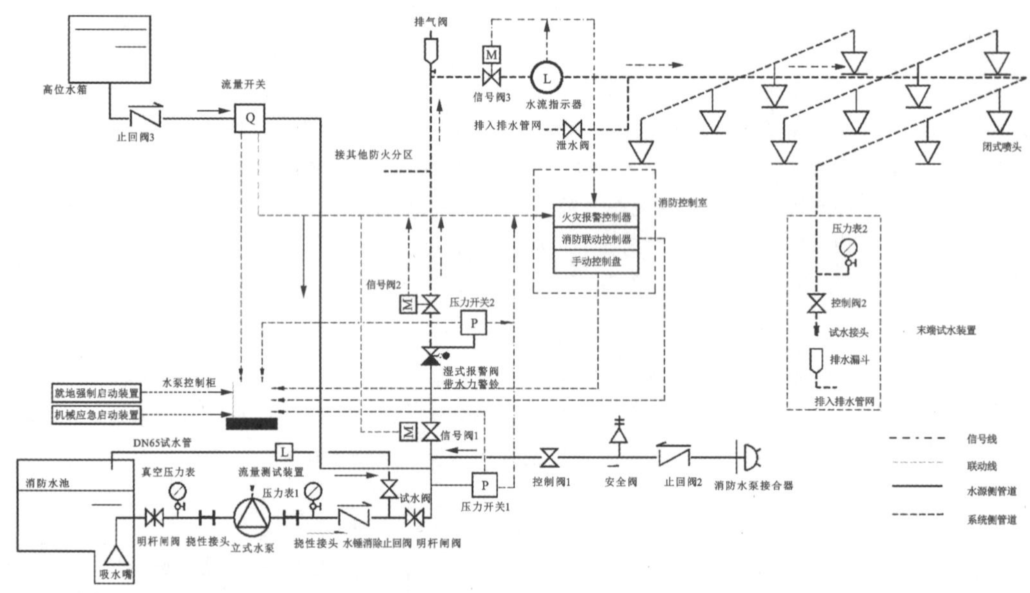

图 19-1 湿式系统组成示意图

湿式系统的主要零部件如图19-2所示。

(a)闭式喷头

(b)压力表

图 19-2 湿式系统的主要零部件

(c)水流指示器

(d)信号阀

(e)压力开关

(f)湿式报警阀组

(g)消防水泵接合器

(h)流量开关

续图 19-2

湿式系统的工作原理如下。

湿式系统在准工作状态(平时)时,从水锤消除止回阀、止回阀 2、高位水箱出水管到湿式报警阀之间的水源侧管道始终充满水;系统侧管道也始终充满水,闭式喷头通过内充水银(亦称汞,受热体积膨胀明显)的玻璃管封堵喷口,以免系统侧管道内的水流出;两侧管道均由高位水箱或气压给水设备等稳压设施维持管道预定水压。湿式系统可以通过安装在最不利点的末端试水装置放水,模拟喷头喷水,检验系统各部件的可用性和整个系统的有效性。

当被保护区域的某一位置发生火灾时,火源周围的空气受热升温,火灾发生地顶部喷头水银膨胀导致玻璃管破碎,喷头喷水;系统侧管道内的水开始流动,触发该防火分区水流指示器、信号阀动作,并将信号传至消防控制中心的报警控制器,指示起火区域;系统侧水压下降,导致湿式报警阀两侧压差变大,湿式报警阀阀瓣被打开,高位水箱水流经水源侧管道向系统侧补水;湿式报警阀组上的压力开关动作,水力警铃鸣响报警;湿式报警阀组上的压力开关、高位水箱出水口处的流量开关以及消防水泵出水管上的压力开关连锁控制水泵控制柜启泵,并将启泵信号传递到消防控制中心的报警控制器;也可以通过消防控制中心内的消防联动控制器或手动控制盘、消防水泵房中的强制启动装置或机械应急启动装置启泵;消防水泵启动后,向开放的喷头供水,开放的喷头将按不低于设计规定的喷水强度均匀喷洒,实施灭火。特殊情况下,消防水泵无法启动或有其他故障,操作者可以用消防车通过消防水泵接合器向系统加压补水。

确认火灾扑灭后,人工停泵,关闭控制阀。事后,更换损坏的闭式喷头,向系统侧管道补水,通过末端试水装置检验系统是否恢复正常。

湿式系统的工作原理如图19-3所示。

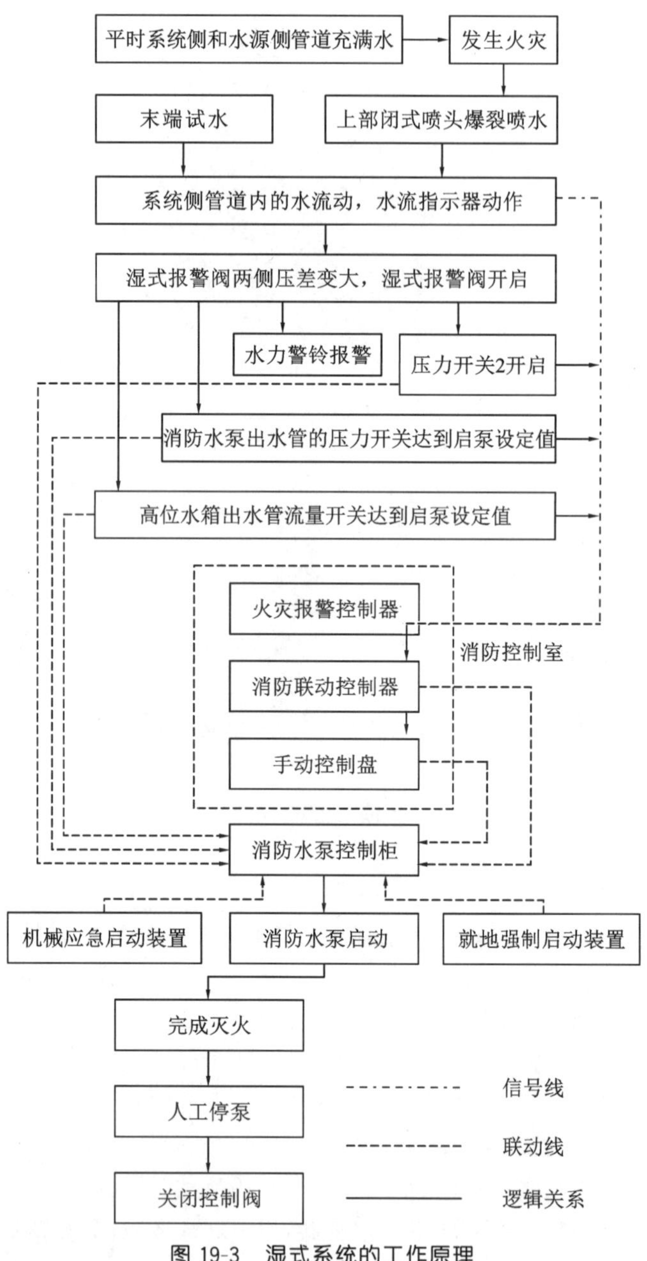

图19-3 湿式系统的工作原理

二、干式系统

干式系统主要由闭式喷头、干式报警阀组、充气设备、末端试水装置、管道及供水设施等组成，如图19-4所示。

干式系统的工作原理如下。

干式系统处于准工作状态（平时）时，高位水箱或气压给水设备等稳压设施保证水源侧管道

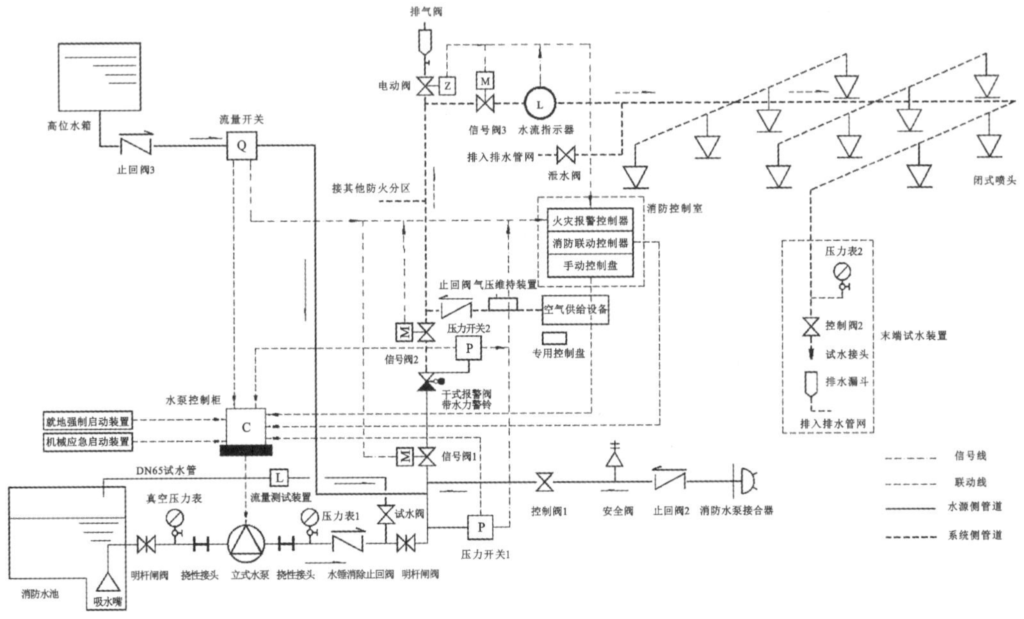

图 19-4　干式系统组成示意图

内均充满水，空气供给设备保证系统侧管道内充满气体，气压维持装置维持系统侧管道内的预定气压。

发生火灾时，火源周围的空气受热升温，闭式喷头玻璃管内的水银受热迅速膨胀，玻璃管破碎，气体从喷头喷出；干式报警阀系统侧气压下降，水源侧压力未变，造成干式报警阀水源侧压力大于系统侧压力，干式报警阀自动打开，高位水箱中的水经水源侧管道流向系统侧管道；水流将系统侧管道内剩余的压缩空气从立管顶端、横干管最高处的排气阀或已被打开的喷头处排出；水流导致水流指示器动作，并将信号传至消防控制中心的报警控制器，指示起火区域；水从开启的喷头喷出并灭火；干式报警阀组上的压力开关动作，水力警铃鸣响报警；干式报警阀组上的压力开关、高位水箱出水口的流量开关或消防水泵出水管上的压力开关连锁控制水泵控制柜启泵，并将启泵信号传到消防控制中心的报警控制器；也可以通过消防控制中心内的消防联动控制器或手动控制盘、消防水泵房中的强制启动装置或机械应急启动装置启泵；消防水泵启动后，向开放的喷头持续供水，开放的喷头将按不低于设计规定的喷水强度均匀喷洒，实施灭火。特殊情况下，消防水泵无法启动或有其他故障，操作者可以用消防车通过消防水泵接合器向系统加压补水。

确认火灾扑灭后，人工停泵，关闭控制阀。定期开启末端试水装置，模拟喷头喷水，观察系统各部件的可用性，检验系统的可靠性。

干式系统的工作原理如图 19-5 所示。

三、预作用系统

预作用系统主要由闭式喷头、预作用报警阀组或雨淋阀组、充气设备、管道、供水设施和火灾探测报警控制装置等组成，如图 19-6 所示。

预作用系统的工作原理如下。

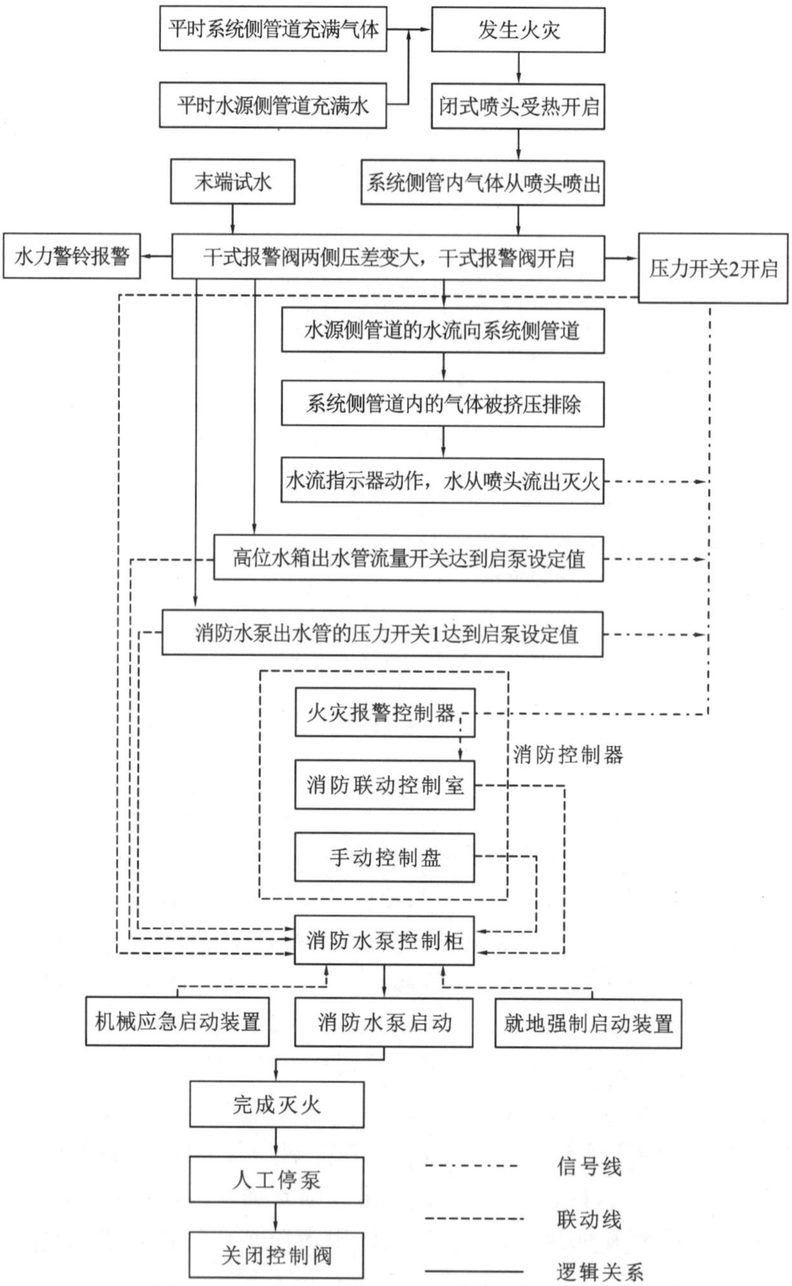

平时系统侧管道充满气体
平时水源侧管道充满水
发生火灾
闭式喷头受热开启
末端试水
系统侧管内气体从喷头喷出
水力警铃报警
干式报警阀两侧压差变大，干式报警阀开启
压力开关2开启
水源侧管道的水流向系统侧管道
系统侧管道内的气体被挤压排除
水流指示器动作，水从喷头流出灭火
高位水箱出水管流量开关达到启泵设定值
消防水泵出水管的压力开关1达到启泵设定值
火灾报警控制器
消防联动控制室
手动控制盘
消防控制器
消防水泵控制柜
机械应急启动装置
消防水泵启动
就地强制启动装置
完成灭火
人工停泵
关闭控制阀
信号线
联动线
逻辑关系

图 19-5　干式系统的工作原理

预作用系统处于准工作状态(平时)时，高位水箱或气压给水设备等稳压设施保证水源侧管道内均充满水，空气供给设备保证系统侧管道内充满气体，气压维持装置维持系统侧管道内的预定气压，保护区域内设置有烟感、温感等火灾探测系统。

火灾发生时，触发同一报警区域内两个及以上独立的感烟探测器或一个感烟探测器与一个手动报警按钮时，信号经报警控制器到达联动控制器，联动开启预作用阀组，水源侧管道内的水经预作用阀组流到系统侧管道，联动开启排气阀前的电动阀，快速排出系统侧管道中的气体，使

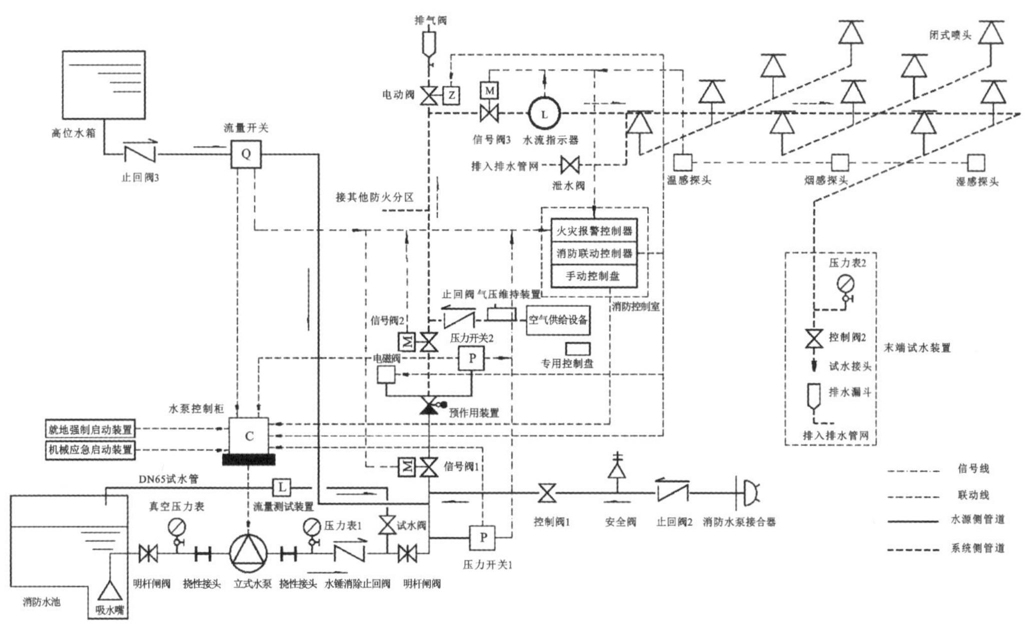

图 19-6 预作用系统组成示意图

系统在闭式喷头动作前转换成湿式系统；火源周围空气不断升温，闭式喷头内的水银膨胀导致玻璃管破碎，喷头立即喷水；系统侧管道内的水开始流动，触发水流指示器动作，并将信号传至消防控制中心的报警控制器，指示起火区域；高位水箱经水源侧管道向系统侧管道补水；预作用报警阀组上的压力开关动作，水力警铃鸣响报警；预作用报警阀组上的压力开关、高位水箱出水口处的流量开关或消防水泵出水管上的压力开关连锁控制水泵控制柜启泵，并将启泵信号传到消防控制中心的报警控制器；也可以通过消防控制中心内的消防联动控制器或手动控制盘、消防水泵房中的强制启动装置或机械应急启动装置启泵；消防水泵启动后，向开放的喷头供水，开放的喷头将按不低于设计规定的喷水强度均匀喷洒，实施灭火。特殊情况下，消防水泵无法启动或有其他故障，操作者可以用消防车通过消防水泵接合器向系统加压补水。

确认火灾扑灭后，人工停泵，关闭控制阀。定期开启末端试水装置，模拟喷头喷水，观察系统各部件的可用性，检验系统的可靠性。

火灾发生时，火灾探测系统如果不能发出报警信号启动预作用报警阀组使系统侧管道充水，喷头也可以在高温作用下自行开启，使系统侧管道内的气压迅速下降，引起压力开关报警并启动预作用阀组供水灭火。预作用系统的配水管道应设快速排气阀，以便火灾时配水管快速排气后充水。排气阀入口前应设电动阀，平时常闭，系统充水时电动阀开启，其动作信号应反馈至消防联动控制器。

预作用系统的工作原理如图 19-7 所示。

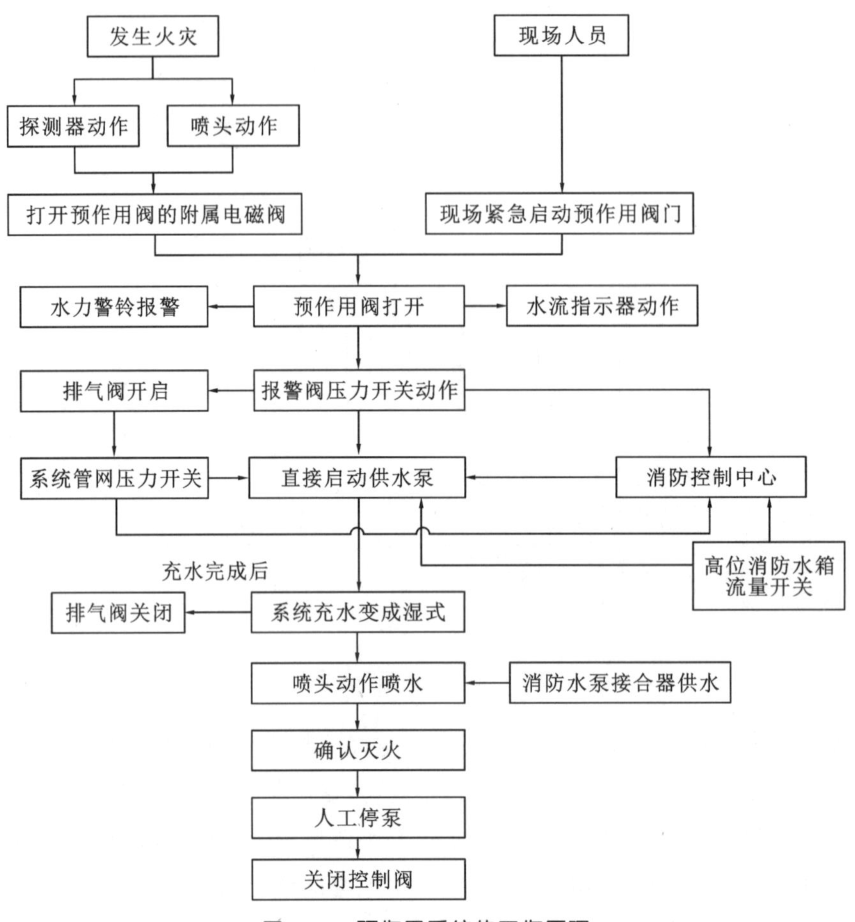

图 19-7　预作用系统的工作原理

重复启闭预作用系统与常规预作用系统相比，不同在于其采用了一种既可输出火警信号，又可在环境恢复常温时输出灭火信号的感温探测器。探测器感应到环境温度超过预定值时，会报警并启动消防水泵和打开具有复位功能的雨淋报警阀，系统为配水管道充水，并在喷头动作后喷水灭火。喷水过程中，当火场温度恢复至常温时，探测器发出关停系统的信号，系统按设定条件延迟喷水一段时间后，关闭雨淋报警阀，停止喷水。若火灾复燃、温度再次升高，系统则再次启动，直到彻底灭火。

四、雨淋系统

雨淋系统主要由开式喷头、雨淋报警阀启动装置、雨淋报警阀组、管道及供水设施等组成，如图 19-8 和图 19-9 所示。

雨淋系统处于准工作状态时，高位水箱、稳压泵、气压给水设备等稳压设施维持水源侧管道内充水的压力。当保护区域内发生火情时，火灾自动报警系统联动开启电磁阀泄压或传动管上的洒水喷头动作泄压，使控制腔内压力迅速降低，供水侧与控制腔内的压力形成压差，阀瓣组件瞬间开启，供水侧的水流入系统侧管网上的洒水喷头供水灭火，其中少部分的水流向水力警铃及压力开关，水力警铃发出连续的报警声，压力开关动作将信号反馈至消防控制中心，同时启动供水泵持续给水，消防控制中心联动控制声、光报警，以达到自动喷水灭火和报警的目的。

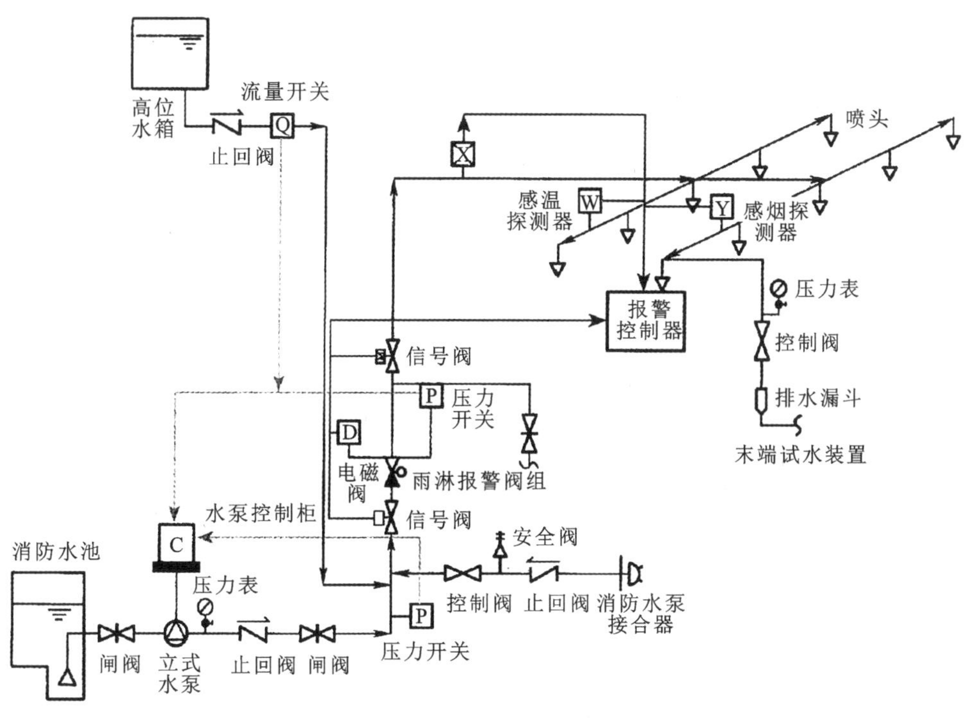

图 19-8　电动启动雨淋系统的组成

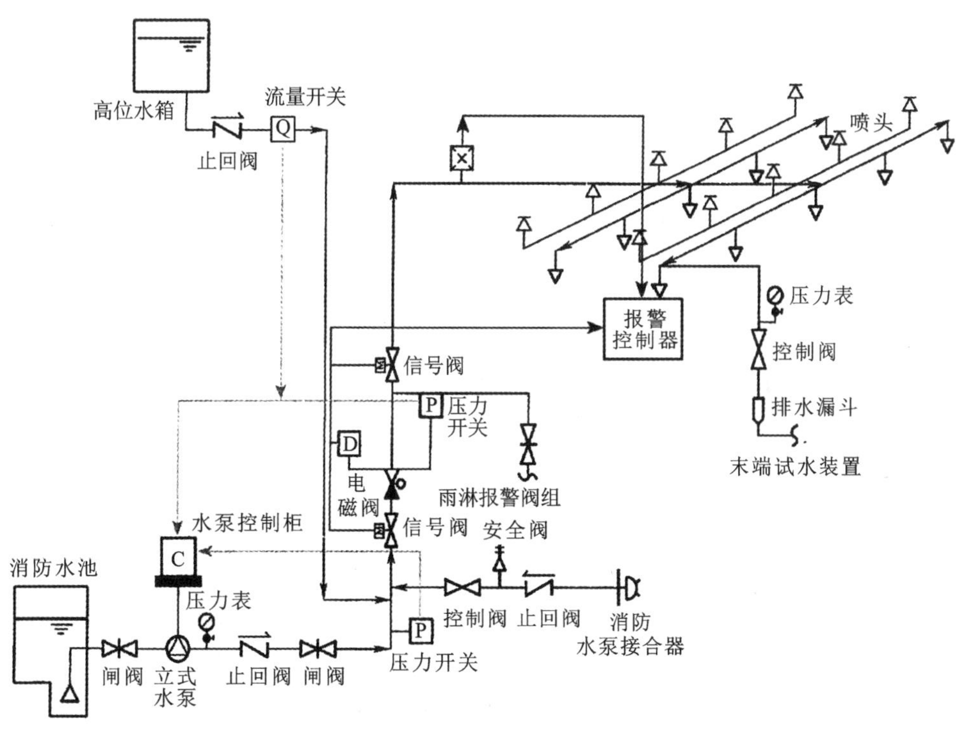

图 19-9　充液传动管启动雨淋系统的组成

雨淋系统的工作原理如图 19-10 所示。

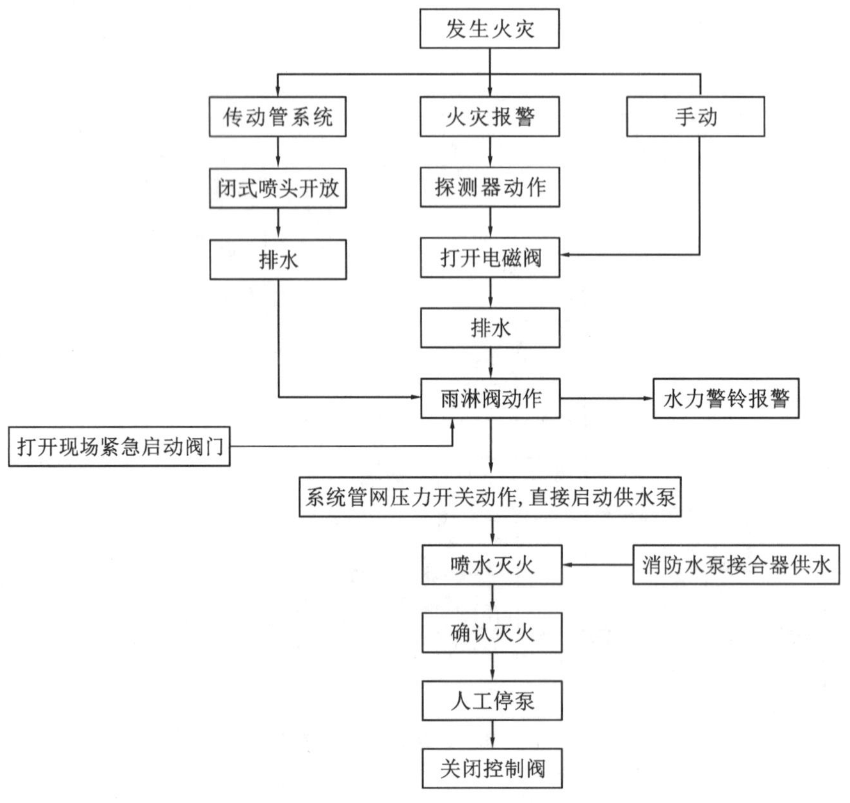

图 19-10　雨淋系统的工作原理

五、水幕系统

水幕系统是自动喷水灭火系统中唯一一种不以灭火为主要目的的系统。水幕系统由开式喷头或水幕喷头、雨淋报警阀组或感温雨淋报警阀等组成，分为防火分隔水幕和防护冷却水幕两种类型，其工作原理与雨淋系统基本相同，不做赘述。

19.6 课后练习与课程思政

请扫描教师提供的二维码，完成章节测试。

思政主题：有备无患，居安思危

自动喷水灭火系统是在工程建设时就配套安装的，能够自动喷水的灭火系统。平时，这些设备设施处于闲置状态，并没有其他作用。为了保证系统能随时启用，运行维护人员必须定期开展检查、检测、维修、保养等，保证系统的正常灵敏度，保障设备的完好，保证系统随时可以开启。

几十年的维护、保养，花费大量的人力、财力，只为那有可能发生的火灾。因此，有的单位产生了麻痹思想，放松了对系统的维护。殊不知，往往就在此时，危险可能正慢慢向其靠近。

防火投入如同国防建设，建立了强大的国防，不一定就会用于战争。能战方能止战，准备打才可能不必打，越不能打越可能挨打。古人云："天下虽安，忘战必危。"这都是战争与和平、有与无的辩证思维。

我们要以"晴带雨伞、饱带干粮""居安思危，有备无患"的思维方式对待火灾预防工作；以对党和人民高度负责的态度，对火灾保持高度警惕，认真开展消防安全隐患排查，避免火灾发生；细致做好消防设施维护保养，保证设施设备完好，保证即使发生了火灾，也能即刻启动灭火设施，扑灭火灾。

Chapter 20

项目 20　其他灭火系统

学习重点

1. 熟悉气体和泡沫灭火系统的概念、作用和设置场所及部位；
2. 掌握水喷雾、细水雾和干粉灭火系统的概念、作用和设置场所；
3. 了解固定消防炮、自动跟踪定位射流灭火系统。

20.1 气体灭火系统

一、气体灭火系统的概念及作用

气体灭火系统是以气体为主要灭火介质的灭火系统，通过这些气体提升整个防护区或保护对象周围的局部区域的灭火浓度实现灭火。由于其特有的性能特点，气体灭火系统主要用于保护某些特定场所，是建筑物内安装的灭火设施中的一种重要形式。目前，在民用建筑的灭火系统中，气体灭火系统的使用仅次于水灭火系统。在通信机房、变配电室、电子信息机房、档案资料室、博物馆、图书馆等不宜用水扑救的场所，气体灭火系统得到了广泛的应用。

二、气体灭火系统的设置场所及部位

现行《建筑设计防火规范》(GB 50016—2014)(2018 年版)、《人民防空工程设计防火规范》(GB 50098—2009)、《电子信息系统机房设计规范》(GB 50174—2008)、《综合医院建筑设计规范》(GB 51039—2014)、《有色金属工程设计防火规范》(GB 50630—2010)等对气体灭火系统的设置场所及部位分别做了具体规定。

《建筑设计防火规范》(GB 50016—2014)(2018 年版)规定下列场所应设置自动灭火系统，并宜采用气体灭火系统：

①国家、省级或人口超过 100 万的城市广播电视发射塔内的微波机房、分米波机房、米波机房、变配电室和不间断电源(UPS)室；

②国际电信局、大区中心、省中心和 1 万路以上的地区中心内的长途程控交换机房、控制室和信令转接点室；

③2 万线以上的市话汇接局和 6 万门以上的市话端局内的程控交换机房、控制室和信令转

接点室；

④国家及省级公安、防灾和网局级及以上的电力等调度指挥中心内的通信机房和控制室；

⑤A、B级电子信息系统机房内的主机房和基本工作间的已记录磁(纸)介质库；

⑥国家和省级广播电视中心内建筑面积不小于120 m^2 的音像制品仓库。

⑦国家、省级或藏书量超过100万册的图书馆内的特藏库，国家和省级档案馆内的珍藏库和非纸质档案库，大、中型博物馆内的珍品仓库，一级纸绢质文物的陈列室；

⑧其他特殊重要设备室。

三、气体灭火系统的分类与适用范围

按照使用的灭火剂不同，气体灭火系统分为二氧化碳灭火系统、七氟丙烷灭火系统、惰性气体灭火系统和热气溶胶灭火系统。按装配形式的不同，气体灭火系统分为管网灭火系统和预制灭火系统(亦称无管网灭火装置)。按应用方式的不同，气体灭火系统分为全淹没气体灭火系统和局部应用气体灭火系统。按结构特点的不同，气体灭火系统分为单元独立灭火系统和组合分配灭火系统。按加压方式的不同，气体灭火系统分为自压式气体灭火系统、内储压式气体灭火系统和外储压式气体灭火系统。

1. 二氧化碳灭火系统

1)概念及特点

二氧化碳灭火系统是指在发生火灾时向保护对象释放二氧化碳灭火剂，用以减少空间中氧气含量使燃烧达不到所必要的氧气浓度的灭火系统。二氧化碳灭火剂是一种惰性气体，对燃烧具有良好的窒息作用，喷射出的液态和固态二氧化碳在汽化过程中要吸热，具有一定的冷却作用。二氧化碳灭火系统有高压系统(灭火剂在常温下储存的系统)和低压系统(灭火剂在－20～－18℃低温下储存的系统)两种应用形式，如图20-1所示。

高压二氧化碳灭火系统

低压二氧化碳灭火系统

图20-1　二氧化碳灭火系统

2)适用范围

二氧化碳灭火系统适用于扑救灭火前可切断气源的气体火灾，液体火灾或石蜡、沥青等可熔化的固体火灾，固体表面火灾及棉毛、织物、纸张等部分固体深位火灾，电气火灾。二氧化碳灭火系统不适用于扑救硝化纤维、火药等含氧化剂的化学制品火灾，钾、钠、镁、钛、锆等活泼金属火灾，氢化钾、氢化钠等金属氢化物火灾。

2. 七氟丙烷灭火系统

1)概念及特点

七氟丙烷灭火系统是以七氟丙烷灭火剂作为灭火介质的灭火系统,如图 20-2 所示。七氟丙烷灭火剂具有灭火能力强、全球温室效应潜能值小、臭氧层损耗能力为零、不会破坏大气环境、灭火后无残留物等特点。

2)适用范围

七氟丙烷灭火系统可用于扑救电气火灾,液体火灾或可熔化的固体火灾,固体表面火灾,灭火前能切断气源的气体火灾。七氟丙烷灭火系统不得用于扑救硝化纤维、硝酸钠等含氧化剂的化学制品及混合物火灾,钾、钠、镁、钛、锆、铀等活泼金属火灾,氢化钾、氢化钠等金属氢化物火灾,过氧化氢、联胺等能自行分解的化学物质火灾。

3. 惰性气体灭火系统

1)概念及特点

惰性气体灭火系统是以惰性气体灭火剂作为灭火介质的灭火系统。惰性气体灭火剂主要包括 IG-01、IG-100、IG-55 和 IG-541。其中,IG-01 由 100%的氩气(Ar)组成,IG-100 由 100%的氮气(N_2)组成,IG-55 是一种氮气、氩气组成的混合气体(含 50%的 N_2、50%的 Ar),IG-541 是一种氮气、氩气、二氧化碳气体组成的混合气体(含 52%的 N_2、40%的 Ar、8%的 CO_2)。惰性气体纯粹来自自然界,是一种无毒、无色、无味、惰性及不导电的纯"绿色"压缩气体,故惰性气体灭火系统又称为洁净气体灭火系统。惰性气体灭火系统如图 20-3 所示。

图 20-2　七氟丙烷灭火系统

图 20-3　惰性气体灭火系统

2)适用范围

惰性气体灭火系统适用于扑救 A 类(表面火)、B 类、C 类及电气火灾,可用于保护经常有人的场所。

4. 管网灭火系统

1)概念及特点

管网灭火系统是指按一定的应用条件进行设计计算,将灭火剂从储存装置经干管、支管输送至喷放组件实施喷放的灭火系统,如图 20-4 所示。

图 20-4　管网灭火系统

2)适用范围

管网灭火系统需设单独储瓶间,气体喷放需通过放在保护区内的管网系统进行,适用于计算机房、档案馆、贵重物品仓库、电信中心等较大空间的保护区。

5. 预制灭火系统

1)概念及特点

预制灭火系统是指按一定的应用条件,将灭火剂储存装置和喷放组件等预先设计、组装成套且具有联动控制功能的灭火系统。该系统又分为柜式预制灭火系统和悬挂式预制灭火系统两种类型,如图 20-5 所示。

(a) 柜式预制灭火系统

(b) 悬挂式预制灭火系统

图 20-5　预制灭火系统

2)适用范围

预制灭火系统不设储瓶间,储气瓶及整个装置均设置在保护区内,安装灵活方便,外形美观且轻便可移动,适用于较小的、无特殊要求的防护区。

6. 全淹没气体灭火系统

1)概念及特点

全淹没气体灭火系统是指在规定的时间内,向防护区喷射设计规定用量的气体灭火剂,并使其均匀地充满整个防护区的气体灭火系统。全淹没气体灭火系统的喷头均匀布置在保护房间的顶部,喷射的灭火剂能在封闭空间内迅速形成浓度比较均匀的灭火剂气体与空气的混合气体,并在灭火必需的“浸渍”时间内维持灭火浓度，即通过灭火剂气体将封闭空间淹没实施灭火，如图20-6所示。

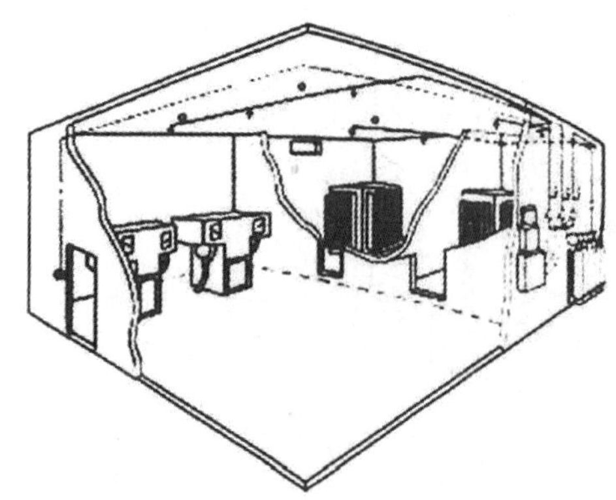

图 20-6　全淹没气体灭火系统示意图

2)适用范围

全淹没气体灭火系统适用于扑救液体火灾，灭火前能切断气源的气体火灾，电气火灾，固体表面火灾。全淹没气体灭火系统不适用于扑救可燃固体物质的深位火灾，硝酸钠、硝化纤维等氧化剂或氧化剂的化学制品火灾，能自行分解的化学物质火灾，氢化钠、氢化钾等金属氢化物火灾，钠、钾、镁等活泼金属火灾。

7. 局部应用气体灭火系统

1)概念及特点

局部应用气体灭火系统是指在规定时间内向保护对象以设计喷射率直接喷射灭火剂，并持续一定时间的灭火系统。局部应用气体灭火系统的喷头均匀布置在保护对象的周围，将灭火剂直接而集中地喷射到燃烧的物体上，并在燃烧物周围局部范围内形成灭火浓度实施灭火，如图20-7所示。

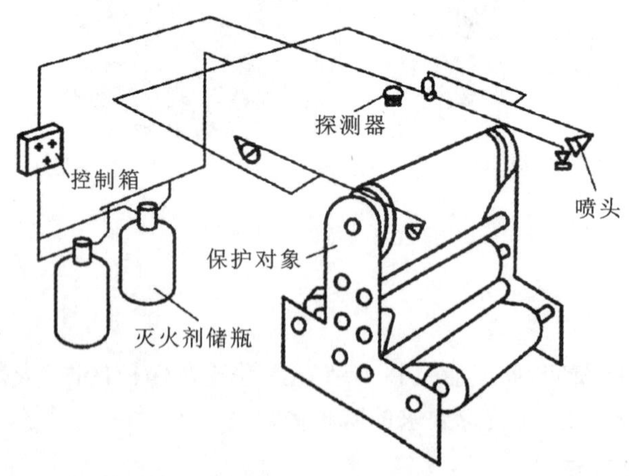

图 20-7　局部应用气体灭火系统示意图

2)适用范围

局部应用气体灭火系统适用于扑救在灭火过程中不能封闭，或是能够封闭但不符合全淹没灭火系统要求的表面火灾，如非封闭的自动生产线、货物传送带、移动性产品加工间、轧机、喷漆棚、注油变压器、浸油罐和蒸汽泄放口等的火灾。

8. 单元独立灭火系统

1）概念及特点

单元独立灭火系统是指用一套灭火剂储存装置保护一个防护区或保护对象的灭火系统，如图 20-8 所示。

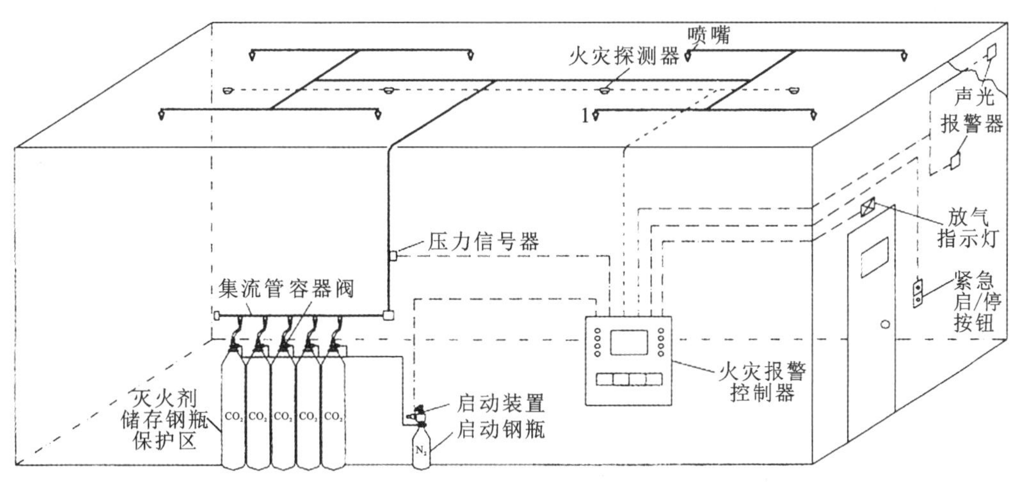

图 20-8　单元独立灭火系统示意图

2）适用范围

单元独立灭火系统不设选择阀，对于需设置气体灭火系统的每个防护区或保护对象分别单独设置灭火剂储存装置。单元独立灭火系统适用于防护区在位置上是单独的，离其他防护区较远不便于组合，或防火区存在同时着火的可能性的情况。

9. 组合分配灭火系统

1）概念及特点

组合分配灭火系统是指用一套灭火剂储存装置保护两个及两个以上防护区或保护对象的灭火系统，如图 20-9 所示。

2）适用范围

组合分配灭火系统通过选择阀的控制，实现灭火剂的定向释放，具有减少灭火剂储量、节约建造成本、减少空间占用以及便于维护管理等优点。组合分配灭火系统适用于多个不会同时着火的相邻防护区或保护对象。

10. 自压式气体灭火系统

1）概念及特点

自压式气体灭火系统是指灭火剂瓶组中的灭火剂依靠自身压力进行输送的灭火系统。

2）适用范围

自压式气体灭火系统适用于三氟甲烷灭火系统、IG-541 灭火系统、IG-100 灭火系统、IG-55 灭火系统、IG-01 灭火系统、二氧化碳灭火系统等。

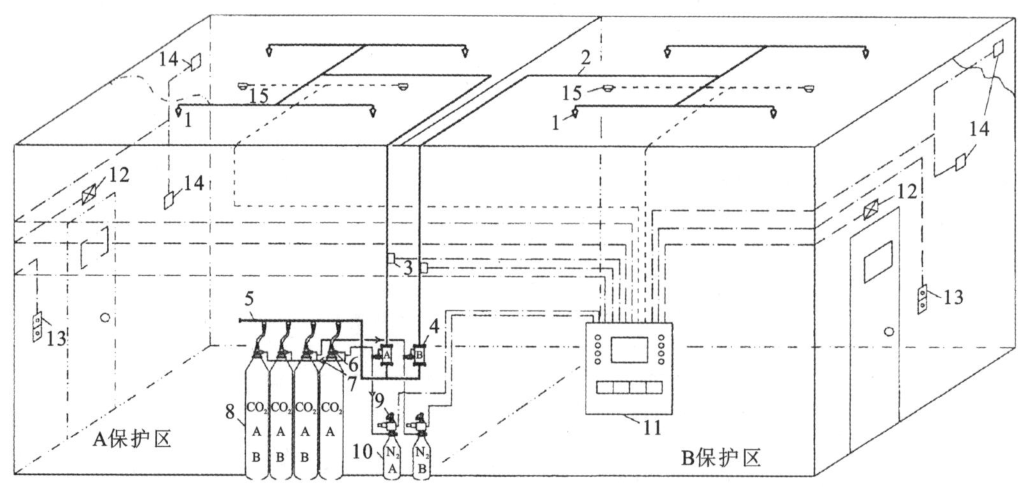

图 20-9　组合分配灭火系统示意图

1—喷嘴；2—管道；3—压力信号器；4—选择阀；5—集流管；6—容器阀；
7—单向阀；8—储存容器；9—启动装置；10—氮气瓶；11—火灾报警控制器；
12—放气指示灯；13—紧急启/停按钮；14—声光报警器；15—火灾探测器

11. 内储压式气体灭火系统

1)概念及特点

内储压式气体灭火系统是指灭火剂在瓶组内用驱动气体进行加压储存，系统动作时灭火剂靠瓶组内的充压气体进行输送的灭火系统。

2)适用范围

内储压式气体灭火系统适用于七氟丙烷灭火系统、六氟丙烷灭火系统、卤代烷 1211 灭火系统、卤代烷 1301 灭火系统等。

12. 外储压式气体灭火系统

1)概念及特点

外储压式气体灭火系统是指系统动作时气体灭火剂由专设的充压气体瓶组按设计压力进行充压的灭火系统。

2)适用范围

外储压式气体灭火系统适用于管道较长、灭火剂输送距离较远的场所。

四、气体灭火系统的组成与工作原理

1. 管网气体灭火系统的组成与工作原理

管网气体灭火系统一般由灭火剂储存容器、驱动气体储存容器、容器阀、单向阀、选择阀、驱动装置、集流管、连接管、喷嘴、信号反馈装置、安全泄放装置、控制盘、检漏装置、管路管件及吊钩支架等部件组成。

管网气体灭火系统有自动控制、手动控制和机械应急操作三种启动方式。以组合分配系统为例，其工作原理如下。

1)自动控制

自动控制是指从火灾探测报警到关闭联动设备和释放灭火剂均由系统自动完成,不需人工干预的操作与控制方式。采用自动控制时,将灭火控制器(盘)的控制方式置于“自动”位置,灭火系统处于自动控制状态。当某防护区发生火情,感烟火灾探测器、其他类型火灾探测器或手动火灾报警按钮发出首个联动触发信号后,灭火控制器(或火灾报警控制器)立即启动设置在该防护区的火灾声光警报器发出声、光报警信号;在接收到同一防护区域内与首次报警的火灾探测器或手动火灾报警按钮相邻的感温火灾探测器、火焰探测器或手动火灾报警按钮的第二个联动触发信号后,灭火控制器发出联动指令,关闭/停止联动设备(防护区域的送/排风机及送/排风阀门,通风和空气调节系统,防火阀门,防护区域的门、窗等),设定的延时时间(不大于 30 s)后发出灭火指令,打开与该防护区相应的电磁阀释放启动气体,启动气体通过启动管路打开相应的选择阀和灭火剂储存容器瓶头阀释放灭火剂,各瓶组的灭火剂经连接管汇集到集流管,通过选择阀到达安装在防护区内的喷嘴进行喷射灭火,同时,安装在管路上的信号反馈装置动作,信号传送到控制器,灭火控制器启动防护区外指示气体喷洒的火灾声光警报器。

管网气体灭火系统自动控制的工作原理如图 20-10 所示。

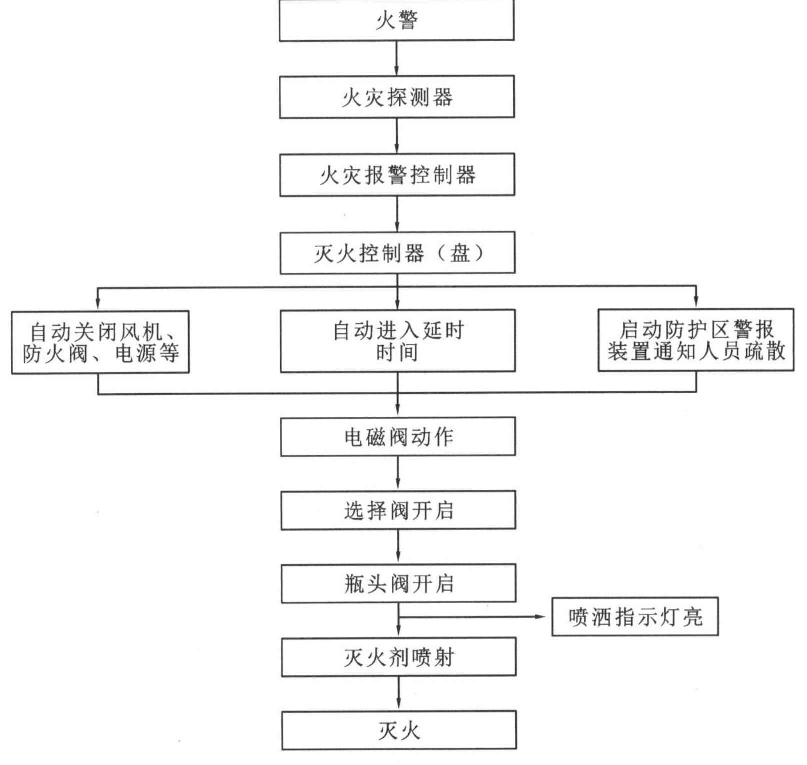

图 20-10 管网气体灭火系统自动控制的工作原理

平时无人工作的防护区可设置为无延迟的喷射,系统在接收到满足联动逻辑关系的首个联动触发信号后即执行除启动气体灭火装置外的联动控制,在接收到第二个联动触发信号后启动气体灭火装置。

2)手动控制

手动控制是指人员发现起火或接到火灾自动报警信号并经确认后启动手动控制按钮,通过灭火控制器操作联动设备和释放灭火剂的操作与控制方式。采用手动控制时，将灭火控制器（盘）的控制方式置于“手动”位置，灭火系统处于手动控制状态。当某防护区发生火情，在接收到报警信号后，灭火控制器（或火灾报警控制器）立即启动设置在该防护区的火灾声光警报器发出声、光报警信号，经现场人员确认后，通过按下灭火控制器（盘）上的“启动”按钮或设置在防护区附近墙面上的“紧急启动/停止”按钮上的启动键，发出联动指令，关闭/停止联动设备，设定的延时时间（不大于 30 s）后发出灭火指令，打开与该防护区相应的电磁阀释放启动气体，启动气体通过启动管路打开相应的选择阀和灭火剂储存容器瓶头阀释放灭火剂，各瓶组的灭火剂经连接管汇集到集流管，通过选择阀到达安装在防护区内的喷嘴进行喷射灭火，同时，安装在管路上的信号反馈装置动作，信号传送到控制器，灭火控制器启动防护区外指示气体喷洒的火灾声光警报器。

管网气体灭火系统手动控制的工作原理如图 20-11 所示。

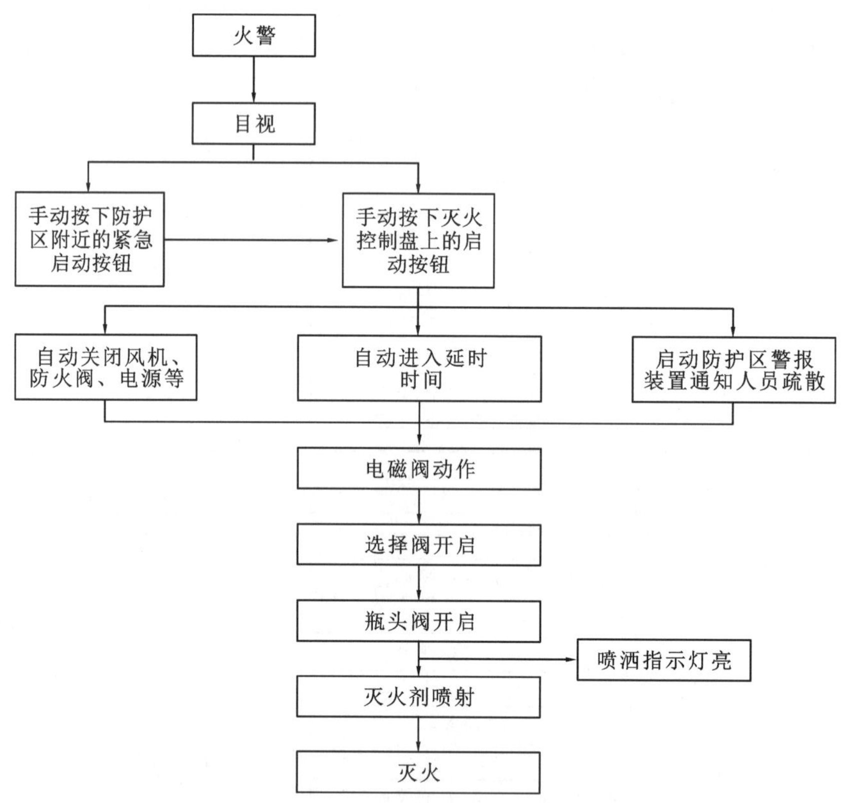

图 20-11　管网气体灭火系统手动控制的工作原理

灭火控制器（盘）具有手动优先的功能，即便系统处于自动控制状态，手动控制仍然有效。在延时时间内，操作者如果发现不需要启动灭火系统，可通过按下停止按钮阻止灭火控制器（盘）发出灭火指令。

3）机械应急操作

机械应急操作是指在自动与手动操作均失灵时，人员利用系统所设的机械式启动机构释放灭火剂的操作与控制方式，在操作实施前必须关闭相应的联动设备。当某防护区发生火情且灭火控制器不能有效地发出灭火指令时，操作者应立即通知有关人员迅速撤离现场，关闭联动设备，然后拔除对应该防护区的启动气体钢瓶电磁瓶头阀上的止动簧片，压下圆头把手打开电磁阀释放启动气体，由启动气体打开相应的选择阀、瓶头阀释放灭火剂实施灭火。管网气体灭火系统机械应急启动的工作原理如图 20-12 所示。如果启动气体钢瓶电磁瓶头阀维修或启动气体更换，操作者应立即按图中虚线框内注明的程序操作：先打开与该防护区对应的选择阀，再打开对应的灭火剂储存容器瓶头阀释放灭火剂实施灭火。

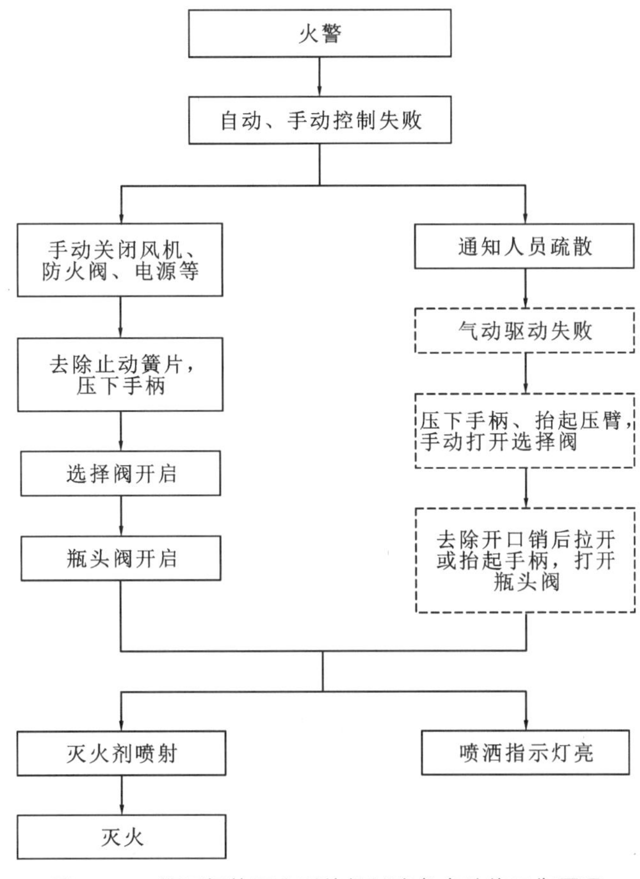

图 20-12　管网气体灭火系统机械应急启动的工作原理

2. 预制灭火系统的组成与工作原理

预制灭火系统一般由灭火剂瓶组、驱动气体瓶组（可选）、容器阀、减压装置、驱动装置、集流管（只限多瓶组）、连接管、喷嘴、信号反馈装置、安全泄放装置、控制盘、检漏装置、管路管件、柜体等部件组成，如图 20-13 所示。

预制灭火系统具有自动和手动两种控制方式，其工作原理和控制逻辑基本和管网气体灭火系统相同，如图 20-14 所示。需要指出的是，柜式无管网气体灭火装置直接设置在防护区，装置内不含选择阀，在系统启动时，启动气体直接打开灭火剂储存容器瓶头阀释放灭火剂进行灭火。

五、气体灭火系统防护区的设置要求

气体灭火系统是依靠在防护区或保护对象周围形成一定的灭火剂浓度来实现灭火的，因此，对防护区有较高的要求。

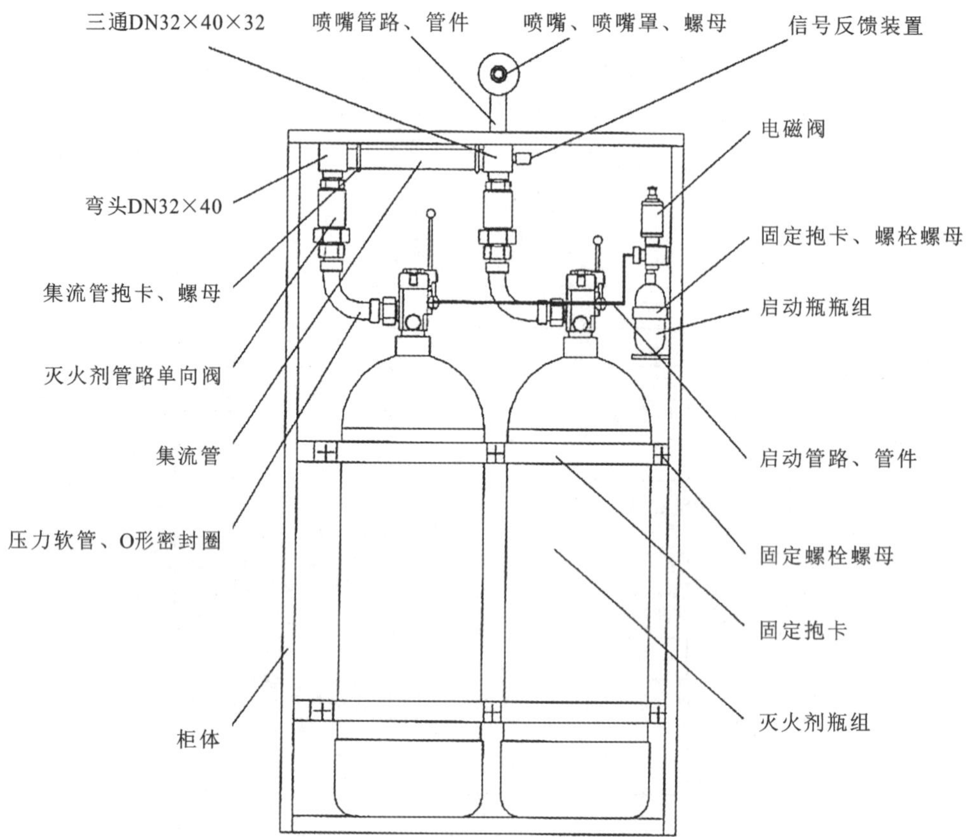

图 20-13　预制灭火系统组成示意图

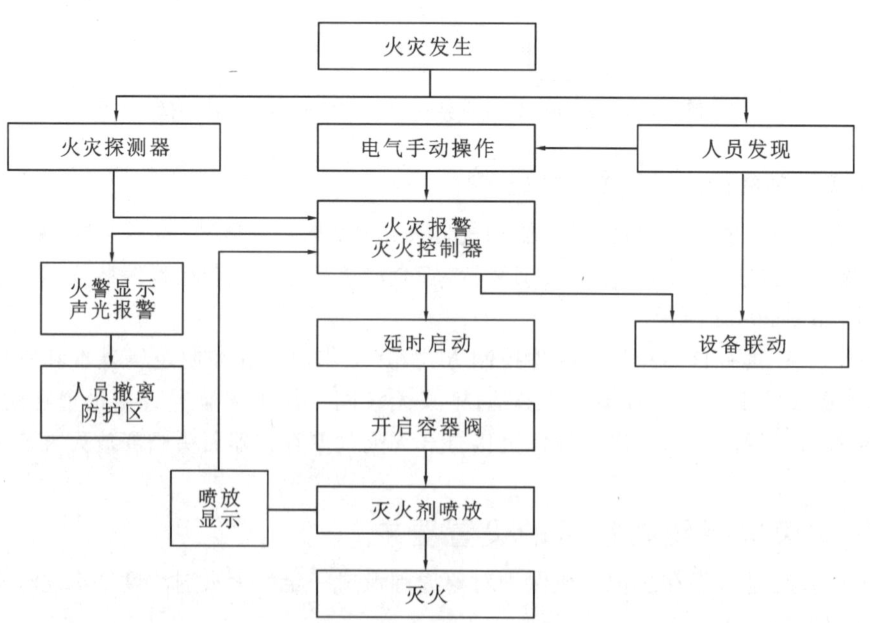

图 20-14　柜式无管网气体灭火装置的工作原理

1. 防护区的划分

防护区宜以单个封闭空间划分，同一区间的吊顶层和地板下需同时保护时，可合为一个防护区；采用管网气体灭火系统时，一个防护区的面积不宜大于 800 m^2，容积不宜大于 3600 m^3；采用预制灭火系统时，一个防护区的面积不宜大于 500 m^2，容积不宜大于 1600 m^3。

2. 防护区的安全设置

防护区应有保证人员在 30 s 内疏散完毕的通道和出口；防护区内的疏散通道及出口，应设应急照明与疏散指示标志；防护区内应设火灾声报警器；防护区入口处应设火灾声光报警器和灭火剂喷放指示灯，以及防护区采用的相应气体灭火系统的永久性标志牌；防护区的门应向疏散方向开启，并能自行关闭；地下防护区和无窗或设固定窗扇的地上防护区，应设置机械排风装置。

3. 防护区的耐火及耐压性能

为防止防护区结构因火灾或内部压力增加而损坏，防护区的围护结构及门窗的耐火极限均不宜低于 0.5 h，吊顶的耐火极限不宜低于 0.25 h，防护区的围护结构承受内压的允许压强不宜低于 1200 Pa。

4. 防护区泄压口的设置

防护区应设置泄压口，七氟丙烷、二氧化碳灭火系统的泄压口应位于防护区净高的 2/3 以上；当防护区设有防爆泄压孔或防护区门窗缝隙未设密封条时，防护区可不单独设置泄压口；防护区设置的泄压口，宜设在外墙上；泄压口的面积按相应气体灭火系统设计规定计算。

5. 防护区开口的设置

为防止灭火剂流失，防护区的围护构件不宜设置敞开孔洞；当必须设置敞开孔洞时，应设置手动和自动关闭装置。喷放灭火剂前，防护区内除泄压口外的开口应能自行关闭。采用全淹没二氧化碳灭火系统扑救气体、液体、电气火灾和固体表面火灾时，在喷放二氧化碳前不能自动关闭的开口，其面积不应大于防护区总内表面积的 3%，且开口不应设在底面；启动释放气体灭火剂之前或同时，必须切断可燃、助燃气体的气源。

6. 局部应用二氧化碳灭火系统设置要求

采用局部应用灭火系统的保护对象，应符合下列规定：保护对象周围的空气流动速度不宜大于 3 m/s，必要时应采取挡风措施；喷头与保护对象之间，喷头喷射角范围内不应有遮挡物；当保护对象为可燃液体时，液面至容器缘口的距离不得小于 150 mm。

7. 防护区温度

防护区的最低环境温度不应低于－10℃。

20.2 泡沫灭火系统

一、泡沫灭火系统的概念及作用

泡沫灭火系统是指将泡沫灭火剂与水按一定比例混合，经泡沫产生装置产生灭火泡沫的灭火系统。

该系统主要通过隔氧窒息作用、辐射热阻隔作用和吸热冷却作用实现灭火，具有安全可靠、经济实用、灭火效率高、无毒性的特点，从 20 世纪初开始应用至今，目前已在石油化工企业、油库、地下工程、汽车库、各类仓库、煤矿、大型飞机库、船舶企业等场所得到广泛应用，是扑灭甲、乙、丙类液体火灾和某些固体火灾的一种主要灭火设施。

二、泡沫灭火系统的设置场所及部位

现行《建筑设计防火规范》(GB 50016—2014)(2018 年版)、《石油库设计规范》(GB 50074—2014)、《汽车库、修车库、停车场设计防火规范》(GB 50067—2014)等对泡沫灭火系统的设置场所及部位分别做了具体规定。

《建筑设计防火规范》(GB 50016—2014)(2018 年版)中规定甲、乙、丙类液体储罐的灭火系统设置应符合以下要求。

①单罐容量大于 1000 m^3 的固定顶罐应设置固定式泡沫灭火系统；罐壁高度小于 7 m 或容量不大于 200 m^3 的储罐，可采用移动式泡沫灭火系统；其他储罐宜采用半固定式泡沫灭火系统。

②石油库、石油化工、石油天然气工程中甲、乙、丙类液体储罐的灭火系统设置，应符合现行国家标准《石油库设计规范》(GB 50074—2014)等标准的规定。

三、泡沫灭火系统的类型及特点

泡沫灭火系统可按照喷射方式、结构形式、发泡倍数、系统形式等进行分类，如表 20-1 所示。

表 20-1 泡沫灭火系统分类及特点

类别	类型名称	含义及特点
按喷射方式分	液上喷射泡沫灭火系统	液上喷射泡沫灭火系统是泡沫从液面上喷入被保护储罐的灭火系统。与液下喷射泡沫灭火系统相比，该系统具有泡沫不易受油污染，可以使用廉价的普通蛋白泡沫等优点，有固定式、半固定式、移动式三种应用形式
	液下喷射泡沫灭火系统	液下喷射泡沫灭火系统是泡沫从液面下喷入被保护储罐的灭火系统。泡沫在注入液体燃烧层下部之后，上升至液体表面并扩散开，形成一个泡沫层。液下喷射泡沫灭火系统用的泡沫液必须是氟蛋白泡沫灭火液或是水成膜泡沫液。该系统通常有固定式和半固定式两种应用形式
	半液下喷射泡沫灭火系统	半液下喷射泡沫灭火系统是泡沫从储罐底部注入，并通过软管浮升到液体燃料表面进行灭火的泡沫灭火系统
按结构形式分	固定式泡沫灭火系统	固定式泡沫灭火系统是由固定的泡沫消防水泵或泡沫混合液泵、泡沫比例混合器(装置)、泡沫产生器(或喷头)和管道等组成的灭火系统。固定式泡沫灭火系统适用于独立的甲、乙、丙类液体储罐区和机动消防设施不足的企业附属甲、乙、丙类液体储罐区。多数设计为手动控制系统，也可以靠火灾报警及联动控制系统自动启动消防泵及相关阀门，向储罐区排放泡沫实施灭火
	半固定式泡沫灭火系统	半固定式泡沫灭火系统是由固定的泡沫产生器与部分连接管道、泡沫消防车或机动消防泵、用水带连接组成的灭火系统。半固定式泡沫灭火系统适用于机动消防设施较强的企业附属甲、乙、丙类液体储罐区
	移动式泡沫灭火系统	移动式泡沫灭火系统是由消防车、机动消防泵或有压水源，泡沫比例混合器，泡沫枪、泡沫炮或移动式泡沫产生器，用水带等连接组成的灭火系统

类别	类型名称	含义及特点
按发泡倍数分	低倍数泡沫灭火系统	低倍数泡沫灭火系统是指发泡倍数小于20的泡沫灭火系统。该系统是甲、乙、丙类液体储罐及石油化工装置区等场所的首选灭火系统
	中倍数泡沫灭火系统	中倍数泡沫灭火系统是指发泡倍数为21～200的泡沫灭火系统。中倍数泡沫灭火系统在实际工程中应用较少，且多用作辅助灭火设施
	高倍数泡沫灭火系统	高倍数泡沫灭火系统是指发泡倍数为201～1000的泡沫灭火系统
按系统形式分	全淹没系统	全淹没系统是由固定式泡沫产生器将中倍数或高倍数泡沫喷到封闭或被围挡的防护区内，并在规定的时间内达到一定泡沫淹没深度的灭火系统
	局部应用系统	局部应用系统是由固定式泡沫产生器直接或通过导泡筒将中倍数或高倍数泡沫喷到火灾部位的灭火系统
	移动式泡沫灭火系统	移动式泡沫灭火系统是车载式或便携式系统。移动式高倍数泡沫灭火系统可作为固定系统的辅助设施，也可作为独立系统用于某些场所。移动式中倍数泡沫灭火系统适用于发生火灾部位难以接近的较小火灾场所、流淌面积不超过100 m^3 的液体流淌火灾场所
	泡沫-水喷淋系统	泡沫-水喷淋系统是由喷头、报警阀组、水流报警装置（水流指示器或压力开关）等组件，以及管道、泡沫液与水供给设施组成，能在发生火灾时按预定时间与供给强度向防护区依次喷洒泡沫与水的自动灭火系统。泡沫-水喷淋系统可分为泡沫-水雨淋、闭式泡沫-水喷淋、泡沫-水预作用、泡沫-水干式、泡沫-水湿式系统等
	泡沫喷雾系统	泡沫喷雾系统采用泡沫喷雾喷头，在发生火灾时按预定时间与供给强度向被保护设备或防火区喷洒泡沫
	压缩空气泡沫灭火系统	压缩空气泡沫灭火系统是一种新型的泡沫灭火系统，是在密闭管路中将水、泡沫液和压缩空气按照设定的混合比、气液比混合生成均质压缩空气泡沫的灭火系统。压缩空气泡沫灭火系统与传统的泡沫灭火系统的主要区别在于混合方式不同，传统的泡沫灭火系统通过泡沫产生器吸气发泡，或通过泡沫比例混合器将泡沫混合液输送到喷头，产生的泡沫的质量不易控制；压缩空气泡沫灭火系统通过混合装置主动将压缩空气按设定值与泡沫混合液混合，产生的压缩空气泡沫的质量得到有效控制

四、泡沫灭火系统的适用范围

泡沫灭火系统的适用范围如表20-2所示。

表 20-2 泡沫灭火系统的适用范围

系统类型		适用范围
低倍数	固定	适用于独立的甲、乙、丙类液体储罐区和机动消防设施不足的企业附属甲、乙、丙类液体储罐区
	半固定	适用于机动消防设施较强的企业附属甲、乙、丙类液体储罐区
	移动	适用于总储量不大于 500 m^3，单罐储量不大于 200 m^3，且罐高不大于 7 m 的地上非水溶性甲、乙、丙类液体立式储罐；总储量小于 200 m^3，单罐储量不大于 100 m^3，且罐高不大于 5 m 的地上水溶性甲、乙、丙类液体立式储罐；卧式储罐区；甲、乙、丙类液体装卸区易泄漏的场所
高倍数	全淹没式	适用于封闭空间场所；设有阻止泡沫流失的固定围墙或其他围挡设施的场所
	局部应用	适用于四周不完全封闭的 A 类火灾与 B 类火灾场所；天然气液化站与接收站的集液池或储罐围堰区
	移动	适用于发生火灾的部位难以确定或人员难以接近的火灾场所；流淌 B 类火灾场所；发生火灾时需要排烟、降温或排除有害气体的封闭空间
中倍数	全淹没	适用于小型封闭空间；设有阻止泡沫流失的固定围墙或其他围挡设施的场所
	局部应用	适用于四周不完全封闭的 A 类可燃物火灾场所；限定位置的流淌 B 类火灾场所；固定位置面积不大于 100 m^2 的流淌 B 类火灾场所
	移动	适用于发生火灾的部位难以确定或人员难以接近的较小火灾场所；流淌 B 类火灾场所；不大于 100 m^2 的流淌 B 类火灾场所
泡沫-水喷淋系统		适用于具有非水溶性液体泄漏火灾危险的室内场所；存放量不超过 25 L/m^2 或超过 25 L/m^2 但有缓冲物的水溶性液体室内场所
泡沫喷雾系统		适用于独立变电站的油浸电力变压器；面积不大于 200 m^2 的非水溶性液体室内场所

五、泡沫灭火系统的组成及工作原理

1. 固定式液上喷射泡沫灭火系统

固定式液上喷射泡沫灭火系统由固定的泡沫混合液泵、单向阀、闸阀、泡沫比例混合器、囊式泡沫液储罐、泡沫混合液管线、泡沫产生器、水源和动力源组成，如图 20-15 所示。

工作原理：油罐起火后，自动或手动启动水泵，打开进水管控制阀，部分压力水进入囊式泡沫液储罐，待罐内压力升至规定值，打开出液管上的控制阀门输出泡沫液，泡沫液与水经泡沫比例混合器混合形成泡沫混合液，混合液流经泡沫产生器时，与泡沫产生器吸入的空气混合形成低倍数空气泡沫，经罐内泡沫产生器弧板反射导流，沿罐内壁流下，覆盖燃烧液面实施灭火。

2. 固定式液下喷射泡沫灭火系统

固定式液下喷射泡沫灭火系统由泡沫混合液泵、泡沫比例混合器、高背压泡沫产生器、泡沫喷射口、泡沫混合液管线、闸阀、单向阀、囊式泡沫液储罐、水源和动力源组成，如图 20-16 所示。

工作原理：油罐起火后，自动或手动启动水泵，打开进水管控制阀，部分压力水进入囊式泡沫

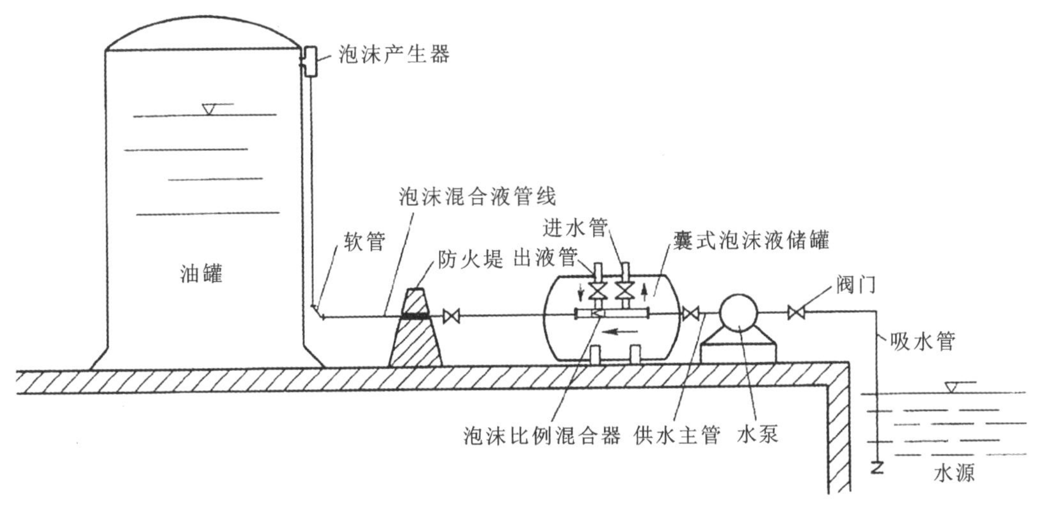

图 20-15 固定式液上喷射泡沫灭火系统组成示意图

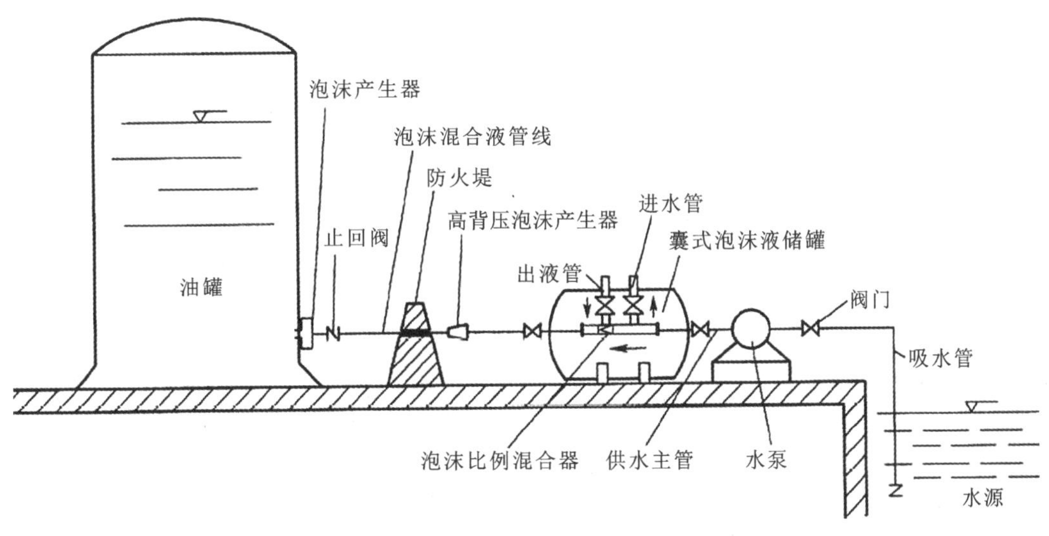

图 20-16 固定式液下喷射泡沫灭火系统组成示意图

液储罐，待罐内压力升至规定值，打开出液管上的控制阀门输出泡沫液，泡沫液与水经泡沫比例混合器混合形成泡沫混合液，混合液经管道输至高背压泡沫产生器，与吸入的空气混合后形成低倍数空气泡沫，泡沫经止回阀、管路、泡沫喷射口进入储罐底部油层，再依靠自身浮力上升至燃烧液体表面并将液面覆盖。

3. 半固定式液上喷射泡沫灭火系统

固定式液下喷射泡沫灭火系统由水源、消防水池或室外消火栓，泡沫消防车，水带，水带接口，泡沫混合液管线和泡沫产生器等组成，如图 20-17 和图 20-18 所示。

不带泡沫储存装置的半固定式液上喷射泡沫灭火系统的工作原理：泡沫消防车驶抵起火油罐后，用水带连接泡沫混合液管路接口与消防车，用吸水管连接消防车泵吸水口与水源，启动消防车泵，自动配比后泡沫混合液经水带、泡沫混合液管路进入泡沫产生器，与泡沫产生器吸入的空气混合，形成低倍数空气泡沫，再经罐内泡沫产生器弧板反射导流，沿罐内壁流下，覆盖燃烧液面进行灭火。

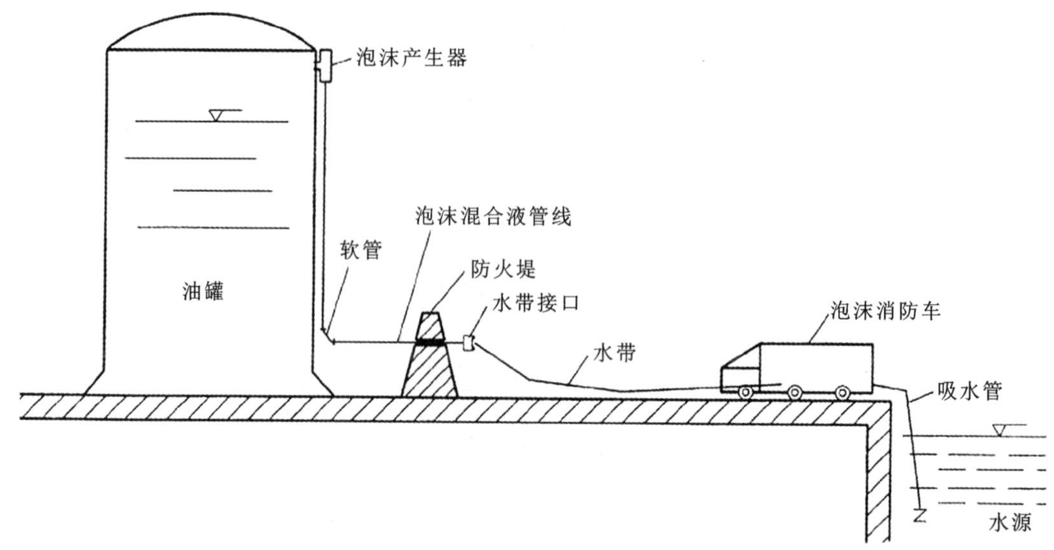

图 20-17 不带泡沫储存装置的半固定式液上喷射泡沫灭火系统组成示意图

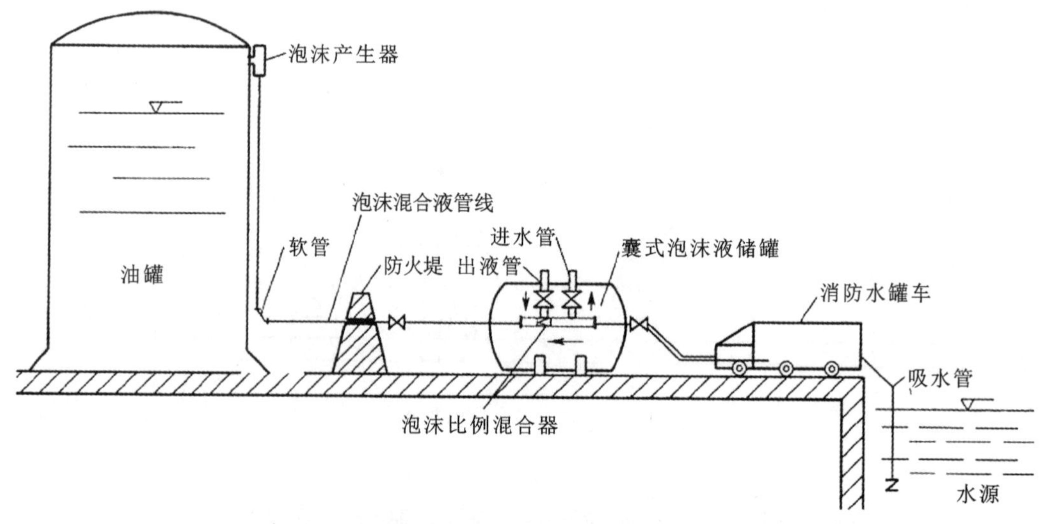

图 20-18 带泡沫储存装置的半固定式液上喷射泡沫灭火系统组成示意图

带泡沫储存装置的半固定式液上喷射泡沫灭火系统的工作原理：消防水罐车提供的压力水流经囊式泡沫液储罐、泡沫比例混合器后，与泡沫液混合形成泡沫混合液，混合液与泡沫产生器吸入的空气混合产生低倍数空气泡沫，再经罐内泡沫产生器弧板反射导流，沿罐内壁流下，覆盖燃烧液面进行灭火。采用这种系统是因为保护对象所需的泡沫灭火剂较为特殊，且消防部队很少储备。

4. 泡沫-水喷淋系统

泡沫-水喷淋系统由固定消防水泵、泡沫比例混合器、泡沫液储罐、报警阀组、过滤装置、泡沫混合液管线、吸气型或非吸气型泡沫喷头（或闭式喷头）、水源、动力源、阀门、火灾自动报警装置和联动控制设备等组成。泡沫-水雨淋联用灭火系统组成示意图如图 20-19 所示，泡沫-水喷淋联用灭火系统组成示意图如图 20-20 所示，泡沫-水喷淋联用灭火系统实物图如图 20-21 所示。

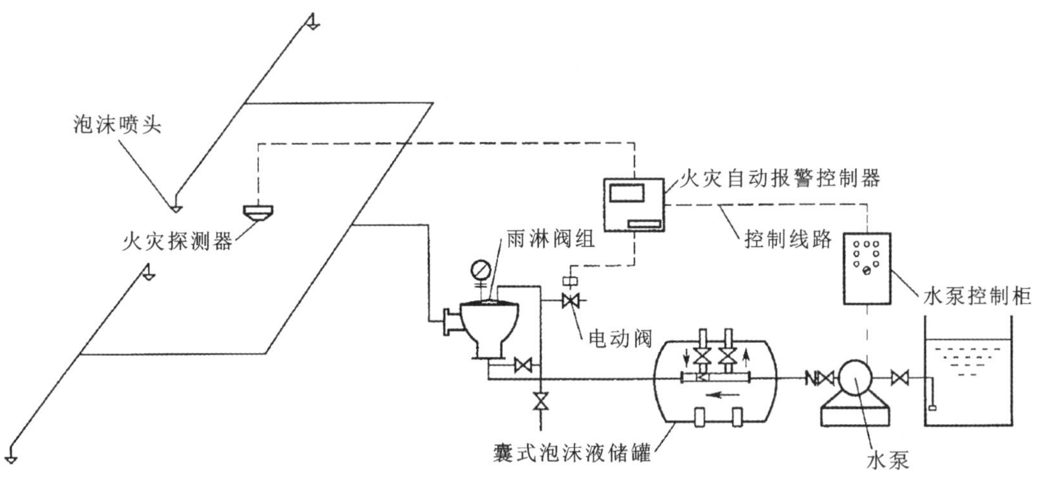

图 20-19　泡沫-水雨淋联用灭火系统组成示意图

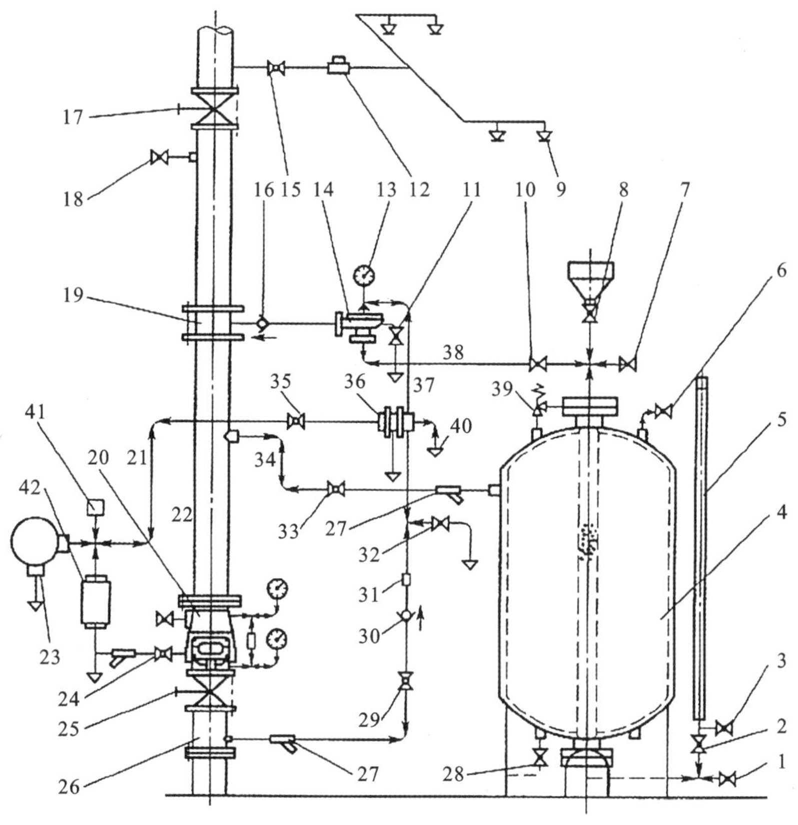

图 20-20　泡沫-水喷淋联用灭火系统组成示意图

1—充液/排液阀；2—液位截止阀；3—液位排液阀；4—泡沫液储罐；5—液位管；6—罐内排气阀；7—囊内排气阀；8—充液/排气阀；9—闭式洒水喷头；10—泡沫液截止阀；11—排液阀；12—水流指示器；13—压力表；14—泡沫液控制阀；15—区域阀；16、30—单向阀；17—检修闸阀；18—泡沫液测试阀；19—泡沫比例混合器；20—湿式报警阀；21—报警泄压管路；22—主管路；23—水力警铃；24—报警截止阀；25—供水控制阀；26—供水管；27—过滤器；28—充水/排水阀；29—控制管路进水阀；31—节流接头；32—手动泄压阀；33—泡沫罐供水阀；34—泡沫罐供水管路；35—压力泄放阀的供水阀；36—压力泄放阀；37—控制管路；38—泡沫液供给管路；39—安全阀；40—压力泄放阀泄放口；41—压力开关；42—延迟器

图 20-21　泡沫-水喷淋联用灭火系统实物图

以泡沫-水雨淋联用灭火系统为例，其工作原理是被保护场所发生火灾时，火灾自动报警系统及联动控制设备动作，启动消防水泵或泡沫混合液泵，打开雨淋阀，泡沫比例混合器按设定比例产生泡沫混合液，通过泡沫混合液管线至泡沫喷头，泡沫喷淋到被保护物的表面，冷却降温、阻挡辐射热并覆盖窒息灭火。

20.3 水喷雾灭火系统

一、水喷雾灭火系统的概念及作用

水喷雾灭火系统是由水源、供水设备、管道、雨淋报警阀(或电动控制阀、气动控制阀)、过滤器和水雾喷头等组成，向保护对象喷射水雾进行灭火或防护冷却的系统。系统中的水雾喷头在较高的水压力作用下，将水流分离成 0.2～2 mm 甚至更小的细小水雾滴，通过表面冷却、窒息、稀释、冲击乳化和覆盖等作用实现灭火。与自动喷水灭火系统相比，水喷雾灭火系统的用水量为自动喷水灭火系统的 70%～90%，具有较好的节水性。

二、水喷雾灭火系统的设置场所

现行国家标准《建筑设计防火规范》(GB 50016—2014)(2018 年版)、《钢铁冶金企业设计防火规范》(GB 50414—2018)等对水喷雾灭火系统的设置场所做了具体规定。

《建筑设计防火规范》(GB 50016—2014)(2018 年版)规定下列场所应设置自动灭火系统，并宜采用水喷雾灭火系统：

①单台容量为 40 MV・A 及以上的厂矿企业油浸变压器，单台容量为 90 MV・A 及以上的电厂油浸变压器，单台容量为 125 MV・A 及以上的独立变电站油浸变压器；

②飞机发动机试验台的试车部位；

③设置在高层民用建筑内，充可燃油的高压电容器和多油开关室。

三、水喷雾灭火系统的分类及适用范围

1. 水喷雾灭火系统的分类及特点

水喷雾灭火系统根据启动方式、应用方式不同分为不同类别，如表 20-3 所示。

表 20-3　水喷雾灭火系统的分类及特点

类型	类型名称	特点
按启动方式分	电动启动水喷雾灭火系统	以火灾报警系统作为火灾探测系统。当火灾发生时，火灾探测器将火警信号发送到火灾报警控制器，火灾报警控制器打开雨淋阀，同时启动水泵，喷水灭火。为了减少系统的响应时间，雨淋阀前的管道应是充满水的状态
	传动管启动水喷雾灭火系统	以传动管作为火灾探测系统。传动管充满压缩空气或压力水，当传动管上的闭式喷头受火灾高温影响动作后，传动管内的压力迅速下降，雨淋阀在压差作用下打开，同时，传动管的火灾报警信号通过压力开关传到火灾报警控制器上，火灾报警控制器启动水泵，通过雨淋阀、管网将水送到水雾喷头，水雾喷头开始喷水灭火。传动管启动水喷雾灭火系统比较适合防爆场所，或者不适合安装普通火灾探测系统的场所
按应用方式分	固定式水喷雾灭火系统	由火灾自动报警系统、报警控制阀、供水水源、固定管道、水雾喷头等组成
	自动喷水-水喷雾混合配置系统	在自动喷水系统的配水干管或配水管道上连接局部的水喷雾系统
	泡沫-水喷雾联用系统	在水喷雾灭火系统的雨淋阀前连接泡沫储罐和泡沫比例混合器，再与火灾报警控制系统、雨淋阀、水雾喷头组成一个完整的系统，在火灾发生时，先喷泡沫灭火，再喷水雾冷却或灭火

2. 水喷雾灭火系统的适用范围

水喷雾灭火系统可用于扑救固体物质火灾、丙类液体火灾、饮料酒火灾和电气火灾，也可用于可燃气体和甲、乙、丙类液体的生产、储存装置或装卸设施的防护冷却。水喷雾灭火系统不得用于扑救遇水能发生化学反应造成燃烧爆炸的火灾，以及水雾会对保护对象造成明显损害的火灾。

固定式水喷雾灭火系统一般设置在建筑内燃油、燃气的锅炉房，可燃油油浸电力变压器室，充可燃油的高压电容器和多油开关室，自备发电机房，飞机发动机试验台的试车部位，单台容量为 40 MV・A 及以上的厂矿企业可燃油油浸电力变压器，单台容量为 90 MV・A 及以上可燃油油浸电厂电力变压器，单台容量为 125 MV・A 及以上的独立变电所可燃油油浸电力变压器。

自动喷水-水喷雾混合配置系统适用于用水量比较少、保护对象比较单一的室内场所，如建筑室内燃油、燃气锅炉房等。设置有自动喷水灭火系统的建筑，为了降低工程造价，可以将自动

喷水灭火系统的配水干管或配水管作为建筑内局部场所应用的自动喷水-水喷雾混合配置系统的供水管。

泡沫-水喷雾联用系统适用于采用泡沫灭火比采用水灭火效果更好的某些对象，或者灭火后需要进行冷却、防止火灾复燃的场所。某些水溶性液体火灾，喷水和喷泡沫均可达到控火的目的：单独喷水时，虽控火效果比较好，但灭火时间长，造成的火灾及水渍损失较大；单纯喷泡沫时，系统的运行维护费用较高。金属构件周围发生的火灾，采用泡沫灭火后，仍需进一步防护冷却，防止泡沫灭火后金属构件温度较高导致火灾复燃。类似场合可以采用泡沫-水喷雾联用系统。目前，泡沫-水喷雾联用系统主要用于公路交通隧道。

四、水喷雾灭火系统的组成及工作原理

水喷雾灭火系统由水源、供水设备及管网、过滤器、雨淋阀组、配水管网及水雾喷头等组成，并配套设置火灾探测报警及联动控制系统或传动管系统，火灾时可向保护对象喷射水雾灭火或进行防护冷却。根据启动方式不同，水喷雾灭火系统可分为电动启动水喷雾灭火系统和传动管启动水喷雾灭火系统，如图 20-22 和图 20-23 所示。当火灾探测器发现火灾后，系统自动或操作者手动打开雨淋报警阀组，同时发出火灾报警信号给报警控制器，并启动消防水泵，水通过供水管网到达水雾喷头，水雾喷头喷水灭火。

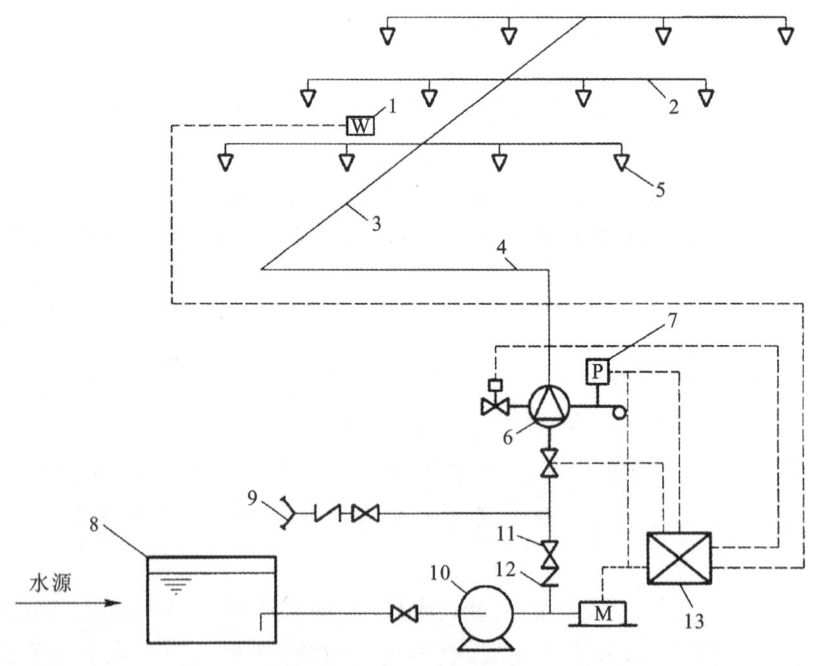

图 20-22　电动启动水喷雾灭火系统组成示意图

1—感温探测器；2—配水支管；3—配水管；4—配水干管；5—开式喷头；6—雨淋报警阀；7—压力开关；8—消防水池；9—水泵接合器；10—水泵；11—闸阀；12—止回阀；13—报警控制器；P—压力表；M—驱动电动机

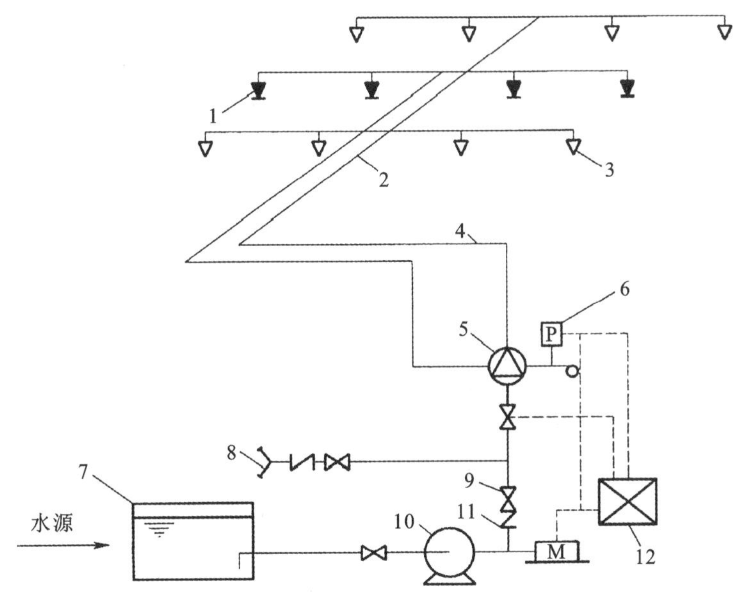

图 20-23 传动管启动水喷雾灭火系统组成示意图

1—闭式喷头；2—配水管；3—开式喷头；4—配水干管；5—雨淋报警阀；6—压力开关；7—消防水池；8—水泵接合器；9—闸阀；10—水泵；11—止回阀；12—报警控制器；P—压力表；M—驱动电动机

20.4 细水雾灭火系统

一、细水雾灭火系统的概念及作用

细水雾灭火系统是由水源（储水池、储水箱、储水瓶）、供水装置（泵组推动或瓶组推动）、系统管网、控水阀组、细水雾喷头、火灾自动报警及联动控制系统等组成，能自动和人工启动并喷细水雾进行灭火或控火的固定灭火系统。与水喷雾灭火系统相比，细水雾灭火系统的雾滴直径更小，通过细水雾的冷却、窒息、稀释、隔离、浸润等作用，使燃烧不能维持而实现灭火，其中冷却和窒息起决定性作用。此类系统具有节能环保、电气绝缘和有效消除火场烟雾等特性，其灭火用水量为水喷雾灭火系统的 20%以下。档案库、图书库、计算机房、通信机房，变压器、发电机等电气设备及加工制造、燃油燃气锅炉等机械设备间可使用细水雾灭火系统替代气体灭火系统。

二、细水雾灭火系统的设置场所

现行国家标准《建筑设计防火规范》（GB 50016—2014）（2018 年版）、《钢铁冶金企业设计防火规范》（GB 50414—2018）等有关标准对细水雾灭火系统的设置场所做出了具体规定，设置时应依据国家有关标准执行。

三、细水雾灭火系统的分类及适用范围

1. 细水雾灭火系统的分类

细水雾灭火系统按照工作压力、应用方式、动作方式、雾化介质和供水方式不同，分为不同类型，如表 20-4 所示。

表 20-4 细水雾灭火系统的分类

类型	类型名称	含义
按工作压力分	低压细水雾灭火系统	系统额定工作压力小于 1.20 MPa 的细水雾灭火系统
	中压细水雾灭火系统	系统额定工作压力大于或等于 1.20 MPa 且小于 3.5 MPa 的细水雾灭火系统
	高压细水雾灭火系统	系统额定工作压力大于或等于 3.5 MPa 的细水雾灭火系统
按应用方式分	全淹没式细水雾灭火系统	向整个防护区喷细水雾，并持续一定时间，保护其内部所有保护对象的系统应用方式，适用于扑救相对封闭空间内的火灾
	局部应用式细水雾灭火系统	向保护对象直接喷细水雾，并持续一定时间，保护空间内某具体保护对象的系统应用方式，适用于扑救大空间内具体保护对象的火灾
按动作方式分	开式细水雾灭火系统	采用开式细水雾喷头的细水雾灭火系统。系统由火灾自动报警系统控制，火灾时自动开启分区控制阀和启动供水泵向喷头供水，包括全淹没和局部两种应用方式
	闭式细水雾灭火系统	采用闭式细水雾喷头的细水雾灭火系统，又可分为湿式、干式和预作用三种形式
按雾化介质分	单流体细水雾灭火系统	使用单个管道向每个喷头供给灭火介质的细水雾灭火系统
	双流体细水雾灭火系统	水和雾化介质分管供给并在喷头处混合的细水雾灭火系统
按供水方式分	泵组式细水雾灭火系统	采用泵组（或稳压装置）作为供水装置，适用于高压、中压和低压细水雾灭火系统
	瓶组式细水雾灭火系统	采用储水容器储水、储气容器进行加压供水，适用于中压、高压细水雾灭火系统
	瓶组与泵组结合式细水雾灭火系统	既采用泵组又采用瓶组作为供水装置，适用于高压、中压和低压细水雾灭火系统

2. 细水雾灭火系统的适用范围

细水雾灭火系统适用于可燃固体火灾、可燃液体火灾及电气火灾，不适用于可燃固体深位火灾。同时，该系统不能直接应用于能与水发生剧烈反应或产生大量有害物质的活泼金属及其化合物火灾：活泼金属，如锂、钠、钾、镁、钛、锆、铀、钚等；金属醇盐，如甲醇钠等；金属氨基化合物，

如氨基钠等；碳化物，如碳化钙；卤化物、氢化物、硫化物等。除此之外，该系统也不能直接应用于可燃气体火灾，包括液化天然气等低温液化气体的场合。

四、细水雾灭火系统的组成及工作原理

1. 开式细水雾灭火系统的组成及工作原理

开式细水雾灭火系统主要由水源、供水装置（泵组）、分区控制阀组、开式喷头、管网及火灾自动报警联动设备等组成，如图 20-24 所示。火灾发生后，报警控制器收到两个独立的火灾报警信号后，启动系统控制阀组和消防水泵，向系统管网供水，水雾喷头喷出细水雾，实施灭火。

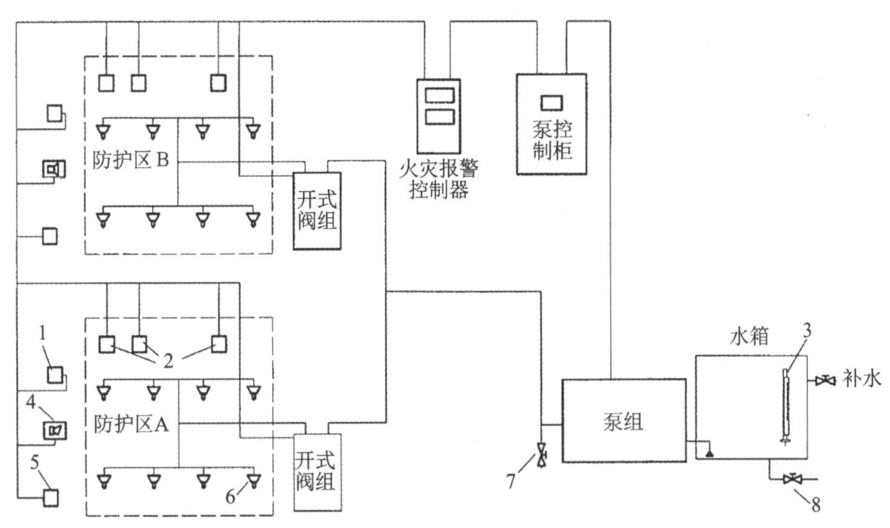

图 20-24 开式细水雾灭火系统组成示意图

1、2—火灾探测器；3—液位计；4—声光报警器；5—喷洒指示；6—开式细水雾喷头；7—泄水阀；8—排污阀

2. 闭式湿式细水雾灭火系统的组成及工作原理

闭式湿式细水雾灭火系统主要由水源、供水装置（泵组）、分区控制阀组、闭式喷头、管网等组成，如图 20-25 所示。闭式细水雾灭火系统的工作原理与闭式自动喷水灭火系统相同。

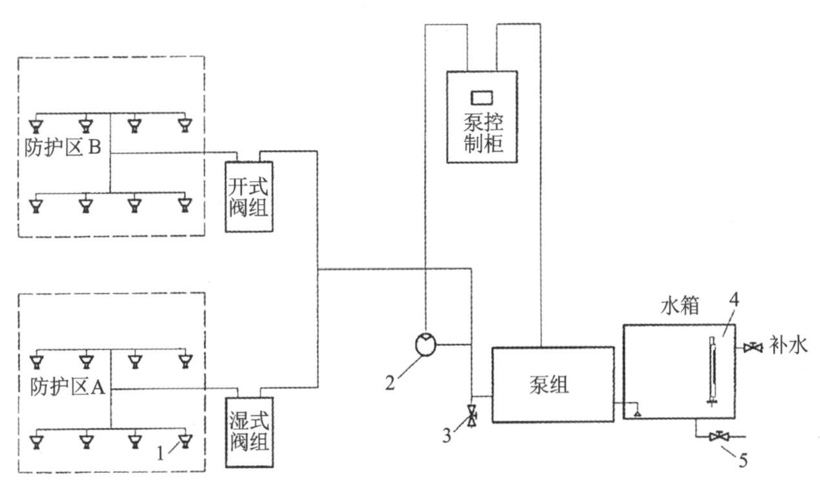

图 20-25 闭式湿式细水雾灭火系统组成示意图

1—闭式细水雾喷头；2—流量开关；3—泄水阀；4—液位计；5—排污阀

20.5 干粉灭火系统

一、干粉灭火系统的概念及作用

干粉灭火系统是指由干粉供应源通过输送管道连接到固定的喷嘴上，通过喷嘴喷干粉的灭火系统。该系统借助于惰性气体压力驱动，并由这些气体携带干粉灭火剂形成气粉两相混合流，经管道输送至喷嘴喷出，通过化学抑制和物理灭火共同作用来实施灭火，具有灭火速度快、不导电、对环境条件要求不严格等特点，能自动探测火灾、自动启动系统和自动灭火，适用于港口、列车栈桥输油管线、甲类可燃液体生产线、石化生产线、天然气储罐、储油罐、汽轮机组及淬火油槽和大型变压器等场合。

二、干粉灭火系统的设置场所

现行国家标准《石油化工企业设计防火规范》(GB 50160—2008)(2018 年版)和《石油天然气工程设计防火规范》(GB 50183—2004)规定，石油化工企业内烷基铝类催化剂配制区宜设置局部喷射式 D 类干粉灭火系统，火车、汽车装卸液化石油气栈台宜设置干粉灭火设施。

三、干粉灭火系统的分类及适用范围

1. 干粉灭火系统的分类及特点

干粉灭火系统按灭火方式、设计情况、系统保护情况、驱动气体储存方式等进行分类，如表 20-5 所示。

表 20-5　干粉灭火系统的分类及特点

类型	类型名称	含义及特点
按灭火方式分	全淹没系统	通过在规定的时间内向防护区喷射一定浓度的干粉，并使其均匀地充满整个防护区，形成起灭火浓度来实施灭火的系统。该系统的特点是对防护区提供整体保护，适用于较小的封闭空间、火灾燃烧表面不宜确定且不会复燃的场合，如油泵房等
	局部应用系统	通过喷嘴直接向火焰或燃烧表面喷射干粉灭火剂实施灭火的系统。当不宜在整个房间形成灭火浓度或仅保护某一局部范围、某一设备、室外火灾危险场所等时，可选择局部应用干粉灭火系统，如用于保护甲、乙、丙类液体的敞顶罐或槽，不怕粉末污染的电气设备以及其他场所等
	手持软管系统	具有固定的干粉供给源，并配备有一条或数条输送干粉灭火剂的软管及喷枪，火灾时通过人来操作实施灭火的系统
按设计情况分	设计型系统	一种根据保护对象的具体情况，通过设计计算确定的系统。该系统中的所有参数都需经设计确定，并按要求选择各部件设备型号。一般情况下，较大的保护场所或有特殊要求的场所宜采用设计型系统

类型	类型名称	含义及特点
按设计情况分	预制型系统	按一定的应用条件，将灭火剂储存装置和喷嘴等部件预先组装起来的成套灭火装置。系统的规格是在对保护对象做灭火试验后预先设计好的，即所有设计参数都已确定，使用时只需选型，不必进行复杂的设计计算。当保护对象不大且场所无特殊要求时，可选择预制型系统
按系统保护情况分	组合分配系统	用一套灭火剂储存装置保护两个及两个以上防护区或保护对象的灭火系统。当一个区域有几个保护对象且每个保护对象发生火灾后又不会蔓延时，可选用组合分配系统，即用一套系统同时保护多个保护对象
	单元独立系统	用一套灭火剂储存装置保护一个防护区或保护对象的灭火系统。当火灾的蔓延情况不能预测时，每个保护对象应单独设置一套系统保护
按驱动气体储存方式分	储气式系统	驱动气体（氮气或二氧化碳）单独储存在储气瓶中，灭火时再将驱动气体充入干粉储罐，进而驱动干粉喷射实施灭火
	储压式系统	驱动气体与干粉灭火剂同储于一个容器，灭火时直接启动干粉储罐。这种系统结构比储气系统简单，出于系统安全性和稳定性方面的考虑，驱动气体不能泄漏
	燃气式系统	驱动气体不采用压缩气体，而是在火灾时点燃燃气发生器内的固体燃料，通过燃烧生成的燃气压力来驱动干粉喷射实施灭火

2. 干粉灭火系统的适用范围

干粉灭火系统适用于扑救灭火前可切断气源的气体火灾，易燃、可燃液体和可熔化固体火灾，可燃固体表面火灾，带电设备火灾等。干粉灭火系统不得用于扑救硝化纤维、炸药等无空气仍能迅速氧化的化学物质与强氧化剂物质火灾，钠、钾、镁、钛、锆等活泼金属及其氢化物火灾。

四、干粉灭火系统的组成及工作原理

干粉灭火系统在组成上与气体灭火系统类似，由干粉储存装置、输送管道、喷头等组成，如图 20-26 和图 20-27 所示。其中，干粉储存装置内设有启动气体瓶组、驱动气体瓶组、减压装置、干粉储存容器、阀驱动装置、信号反馈装置、安全防护装置、压力报警及控制装置等。为确保系统工作的可靠性，必要时，系统还需设置选择阀、检漏装置和称重装置等。

保护对象着火，温度上升至规定值后，火灾探测器发送火灾信号到控制器，控制器打开相应警报装置（如声光报警器及警铃）。启动机构接收到控制器的启动信号后将启动瓶打开，启动瓶内的氮气通过管道将高压驱动气体瓶组的瓶头阀打开，瓶中的高压驱动气体进入集气管，经过高压阀进入减压阀，减压至规定压力后，通过进气阀进入干粉储罐，搅动罐中的干粉灭火剂，使罐中的干粉灭火剂疏松形成便于流动的气粉混合物。当干粉罐内的压力升到规定压力数值时，定压动作机构开始动作，打开干粉罐出口球阀。干粉灭火剂经过总阀门、选择阀、输粉管和喷嘴喷向着火对象，或者经喷枪射到着火对象的表面，进行灭火。

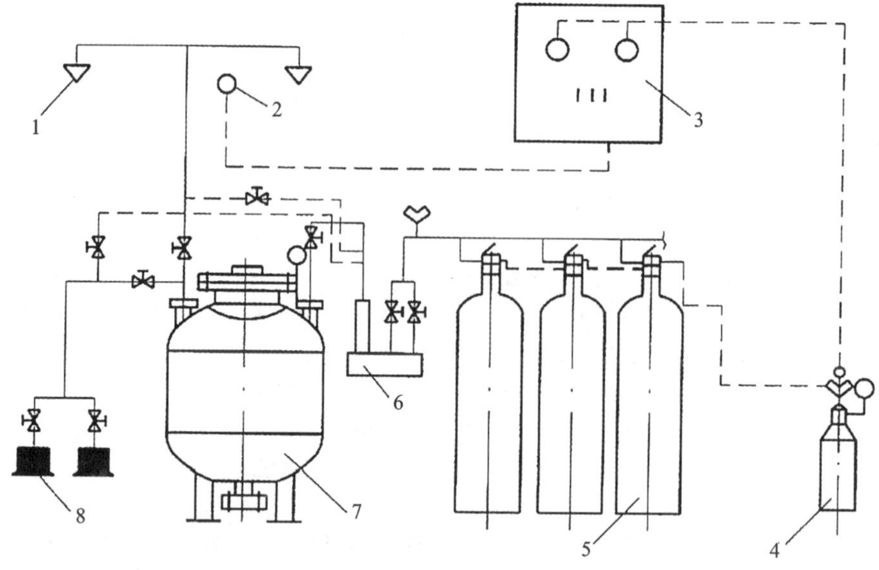

图 20-26　干粉灭火系统组成示意图

1—喷头；2—火灾探测器；3—控制装置；4—启动气体瓶组；5—驱动气体瓶组；
6—减压装置；7—干粉储存容器；8—干粉枪及卷盘

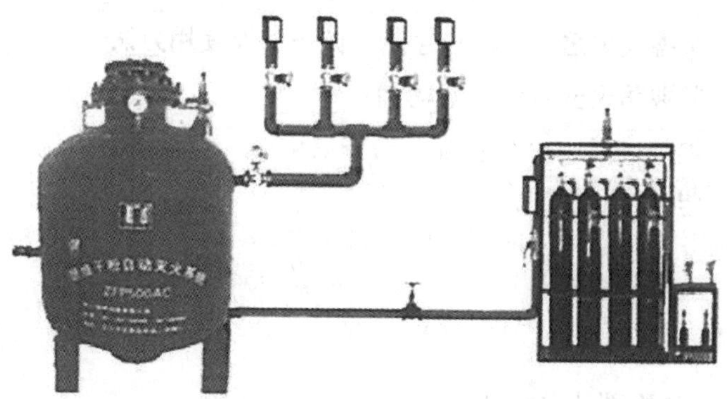

图 20-27　储气瓶型干粉灭火系统示意图

20.6 固定消防炮灭火系统

一、固定消防炮灭火系统的概念及作用

固定消防炮灭火系统是指由固定消防炮和相应配置的系统组件组成的固定灭火系统。该系统可以远程控制并自动搜索火源、对准着火点、自动喷洒水或其他灭火剂进行灭火，可与火灾自动报警系统联动，可手动控制，也可实现自动操作，适用于扑救大空间内的早期火灾。消防炮水量集中，流速快、冲量大，水流可以直接接触燃烧物而作用到火焰根部，将火焰剥离燃烧物使燃烧中止，能有效扑救高大空间内蔓延较快或火灾荷载大的火灾。对于设置自动喷水灭火系统不能

有效发挥早期响应和灭火作用的场所，采用与火灾探测器联动的固定消防炮或自动跟踪定位射流灭火系统能比快速响应喷头更及时扑救早期火灾。

二、固定消防炮灭火系统设置场所

现行国家标准《建筑设计防火规范》(GB 50016—2014)(2018 年版)规定，难以设置自动喷水灭火系统的展览厅、观众厅等人员密集的场所和丙类生产车间、仓库等高大空间场所，宜采用固定消防炮灭火系统；现行国家标准《飞机库设计防火规范》(GB 50284—2008)规定，Ⅱ类飞机库飞机停放和维修区应设置远控泡沫炮灭火系统；现行国家标准《石油天然气工程设计防火规范》(GB 50183—2004)规定，三级天然气净化厂生产装置区的高大塔架及其设备群宜设置固定水炮，三级天然气凝液装置区有条件时可设置固定泡沫炮。

三、固定消防炮灭火系统的分类及适用范围

固定消防炮灭火系统可按喷射介质、安装形式和控制方式等进行分类。固定消防炮灭火系统的分类及适用范围如表 20-6 所示。

表 20-6 固定消防炮灭火系统的分类及适用范围

类别		含义及适用范围
按喷射介质分	水炮系统	喷射水灭火剂的固定消防炮系统，适用于固体可燃物火灾
	泡沫炮系统	喷射泡沫灭火剂的固定消防炮系统，适用于甲、乙、丙类液体火灾，固体可燃物火灾
	干粉炮系统	喷射干粉灭火剂的固定消防炮系统，适用于液化石油气、天然气等可燃气体火灾
按安装形式分	固定式消防炮系统	由永久固定消防炮和相应配置的系统组件组成，当防护区发生火灾时，开启消防水泵及管路阀门，灭火介质通过固定消防炮喷嘴射向火源，起到迅速扑灭或抑制火灾的作用
	移动炮系统	以移动式消防炮为核心，是一种能够迅速接近火源、实施就近灭火的系统
按控制方式分	远控消防炮系统	远控消防炮系统是指可以远距离控制消防炮向保护对象喷射灭火剂灭火的固定消防炮灭火系统。远控消防炮灭火系统能够实现远距离有线或无线控制，具有安全性高、操作简便和投资相对少等优点，适用于有爆炸危险、产生强辐射热、灭火人员难以及时接近的场所
	手动消防炮系统	手动消防炮系统是只能在现场手动操作消防炮的固定消防炮灭火系统。该系统具有结构简单、操作简便、投资少等优点，适用于辐射热不大、人员便于靠近的场所
	智能型消防炮系统	智能型消防炮系统是能够在无人工干预的情况下自动发现火灾并开展灭火作业的消防炮灭火系统，主要有寻的式和扫射式两种类型，适用于需要及时有效探测、扑灭及控制火灾的大空间场所

四、固定消防炮灭火系统的组成及工作原理

1. 水炮系统的组成及工作原理

水炮系统由水源、消防泵组、消防水炮、管路、阀门、动力源和消防控制装置等组成，如图 20-28 所示。当火灾发生时，火灾探测设备探测到火警信号，并将信号传送到消防控制中心，控制主机接收火灾报警信号后，发出控制指令，调整消防炮俯仰角对准着火点，开启电磁阀，启动水泵向系统供水，消防水炮喷水灭火。

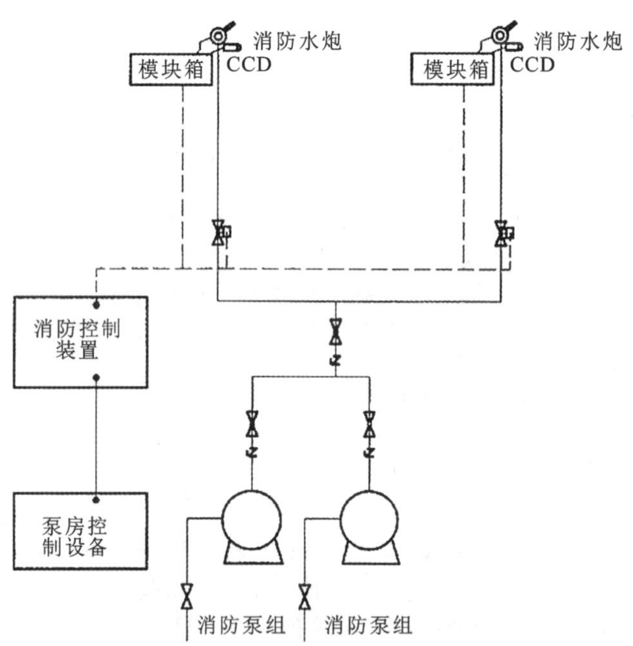

图 20-28　水炮系统组成示意图

2. 泡沫炮系统的组成及工作原理

泡沫炮系统由水源、泡沫液储罐、消防泵组、泡沫比例混合装置、管道、阀门、消防泡沫炮、动力源和消防控制装置等组成，如图 20-29 所示。火灾发生时，开启消防泵组及管路阀门，消防压力水流经泡沫混合装置时按照一定比例与泡沫原液混合，形成泡沫混合液，在消防炮喷嘴处，泡沫混合液高速射流喷出。泡沫混合液射流在消防炮喷嘴处以及在空中卷吸入空气，与空气混合、发泡形成泡沫，泡沫被投射到火源，覆盖在燃烧物表面形成泡沫层，起到隔氧窒息、辐射热阻隔、吸热冷却的作用，迅速扑灭或抑制火灾。

3. 干粉炮系统的组成及工作原理

干粉炮系统由干粉储罐、氮气瓶组、管道、阀门、消防干粉炮、动力源和消防控制装置等组成，如图 20-30 所示。火灾发生时，开启氮气瓶组，其内的高压氮气经过减压阀减压后进入干粉储罐，一部分氮气被送入储罐顶部与干粉灭火剂混合，另一部分氮气被送入储罐底部对干粉灭火剂进行疏松。随着系统压力的形成，混合有高压气体的干粉灭火剂积聚在干粉炮阀门处。当管路压力达到一定值时，开启干粉炮阀门，固气两相态的干粉灭火剂通过干粉消防炮高速射向火源，切割火焰、破坏燃烧链，从而迅速扑灭和抑制火灾。

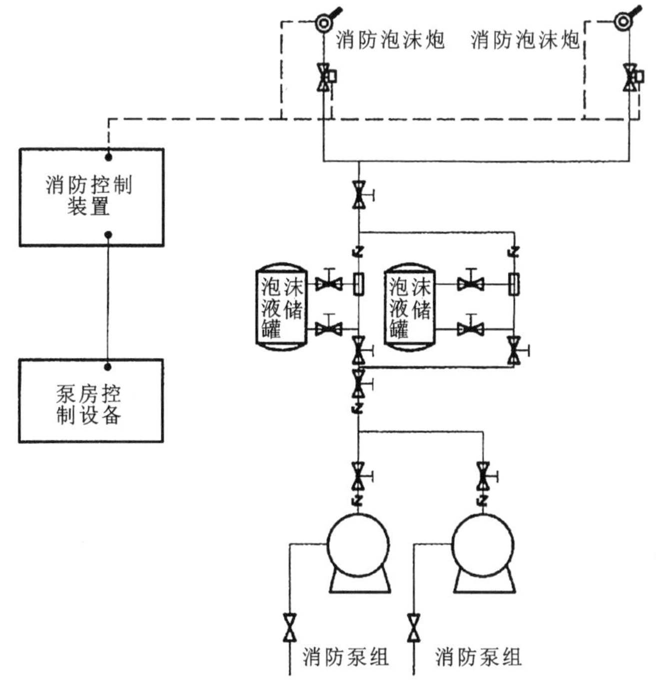

图 20-29　泡沫炮系统组成示意图

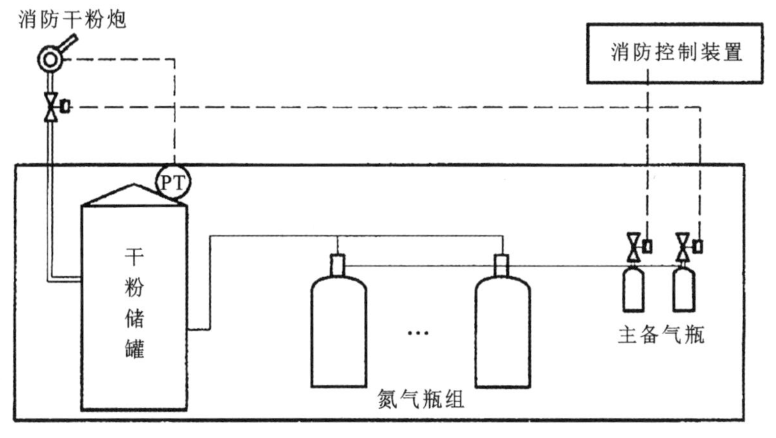

图 20-30　干粉炮系统组成示意图

20.7 自动跟踪定位射流灭火系统

一、自动跟踪定位射流灭火系统的概念及作用

自动跟踪定位射流灭火系统是指利用红外线、数字图像或其他火灾探测组件对火、温度等的探测进行早期火灾的自动跟踪定位，并运用自动控制方式来实现灭火的各种室内外固定射流灭

火系统。该系统全天候实时监测保护场所，对现场的火灾信号进行采集和分析，在消防行业中的应用极为广泛。

二、自动跟踪定位射流灭火系统的类型及设置场所

自动跟踪定位射流灭火系统按照灭火装置流量大小及射流方式不同，分为自动消防炮灭火系统、喷射型自动射流灭火系统和喷洒型自动射流灭火系统三种类型。自动跟踪定位射流灭火系统广泛应用于电影院、仓库、厂房、体育馆、大礼堂、候机厅、会展中心、停车场等高大空间场所。

三、自动跟踪定位射流灭火系统的组成及工作原理

自动跟踪定位射流灭火系统由带探测组件及自动控制部分的灭火装置和消防供液部分组成。灭火装置分为自动跟踪定位消防炮灭火装置和自动跟踪定位射流灭火装置。

以图像型火灾探测定位自动消防炮系统为例，该系统采用图像方式对早期火灾的火焰和烟气进行探测，实现火灾可视化报警，利用图像中心点匹配法对火源进行跟踪定位并自动灭火。系统由设置在保护现场的双波段图像型火灾探测器、光截面感烟火灾探测器、自动消防炮灭火装置、现场控制盘，设置在消防控制室的控制主机、监控设备，以及管路和供水设施、自动控制阀（电动阀）、水流指示器、模拟末端试水装置、消防水泵接合器等组成，如图 20-31 所示。当火灾发生时，探测装置捕获相关信息并对信息进行处理，如果发现火源，则对火源进行自动跟踪定位，准备定点（或定区域）射流（或喷洒）灭火，同时发出声光警报和联动控制命令，自动启动消防水泵，开启相应的控制阀门，对应的灭火装置射流灭火。

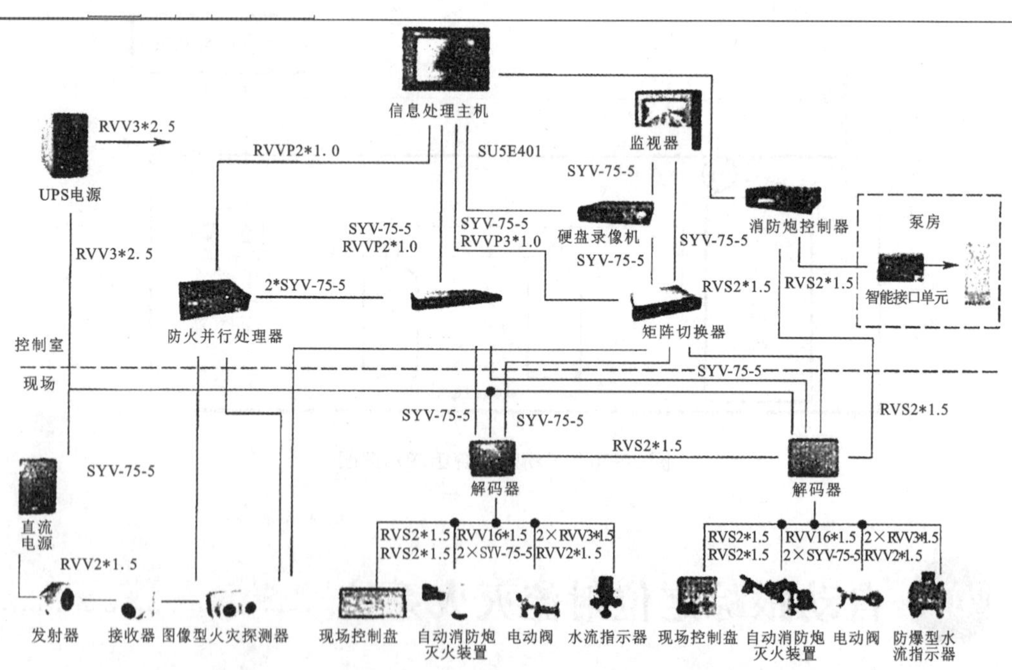

图 20-31 图像型火灾探测定位自动消防炮系统组成示意图

20.8 课后练习与课程思政

请扫描教师提供的二维码，完成章节测试。

思政主题：不是没有办法，而是没有找到

并不是所有的火灾都适合用水来扑灭。不同的可燃物，可能需要不同的灭火介质；不同的保护场景，可能需要不同的灭火系统。本项目讲解了气体、泡沫、水喷雾、细水雾、干粉以及消防炮灭火的概念、作用、原理、应用场景以及分类等内容，学完让人茅塞顿开。

世间万物纷繁复杂，相生相克，真所谓“一物降一物，卤水点豆腐”。据此可以断定，面对问题和困难，一定有解决的办法，只是我们没有找到而已。要不断总结经验教训，研究不同问题的解决方案，做到兵来将挡，水来土掩。

面对困难，我们需要坚持一个信念，即不是没有办法，而是没有找到。

消防设施操作员证书考试补充内容

Chapter 21

项目 21　职业道德与守则

学习重点

1. 熟练掌握消防设施操作员职业守则的内容；
2. 了解消防设施操作员职业守则的有关要求；
3. 熟练掌握职业的含义及特征；
4. 掌握职业分类、职业标准及职业资格的含义、职业类型划分；
5. 熟练掌握消防设施操作员职业概念和主要工作任务；
6. 熟练掌握消防设施操作员国家职业技能标准的有关内容；
7. 掌握道德、职业道德和消防行业职业道德的含义；
8. 掌握职业道德的基本要素、特征及基本规范。

21.1 职业守则

职业守则是员工在生产经营活动中恪守的行为规范。消防设施操作员职业守则的内容是以人为本，生命至上；忠于职守，严守规程；钻研业务，精益求精；临危不乱，科学处置。

一、以人为本，生命至上

1. 以人为本

1）以人为本的含义

以人为本是指在社会活动中把保障人的需求作为根本。从消防工作来说，坚持以人为本就是要充分尊重和切实保障人民群众的生命权、财产权等法定权利，努力满足人民群众日益增长的消防安全需求。

2）以人为本的要求

（1）增强以人为本的消防安全意识。从思想上真正认识到消防安全的重要性，把保护人民群众的生命安全作为自己最大的社会责任，把以人为本的消防安全理念深入贯彻到工作的各个环节，积极主动地做好消防安全工作。

（2）在消防安全管理中体现以人为本。本着人性化管理原则，突出人的自身价值，更多关心人身安全和身体健康，养成注重消防安全的良好习惯，增强抓好消防安全工作的自觉性和主动性。当工作与消防安全发生矛盾时，坚决服从消防安全。

(3)营造以人为本的消防安全氛围。广泛开展消防安全教育培训，增强广大人民群众的自防自救能力和火灾应急处置技能，营造人人关注消防、参与消防、全民防火的浓厚氛围，使人民群众有更大的安全感。

2. 生命至上

1)生命至上的含义

生命至上是指人的生命高于一切。每一名消防设施操作员都必须把人民群众的生命安全作为一切工作的出发点和落脚点，从人权观、发展观、人本观的高度，认识生命与健康的价值，始终坚守消防安全红线。

2)生命至上的要求

(1)安全第一。消防安全是每个人、每个单位和全社会的事，这就要求牢固树立安全发展理念，弘扬生命至上、安全第一的思想，把发展不能以牺牲人的生命为代价作为不可逾越的红线，以"安全第一"的价值观作为行动指南，坚决遏制重特大消防安全事故。

(2)预防为主。坚持预防为主，在建(构)筑物中广泛设置消防设施并确保完好有效，提升防灾、减灾的综合防范能力，以便最大限度地减少火灾带来的人员伤亡和财产损失。

(3)救人第一。发生灾害事故时，把人民群众的生命安全放在第一位，全力抢救受困群众，防范次生灾害，努力减少人员伤亡。

二、忠于职守，严守规程

1. 忠于职守

1)忠于职守的含义

忠于职守是指以高度负责的职业道德精神，在本岗位上尽职尽责，时刻做好为消防事业献出生命的准备。

2)忠于职守的要求

(1)认真工作。正确对待从事的消防职业，树立高度的职业感和荣誉感，自觉地意识到自己对社会、对人民应履行的消防安全义务，热爱本职工作，保持饱满的工作热情、认真负责的态度，增强工作的能动性和主动性。

(2)责任担当。以强烈的责任心、敢于担当的使命感，把本职工作做好做细。在任何情况下都能够坚守战斗岗位，把责任作为必须履行的最根本的义务，甚至做好为消防事业献出生命的准备。

(3)爱岗敬业。热爱消防事业，工作中以敬业的高标准来严格要求自己，时刻具备强烈的事业心，想干事、肯干事、能干事、干成事，为工作尽心尽力，尽职尽责，忘我奉献。

2. 严守规程

1)严守规程的含义

严守规程是指严格按照国家消防安全的方针、政策、法律、条例、标准、规程和有关制度等进行操作。

2)严守规程的要求

(1)遵章守纪。消防安全操作规程是客观规律的总结。大量火灾事故表明，在生产、生活、学习等活动中，不遵守消防安全管理制度，不落实消防安全操作规程，是火灾事故发生或灾害扩大的主要原因。消防设施操作员在实际工作中的一举一动都关乎消防安全。因此,自觉遵守各种规章制度,可以有效防止火灾事故的发生。

(2)一丝不苟。在消防工作中必须严格遵守消防安全操作规程和制度,决不允许任何随心所欲的行为存在,坚决克服工作松懈、思想麻痹,牢固树立工匠精神,保持一丝不苟的精神状态,将各种消防安全隐患及时消灭在萌芽状态。

(3)坚持原则。保持并维护自己的正确立场,严格按照国家有关消防法律法规、技术标准执业,坚持原则、守住底线,自觉抵制违章作业、弄虚作假、违章指挥等违法违纪行为。

三、钻研业务,精益求精

1. 钻研业务

1)钻研业务的含义

钻研业务是指在消防从业中刻苦钻研,深入探究并掌握火灾发生、发展的规律,以及防火、灭火的知识和技能。这是消防设施操作员做好本职工作的客观基础和基本需要。

2)钻研业务的要求

(1)不断提高自身的综合素质。一个人综合素质的高低,对做好本职工作起着决定性的作用。消防设施操作员是技术技能型人才,要具备丰富的理论知识、较强的实操能力,以及解决复杂问题的能力,因此,要树立明确的学习目标,持之以恒,苦练基本功,提高职业技能和专业技术能力,以适应工作需要。

(2)努力做到“专”与“博”的统一。“专”是立身之本,指具备岗位需要的专业能力和专业素养。消防是一门以火灾发生与发展规律及其预防和扑救技术为研究对象的新兴交叉性学科,形成了火灾科学、消防技术、消防产品与装备、消防工程和火灾扑救等完整知识体系,对消防设施操作员的业务能力既“专”又“博”的要求越来越高。因此,不论是成就自己的人生理想,还是担负时代的神圣使命,都应深入学习更高层次和更广泛的知识,努力做到“专”与“博”的统一。

(3)树立终身学习的理念。要把学习作为人生永恒的追求,树立和践行终身学习观,不断拓宽知识面,更新知识结构,用正确、科学的方法将工作做到尽善尽美,胜任消防技术岗位的工作。

2. 精益求精

1)精益求精的含义

精益求精是指为了追求完美,坚持工匠精神,在工作中不放松对自己的要求。

2)精益求精的要求

(1)追求完美的工作表现。时刻保持一股钻劲,精益求精,以更饱满的精神状态、更踏实的工作作风、更精细的工作态度做好每一项工作,“干一行爱一行、专一行精一行”,永远追求完美无缺。

(2)追求精益求精的“工匠精神”。“工匠精神”是踏实肯干的工作心态,不畏艰难的工作精神,勇于攀登的工作激情,核心是坚持不懈和精益求精。做好消防工作就要坚持“工匠精神”,执着地追求完美,追求进步。

(3)追求卓越的创新精神。只有不断追求突破、追求革新,才能使自己与时俱进、开拓创新,用新的思想、新的方式、新的理念创新工作,实现工作质量的提升。

四、临危不乱，科学处置

1. 临危不乱

1）临危不乱的含义

临危不乱是指在遇到紧急情况时，可以先于他人意识到危险的存在，知道解决的方法，心情不慌乱，能够从容应对。临危不乱是消防设施操作员应该具备的最基本的心理素质。

2）临危不乱的要求

（1）精湛的业务能力。消防设施操作员必须具备运用有关消防知识和技能，根据实践经验和客观环境做出正确职业判断的能力，掌握专业技术和科学处置的方法。

（2）过硬的心理素质。平时有针对性地加强心理素质、应急思维反应、临危处置方法等方面的训练，不断增强个人的应变能力。在遇到紧急情况时，能够克服各种危险因素刺激带来的不良心理反应，情绪稳定、不慌、不惧，保持良好的观察、记忆、判断和思维能力。

（3）完善的应急预案。掌握火灾的预防措施和发展规律，制订火灾和应急处置预案，预先设想各种可能发生的事故场景，制订相应的应对措施，定期开展消防安全演练，做好充分的应对准备工作。

2. 科学处置

1）科学处置的含义

科学处置是指以减少火灾危害为前提，科学合理地选择有针对性的火灾处置措施，妥善处理各种险情。

2）科学处置的要求

（1）增强工作的预见性。始终保持对消防职业的敏感性，对异常情况有判断力和基本的分析能力，有一定的职业预见性和悟性，工作中时刻保持高度警醒，预判在先、考虑在前，掌握工作的主动权。

（2）提高快速反应能力。在处置火灾突发事件时，强化快的意识、养成快的习惯、营造快的氛围、提高快速反应能力。一旦发生火灾事故和设备设施故障，应快速知情、快速决策、快速反应、快速应变，防止事态发展，防止隐患变灾难。

（3）科学应对突发事件。坚持从实际出发，一事一策，找准问题，精准施策。把原则性和灵活性结合起来，既坚持处置的基本原则和基本方法，又依据现场的特殊情况灵活处理，高效有序动作，妥善有效处置。

21.2 职业与职业道德

一、职业

1. 职业的含义

职业是指从业人员为获取主要生活来源从事的社会工作类别。

2. 职业的特征

职业需具备下列特征：

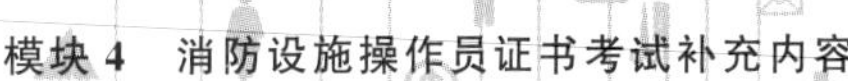

①目的性。职业活动以获得现金或实物等报酬为目的。

②社会性。职业是从业人员在特定社会生活环境中从事的一种与其他社会成员相互关联、相互服务的社会活动。

③稳定性。职业在一定的历史时期形成,并具有较长生命周期。

④规范性。职业活动必须符合国家法律和社会道德规范。

⑤群体性。职业必须具有一定的从业人数。

3. 职业属性

1)职业的社会属性

职业是人类在生产劳动过程中的分工现象,它体现的是劳动力与生产资料之间的结合关系、劳动者之间的关系,以及不同职业之间的劳动交换关系。这种劳动过程中结成的人与人的关系无疑是社会性的,他们之间的劳动交换反映的是不同职业之间的等价关系,这反映了职业活动的社会属性。

2)职业的规范性

职业的规范性应该包含两层含义:一是指职业内部的操作规范性,二是指职业道德的规范性。不同的职业在其劳动过程中都有一定的操作规范,这是保证职业活动的专业性要求。不同职业在对外展现其服务时,还存在一个伦理范畴的规范性,即职业道德。这两种规范性构成了职业规范的内涵与外延。

3)职业的功利性

职业的功利性也称为职业的经济性,是指职业作为人们赖以生存的劳动过程所具有的逐利性。职业活动既满足劳动者自己的需要,也满足社会的需要,只有把职业的个人功利性与社会功利性结合起来,职业活动及职业生涯才具有生命力和价值。

4)职业的技术性和时代性

职业的技术性是指每种职业都表现出与职业活动相对应的技术要求和技能要求。职业的时代性是指由于社会进步和科学技术的发展,人们的生活方式、习惯等因素的变化给职业打上符合时代要求的烙印。

4. 职业分类

1)职业分类的含义

职业分类是指以工作性质的同一性或相似性为基本原则,对社会职业进行的系统划分与归类。职业分类作为制定职业标准的依据,是促进人力资源科学化、规范化管理的重要基础性工作。

2)职业类型划分

目前,《中华人民共和国职业分类大典(2015 年版)》将我国职业划分为以下八大类:第一大类包含党的机关、国家机关、群众团体和社会组织、企事业单位负责人;第二大类包含专业技术人员;第三大类包含办事人员和有关人员;第四大类包含社会生产服务和生活服务人员;第五大类包含农、林、牧、渔业生产及辅助人员;第六大类包含生产制造及有关人员;第七大类包含军人;第八大类包含不便分类的其他从业人员。其中,以职业活动所涉及的经济领域、知识领域以及所提供的产品和服务种类为主要参照,将职业划分为 75 个中类、434 个小类;以职业活动领域和所承担的职责,工作任务的专门性、专业性与技术性,服务类别与对象的相似性,工艺技术、使用工具设备或主要原材料、产品用途等的相似性,同时辅之以技能水平相似性为依据,共设置了 1481 个职业。

消防设施操作员属于国家职业分类中第四大类社会生产服务和生活服务人员中的第七中类租赁和商务服务人员中的第五小类安全保护服务人员中的一个职业，职业编码为 4-07-05-04。

消防设施操作员的职业概念为从事建（构）筑物消防设施运行、操作和维修、保养、检测等工作的人员。主要工作任务有三项：一是值守消防控制室；二是操作、维修保养火灾自动报警、自动灭火系统等消防设施；三是检测火灾自动报警、自动灭火系统等消防设施。

5. 职业资格

职业资格是对从事某职业所必备的学识、技术和能力的基本要求。职业资格分别通过业绩评定、专家评审和职业技能鉴定等方式进行评价，对合格者授予职业资格证书。当前，我国实行职业资格目录清单管理，设置准入类职业资格和水平评价类职业资格。

凡职业（工种）关系到公共安全、人身健康、生命财产安全等，由国家有关法律和国务院决定将其纳入准入类职业资格。消防设施操作员就属于准入类职业资格。

6. 国家职业技能标准

1）国家职业技能标准的含义

国家职业技能标准（简称职业标准）是指通过工作分析方法，描述胜任各种职业所需的能力，客观反映劳动者知识水平和技能水平的评价规范。职业技能标准既反映了企业和用人单位的用人要求，也为职业技能等级认定工作提供了依据。目前，我国已颁布 1000 余个国家职业技能标准。

2）消防设施操作员国家职业技能标准

该标准经人力资源和社会保障部、应急管理部批准，于 2019 年 6 月颁布，自 2020 年 1 月 1 日起施行。该标准以“职业活动为导向、职业技能为核心”为指导思想，对消防设施操作员从业人员的职业活动内容进行了规范细致描述，对各等级从业者的技能水平和理论知识水平进行了明确规定。职业共设五个等级，其中，消防设施监控操作职业方向分别为五级/初级工、四级/中级工、三级/高级工、二级/技师，消防设施检测维修保养职业方向分别为四级/中级工、三级/高级工、二级/技师、一级/高级技师。该标准包括职业概况、基本要求、工作要求和权重表四个方面的内容，含有设施监控、设施操作、设施保养、设施维修．设施检测、技术管理和培训六个职业功能。

二、道德

1. 道德的含义

马克思主义伦理学认为，道德是人类社会特有的，由社会经济关系决定的，依靠内心信念和社会舆论、风俗习惯等方式来调整人与人之间、人与社会之间以及人与自然之间的关系的特殊行为规范的总和。道德包含了三层含义。一是一个社会道德的性质、内容，是由社会生产方式、经济关系（物质利益关系）决定的，也就是说，有什么样的生产方式、经济关系，就有什么样的道德体系。二是道德是以善与恶、好与坏、偏私与公正等作为标准来调整人们之间的行为的。一方面，道德作为标准，影响着人们的价值取向和行为模式；另一方面，道德也是人们对行为选择、关系调整做出善恶判断的评价标准。三是道德不是由专门的机构来制定和强制执行的，而是依靠社会舆论和人们的内心信念、传统思想和教育的力量来调节的。根据马克思主义理论，道德属于社会上层建筑，是一种特殊的社会现象。

2. 道德的表现形式

根据道德的表现形式，人们通常把道德分为家庭美德、社会公德和职业道德三大领域。从事某个特定职业的从业者，要结合自身实际，加强职业道德修养，担负职业道德责任。同时，作为社会和家庭的重要成员，从业人员也要加强社会公德、家庭美德修养，担负起应尽的社会责任和家庭责任。

三、职业道德

1. 职业道德的含义

职业道德是指从事一定职业的人们在职业活动中应该遵循的，依靠社会舆论、传统习惯和内心信念来维持的行为规范的总和。它调节从业人员与服务对象、从业人员之间、从业人员与职业之间的关系。它是职业或行业范围内的特殊要求，是社会道德在职业领域的具体体现。

2. 职业道德的基本要素

职业道德的基本要素包括以下七项内容。

1）职业理想

职业理想是人们对职业活动目标的追求和向往，是人们的世界观、人生观、价值观在职业活动中的集中体现。职业理想是形成职业态度的基础，是实现职业目标的精神动力。

2）职业态度

职业态度是人们在一定社会环境的影响下，通过职业活动和自身体验所形成的、对岗位工作的一种相对稳定的劳动态度和心理倾向。职业态度是从业者精神境界、职业道德素质和劳动态度的重要体现。

3）职业义务

职业义务是人们在职业活动中自觉地履行的对他人、社会应尽的职业责任。我国的每个从业者都有维护国家、集体利益，为人民服务的职业义务。

4）职业纪律

职业纪律是从业者在岗位工作中必须遵守的规章、制度、条例等职业行为规范，例如国家公务员必须廉洁奉公、甘当公仆，公安、司法人员必须秉公执法、铁面无私等。这些规定和纪律要求，都是从业者做好本职工作的必要条件。

5）职业良心

职业良心是从业者在履行职业义务中形成的对职业责任的自觉意识和自我评价活动。人们从事的职业和岗位不同，其职业良心的表现形式也往往不同，例如商业人员的职业良心是“诚实无欺”，医生的职业良心是“治病救人”。从业人员能做到这些，内心就会得到安宁；反之，内心会产生不安和愧疚感。

6）职业荣誉

职业荣誉是社会对从业者职业道德活动的价值做出的褒奖和肯定评价，以及从业者在主观认识上对自己职业道德活动的一种自尊、自爱的荣辱意向。一个从业者在职业行为的社会价值赢得社会认可，就会由此产生荣誉感；反之，会产生耻辱感。

7）职业作风

职业作风是从业者在职业活动中表现出来的相对稳定的工作态度和职业风范。从业者在职业岗位中表现出来的尽职尽责、诚实守信、奋力拼搏、艰苦奋斗的作风等，都属于职业作风。职业作风是一种无形的精神力量，对从业者事业的成功具有重要作用。

3. 职业道德的特征

职业道德作为职业行为的准则之一，与其他职业行为准则相比，体现出以下六个特征。

1)鲜明的行业性

行业之间存在差异，各行各业都有特殊的道德要求。

2)适用范围上的有限性

一方面，职业道德一般只适用于从业人员的岗位活动；另一方面，不同的职业道德之间也有共同的特征和要求，存在共通的内容，如敬业、诚信、互助等，但某些特定行业和具体的岗位必须有与该行业、该岗位相适应的具体的职业道德规范。这些特定的规范只在特定的职业范围内起作用，只能对该行业和该岗位的从业人员有指导和规范作用。

3)表现形式的多样性

职业领域的多样性决定了职业道德表现形式的多样性。随着社会经济的高速发展，社会分工将越来越细，越来越专，职业道德的内容也必然千差万别。各行各业为适应本行业的行业公约、规章制度、员工守则、岗位职责等要求，都会将职业道德的基本要求规范化、具体化，使职业道德的具体规范和要求呈现多样性。

4)一定的强制性

职业道德除了通过社会舆论和从业人员的内心信念来对其职业行为进行调节外，与职业责任和职业纪律也紧密相连。职业纪律属于职业道德的范畴，当从业人员违反了具有一定法律效力的职业章程、职业合同、职业责任、操作规程，给企业和社会带来损失和危害时，职业道德就将用其具体的评价标准，对违规者进行处罚，轻则受到经济和纪律处罚，重则移交司法机关，由法律来进行制裁，这就是职业道德强制性的表现。但在这里需要注意的是，职业道德本身并不存在强制性，而是其总体要求与职业纪律、行业法规具有重叠内容，一旦从业人员违背了这些纪律和法规，除了受到职业道德的谴责外，还要受到纪律和法律的处罚。

5)相对稳定性

职业一般处于相对稳定的状态，决定了反映职业要求的职业道德必然处于相对稳定的状态，如商业行业“诚信为本、童叟无欺”的职业道德，医务行业“救死扶伤、治病救人”的职业道德等，千百年来为从事相关行业的人们所传承和遵守。

6)利益相关性

职业道德与物质利益具有一定的关联性。利益是道德的基础，各种职业道德规范及表现状况关系到从业人员的利益。对于爱岗敬业的员工，单位不仅应该给予精神方面的鼓励，也应该给予物质方面的褒奖；相反，违背职业道德、漠视工作的员工则会受到批评，严重者还会受到纪律的处罚。一般情况下，企业将职业道德规范，如爱岗敬业、诚实守信、团结互助、勤劳节俭等纳入企业管理时，都要将它与自身的行业特点、要求紧密结合在一起，变成更加具体、明确、严格的岗位责任或岗位要求，并制订出相应的奖励和处罚措施，与从业人员的物质利益挂钩，强调责、权、利的有机统一，便于监督、检查、评估，以促进从业人员更好地履行自己的职业责任和义务。

4. 职业道德基本规范

爱岗敬业、诚实守信、办事公道、服务群众、奉献社会是我国每名从业人员都应奉行的职业道德基本规范。

1)爱岗敬业

爱岗敬业作为最基本的职业道德规范,是对人们工作态度的一种普遍要求,是中华民族传统美德和现代企业发展的要求。爱岗就是热爱自己的工作岗位、热爱本职工作,敬业就是要用一种恭敬严肃的态度对待自己的工作。

2)诚实守信

诚实守信是做人的基本准则,也是社会道德和职业道德的一项基本规范。诚,就是真实不欺,言行和内心思想一致,不弄虚作假。信,就是真心实意地遵守、履行诺言。诚实守信就是真实无欺、遵守承诺和契约的品德及行为。诚实守信体现着道德操守和人格力量,也是具体行业、企业立足的基础,具有很强的现实针对性。

3)办事公道

办事公道是对人和事的一种态度,也是千百年来为人们所称道的职业道德。公道就是处理事情坚持原则,不偏袒任何一方。办事公道强调在职业活动中应遵从公平与公正的原则,要做到公平公正、不计较个人得失、光明磊落。

4)服务群众

服务群众就是为人民群众服务。在社会生活中,人人都是服务对象,人人又都为他人服务。服务群众作为职业道德的基本规范,是对所有从业者的要求。社会主义市场经济条件下,要真正做到服务群众,首先,心中时时要有群众,始终把人民的根本利益放在心上;其次,要充分尊重群众,尊重群众的人格和尊严;最后,要千方百计方便群众。

5)奉献社会

奉献社会就是积极自觉地为社会做贡献。奉献,就是不论从事哪种职业,从业人员不是为了个人、家庭,也不是为了名和利,而是为了有益他人,为了有益于国家和社会。正因如此,奉献社会是社会主义职业道德的本质特征。社会主义建立在以公有制为主体的经济基础之上,广大劳动人民当家作主,因此,社会主义职业道德必须把奉献社会作为从业者重要的道德规范,作为从业者根本的职业目的。奉献社会并不意味着不要个人的正当利益,不要个人的幸福。恰恰相反,一个自觉奉献社会的人才能真正找到个人幸福的支撑点。个人幸福是在奉献社会的职业活动中体现出来的。奉献和个人利益是辩证统一的,奉献越大,收获就越多。

四、消防行业职业道德

1. 消防行业职业道德的含义

消防行业职业道德是指消防行业从业人员(包括消防设施操作员)在从事消防职业活动中,从思想到工作行为必须遵守的职业道德规范和消防行业职业守则。消防行业职业道德关系到人民群众的生命和财产安全,关系到经济发展和社会稳定,在整个职业道德体系中具有重要的地位。

2. 消防行业职业道德的特点

1)消防安全的责任性

消防设施操作员职业直接关系到人民群众的生命和财产安全,使命光荣,责任重大。消防设施操作员必须提高职业道德修养,落实岗位职责,不断提高自身的职业技能和单位的火灾防控能力,否则,可能导致火灾扩大或严重的火灾伤亡事故,不仅会受到行业内外的道德和舆论的谴责,还会受到法律的严厉追责。

2)工作标准的原则性

消防设施操作员服务于单位和消防技术服务机构,从事建(构)筑物消防设施运行、操作和维修、保养、检测等工作。消防行业职业道德的内容与消防设施操作员的职业活动紧密相连,作为一线的具体操作人员,消防设施操作员在工作中必须坚持客观、公正、合规,严格按照国家标准执业,不为利益所诱惑,不弄虚作假,维护消防法律法规的正确实施。

3)职业行为的指导性

消防行业职业道德对消防设施操作员的职业行为具有重要的导向作用,有利于树立高度的社会责任感、使命感,树立正确的人生观、从业观,转变服务理念,讲究服务质量,注重消防安全。面对火灾危险,消防设施操作人员要激发不怕流血牺牲的意志品质和英勇无畏的战斗意志,克服恐惧,挺身而出,坚决履行岗位职责,勇于贡献自己的一切。

4)规范从业的约束性

消防行业职业道德是在包括消防设施操作员在内的消防从业人员长期的职业经历中提炼形成的,作为具体实践的行业规范和职业要求,明确了“应该怎样去做,不应该怎样去做”的标准,被社会普遍认可,并易于消防设施操作员等消防从业人员接受,在职业活动中能够自觉规范自己的言行。

3. 消防行业职业道德的作用

1)规范社会职业秩序和职业行为

消防行业职业道德有利于调节职业关系,对职业活动的具体行为进行规范。一方面,消防行业职业道德可以调节消防行业从业人员内部的关系,即遵循消防行业职业道德规范约束职业行为,促进职业内部人员的团队协作,工作中不断提高消防行业职业技能,自觉抵制不良行为,共同为发展本行业、本职业服务。另一方面,消防行业职业道德可以调节消防设施操作员和服务单位之间的关系,如消防设施操作员怎么对维护、保养、检测的消防设施质量负责,怎么对消防设施监控操作负责

2)有利于提高职业素质,促进本行业的发展

消防行业职业道德是评价消防设施操作员职业行为好坏的标准,能够促使本人尽最大的能力把工作做好,树立良好的行业信誉。消防设施操作人员只有不断加强职业道德修养,提高职业素质,在防御火灾、保护生命财产安全方面发挥出更大的作用,才能得到社会的认可,实现自我价值。

3)有利于促进社会良好道德风尚的形成

消防行业职业道德是本行业、本职业全体人员的行为表现,是整个社会道德的重要内容,如果每名消防行业从业人员都能够做到对自己负责、对工作负责、对社会负责,将塑造良好的社会形象,可以影响、带动其他行业形成优良的道德。每个行业、每个职业集体都具备优良的道德,对整个社会道德水平的提高必将发挥重要作用。

21.3 课后练习

请扫描教师提供的二维码,完成章节测试。

Chapter 22

项目 22 消防工作的性质与任务

学习重点

1. 了解消防工作的特点；
2. 掌握消防工作的性质和任务。

消防是火灾预防和灭火救援等的统称。火灾是一种不受时间、空间限制，发生频率很高的灾害，随着人类用火的出现而出现，并与人类用火历史伴生。以防范和治理火灾为目的的消防工作（古称“火政”）应运而生。消防工作是国民经济和社会发展的重要组成部分，关系人民群众安居乐业，关系改革发展稳定大局，涉及全社会的安全和利益。

22.1 消防工作的性质与特点

一、消防工作的性质

我国消防工作是一项由政府统一领导、部门依法监管、单位全面负责、公民积极参与、专业队伍与社会各方面协同、群防群治，预防和减少火灾危害、开展应急救援的公共安全专门性工作。

二、消防工作的特点

消防工作的长期实践表明，消防工作具有以下特点。

1. 社会性

消防工作具有广泛的社会性，它涉及社会的各个领域、各行各业、千家万户。凡是有人员工作、生活的地方都有可能发生火灾。因此，要真正在全社会做到预防火灾发生，减少火灾危害，必须按照政府统一领导、部门依法监管、单位全面负责、公民积极参与的原则，依靠社会各界力量和全体公民共同参与，实行群防群治。

2. 行政性

消防工作是政府履行社会管理和公共服务职能的重要内容，各级人民政府必须加强对消防工作的领导，这是中国特色社会主义进入新时代，建设社会主义和谐社会，满足人民日益增长的美好生活需要的基本要求。国务院作为中央人民政府，领导全国的消防工作，使消防工作更好地保障我国社会主义现代化建设的顺利进行，具有主要的作用。消防工作又是一项地方性和专门性很强的行政工作，许多具体工作，如城乡消防规划，城乡公共消防基础设施、消防装备的建设，多种形式消防队伍的建立与发展，消防经费的保障，特大火灾的组织扑救以及消防安全监管等，都必须依靠地方各级人民政府和有关职能部门。

3. 经常性

无论是春夏秋冬，还是白天黑夜，每时每刻都有可能发生火灾。人们在生产、生活、工作和学习中都需要用火，稍有疏漏，就有可能酿成火灾。因此，这就决定了消防工作具有经常性。

4. 技术性

科学技术的进步，推动了经济社会的发展，消防工作要与经济社会的发展同步发展，就必须充分应用科学技术，采用先进的消防安全理念、现代科学技术预防和扑救火灾，提升消防救援能力。

22.2 消防工作的任务

消防工作的中心任务是防范火灾发生，一旦发生火灾要做到“灭得了”，最大限度地减少火灾造成的人员伤亡和财产损失，全力保障人民群众安居乐业和经济社会安全发展。消防工作的具体任务有如下两个方面。

一、做好火灾预防工作

1. 制定消防法规和消防技术规范

制定消防法规和消防技术规范可以为城乡建设，各类新建、扩建、改建建设工程，生产、储存、经营场所，住宅区的消防安全建设提供技术标准，为日常消防安全管理提供法律支撑。

2. 制定消防发展规划

切实把消防工作纳入国家、地方政府各个时期经济社会发展的总体规划，同步建设，同步发展，防止严重滞后，保障经济社会安全发展。

3. 编制城乡消防建设规划

按照省、市、县、乡建设总体规划，对消防安全布局、消防站、消防供水、消防车通道、消防装备等内容制定近期、中期、远期消防安全建设规划，报请同级人民政府批准，并纳入总体规划同步实施。

4. 全面落实消防安全责任

依照消防法律法规、政府消防工作规范性文件规定，严格落实地方各级政府、各部门、各单位消防安全责任，形成各负其责、齐抓共管的局面。

5. 加强城乡公共消防设施建设和维护管理

政府市政建设部门要将城乡公共消防设施建设纳入市政建设，加强日常维护管理，确保设施完好有效。

6. 加强建设工程消防管理

新建、扩建、改建建设工程的建设、设计、施工、监理单位及政府监管部门，要严格执行国家法律法规、消防技术标准，确保每项建设工程消防合规，不留下“先天性”火灾隐患。

7. 单位日常消防管理

各级各类单位要依法履行消防安全职责，开展日常消防安全检查巡查，加强消防设施设备维护保养，及时消除火灾隐患，控制火灾风险，防止火灾发生。

8. 加强社区消防安全管理

按照国家有关消防安全网格化管理规定，将社区消防安全纳入综合治理平台，落实日常网格化管理工作。加强社区微型消防站建设，提高社区火灾防控能力。

9. 开展全民消防宣传教育

采用多种方式，通过多种途径，对学生、单位从业人员、居民群众等全社会公民开展消防法律法规，防火、灭火基本常识，疏散逃生技能的消防宣传教育培训，全面提升公民消防安全素质。

10. 消防监督管理

依照《中华人民共和国消防法》的规定，县级以上地方人民政府应急管理部门对本行政区域内的消防工作实施监督管理，并由本级人民政府消防救援机构负责实施。军事设施的消防工作，由其主管单位监督管理，消防救援机构协助；矿井地下部分、核电厂、海上石油天然气设施的消防工作，由其主管单位监督管理。县级以上人民政府其他有关部门在各自的职责范围内，依照《中华人民共和国消防法》和其他相关法律法规的规定做好消防工作。

(1)实行建设工程消防设计审查验收制度。按照国家工程建设消防技术标准需要进行消防设计的建设工程，实行建设工程消防设计审查验收制度。一是国务院住房和城乡建设主管部门规定的特殊建设工程，建设单位应当将消防设计文件报送住房和城乡建设主管部门审查，住房和城乡建设主管部门依法对审查的结果负责。其他建设工程，建设单位申请领取施工许可证或者申请批准开工报告时应当提供满足施工需要的消防设计图纸及技术资料。特殊建设工程未经消防设计审查或者审查不合格的，建设单位、施工单位不得施工。其他建设工程，建设单位未提供满足施工需要的消防设计图纸及技术资料的，有关部门不得发放施工许可证或者批准开工报告。二是国务院住房和城乡建设主管部门规定应当申请消防验收的建设工程竣工，建设单位应当向住房和城乡建设主管部门申请消防验收。其他建设工程，建设单位在验收后应当报住房和城乡建设主管部门备案，住房和城乡建设主管部门应当进行抽查。依法应当进行消防验收的建设工程，未经消防验收或者消防验收不合格的，禁止投入使用。其他建设工程经依法抽查不合格的，应当停止使用。

(2)实施消防监督检查。消防救援机构应当依法对机关、团体、企业、事业等单位遵守消防法律法规的情况进行监督检查。公安派出所负责日常消防监督检查。

(3)公众聚集场所在投入使用、营业前，建设单位或者使用单位应当向场所所在地的县级以上地方人民政府消防救援机构申请消防安全检查。未经消防安全检查或者经检查不符合消防安全要求的，不得投入使用、营业。

(4)举办大型群众性活动，承办人应当依法向公安机关申请安全许可。

(5)实施消防产品质量监督管理。产品质量监督部门、工商行政管理部门、消防救援机构应当按照各自职责加强对消防产品质量的监督检查。禁止生产、销售或者使用不合格的消防产品以及国家明令淘汰的消防产品。

11. 火灾事故调查与统计

1)火灾事故调查

对发生的火灾事故进行原因调查,总结火灾发生规律,查找引发火灾的原因,修订完善消防管理法规、消防技术标准规范,不断提高火灾防控能力。

2)火灾统计

按照火灾分类标准,通过火灾统计,为政府决策提供技术支持。

二、做好灭火及综合性救援工作

我国自然灾害频发,各类灾害事故多发,有关部门要切实做好灭火及灾害事故抢险救援工作。

1. 建立灭火应急救援指挥体系

地方各级政府要针对本地区自然灾害发生规律和灾害种类,建立健全应急救援指挥体系,明确职责任务,形成联勤联动机制,实行信息化指挥,一旦发生灾害事故,立即进入战时指挥状态。

2. 制订灭火应急处置预案

针对各类火灾扑救、灾害事故抢险救援特点,制订各类灾害事故数字化处置预案,并定期开展全员、实战演练,提高预案的可实施性,保证发生灾害事故能有序、高效、规范处置,减少人员伤亡和灾害损失。

3. 加强灾害事故预警监测

采用物联网、大数据、云计算、人工智能等现代信息技术,对城市、森林、草原火灾进行预警监测,及早发现事故风险,及时消除隐患。

4. 加强灭火和应急救援队伍建设

地方各级政府要加强综合性消防救援队伍、政府专职消防队、社区微型消防站建设,各级各类单位要依法建立企业专职消防队、微型消防站,保证城乡每个区域、每个单位、每个社区有一支常备消防救援力量,时刻处于应急救援状态,拉得出,打得赢。

22.3 课后练习

请扫描教师提供的二维码,完成章节测试。

Chapter 23

项目 23 消防工作的方针与原则

1. 熟练掌握消防工作的方针和原则；

2. 掌握政府、部门、单位及公民的消防安全职责。

《中华人民共和国消防法》(以下简称《消防法》)明确指出：消防工作贯彻预防为主、防消结合的方针，按照政府统一领导、部门依法监管、单位全面负责、公民积极参与的原则，实行消防安全责任制，建立健全社会化的消防工作网络。《消防法》规定了我国消防工作的方针、原则和实行的基本制度。

23.1 消防工作方针

消防工作贯彻预防为主、防消结合的方针。这个方针科学、准确地阐明了“防”和“消”的辩证关系，反映了人类同火灾作斗争的客观规律，也体现了我国消防工作注重抓住主动权的特色，为我国消防安全形势持续稳定发挥了根本指引作用，是指导消防工作的行动指南。

一、预防为主

预防为主，就是在消防工作的指导思想上，要立足于防患于未“燃”，把火灾预防的工作作为重点，放在首位，积极贯彻落实各项防火措施，力求做到不发生火灾。我国早在战国时期就提出了“防为上，救次之，戒为下”的思想，认为“防”是第一位，“救”是第二位，“戒”则是不得已而为之。消防工作实践证明，只要人们具有较强的消防安全意识，遵守消防法规和消防技术标准，严格落实“人防、物防、技防”措施，大多数火灾是可以预防的。

二、防消结合

防消结合要求把同火灾作斗争的两个基本手段(防火和灭火)有机地结合起来，做到相辅相成、互相促进。火灾预防工作虽然可以防止大多数火灾的发生，但火灾是经济发展的伴生物，随着新材料、新产品、新工艺的不断出现，潜在的火灾隐患不断产生，目前，人们的消防安全意识还普遍不高，无法实现本质化安全的条件下，完全杜绝火灾发生是不可能的。因此，在预防火灾的同时，必须切实做好扑救火灾的各项准备工作，加强国家综合性消防救援队、专职消防队和志愿消防队等多种形式的消防力量建设，搞好技术装备的配备，强化公共消防基础设施和微型消防站的建设，提高灭火能力。一旦发生火灾，做到能够及时发现，有效扑救，最大限度地减少人员伤亡和财产损失。

由此可见，“防”和“消”是不可分割的整体，“防”是“消”的先决条件，“消”必须与“防”紧密结合，“防”与“消”是实现消防安全的两种必要手段，两者互相联系，互相渗透，相辅相成，缺一不可。在消防工作中，必须坚持“防”“消”并举和“防”“消”并重的思想，把同火灾作斗争的两个基本手段，即火灾预防和火灾扑救有机地结合起来，最大限度地保护人身、财产安全，维护公共安全，促进社会和谐。

23.2 消防工作原则

我国消防工作按照“政府统一领导、部门依法监管、单位全面负责、公民积极参与”的原则，实行消防安全责任制，建立健全社会化的消防工作网络。政府、部门、单位、公民都是消防工作的主体，只有各司其职、各负其责，才能保证消防工作顺利开展。

一、政府统一领导

消防安全是政府社会管理和公共服务的重要内容，是社会稳定、经济发展的重要保障，各级政府必须加强对消防工作的领导。在全国层面，国务院领导全国的消防工作；在地区层面，地方各级人民政府负责本行政区域的消防工作。

1. 国务院消防工作职责

《消防法》规定，国务院领导全国的消防工作。

2. 地方各级人民政府消防工作职责

《消防法》规定，地方各级人民政府负责本行政区域内的消防工作。国务院办公厅印发的《消防安全责任制实施办法》(国办发〔2017〕87 号)(以下简称“国办 87 号文”)规定：地方各级人民政府负责本行政区域内的消防工作，政府主要负责人为第一责任人，分管负责人为主要责任人，班子其他成员对分管范围内的消防工作负领导责任。同时，《消防安全责任制实施办法》对地方各级人民政府消防工作职责做了全面规定。

1)县级以上地方各级人民政府消防工作职责

县级以上地方各级人民政府应当落实消防工作责任制，贯彻执行国家法律法规和方针政策，以及上级党委、政府关于消防工作的部署要求，全面负责本地区消防工作，将消防工作纳入经济社会发展总体规划，确保消防工作与经济社会发展相适应，督促所属部门和下级人民政府落实消防安全责任制，建立常态化火灾隐患排查整治机制，依法建立公安消防队和政府专职消防队，组织领导火灾扑救和应急救援工作，组织制订灭火救援应急预案并组织开展演练，建立灭火救援社会联动和应急反应处置机制。

2)省、自治区、直辖市人民政府消防工作职责

省、自治区、直辖市人民政府除履行县级以上地方各级人民政府规定的职责外，还应当定期召开政府常务会议、办公会议，研究部署消防工作；针对本地区消防安全特点和实际情况，及时提请同级人大及其常委会制定、修订地方性法规，组织制定、修订政府规章、规范性文件；将消防安

全的总体要求纳入城市总体规划，并严格审核；加大消防投入，保障消防事业发展所需经费。

3）市、县级人民政府消防工作职责

市、县级人民政府除履行县级以上地方各级人民政府规定的职责外，还应当科学编制和严格落实城乡消防规划；在本级政府预算中安排必要的资金，保障消防站、消防供水、消防通信等公共消防设施和消防装备建设，促进消防事业发展；将消防公共服务事项纳入政府民生工程或为民办实事工程；定期分析评估本地区消防安全形势，组织开展火灾隐患排查整治工作；加强消防宣传教育培训，有计划地建设公益性消防科普教育基地，开展消防科普教育活动；按照立法权限，针对本地区消防安全特点和实际情况，及时提请同级人大及其常委会制定、修订地方性法规，组织制定、修订地方政府规章、规范性文件。

4）乡镇人民政府消防工作职责

乡镇人民政府应建立消防安全组织，明确专人负责消防工作，制定消防安全制度，落实消防安全措施；安排必要的资金，用于公共消防设施建设和业务经费支出；将消防安全内容纳入镇总体规划、乡规划，并严格组织实施；根据当地经济发展和消防工作的需要建立专职消防队、志愿消防队，承担火灾扑救、应急救援等职能，并开展消防宣传、防火巡查、隐患查改；因地制宜落实消防安全"网格化"管理的措施和要求，加强消防宣传和应急疏散演练；部署消防安全整治，组织开展消防安全检查，督促整改火灾隐患；指导村（居）民委员会开展群众性的消防工作，确定消防安全管理人，制定防火安全公约，根据需要建立志愿消防队或微型消防站，开展防火安全检查、消防宣传教育和应急疏散演练，提高城乡消防安全水平。

二、部门依法监管

政府有关部门在实施行政管理过程中，对消防安全进行监管，这是消防工作的社会化属性决定的。因此，《消防法》明确规定：国务院应急管理部门对全国的消防工作实施监督管理。县级以上地方人民政府应急管理部门对本行政区域内的消防工作实施监督管理，并由本级人民政府消防救援机构负责实施。军事设施的消防工作，由其主管单位监督管理，消防救援机构协助；矿井地下部分、核电厂、海上石油天然气设施的消防工作，由其主管单位监督管理。另外，《消防法》对教育、民政、人力资源、住房城乡建设、市场监管等政府有关职能部门的消防安全职责做了原则性规定。

为了进一步细化各政府部门在消防安全工作中的具体责任，"国办 87 号文"对县级以上人民政府工作部门消防安全职责做了以下明确规定。

1. 县级以上人民政府工作部门消防工作职责

县级以上人民政府应当按照谁主管、谁负责的原则，在各自职责范围内，根据本行业、本系统业务工作特点，在行业安全生产法规政策、规划计划和应急预案中纳入消防安全内容，提高消防安全管理水平；依法督促本行业、本系统相关单位落实消防安全责任制，建立消防安全管理制度，确定专（兼）职消防安全管理人员，落实消防工作经费；开展针对性消防安全检查治理，消除火灾隐患；加强消防安全教育宣传培训，每年组织应急演练，提高行业从业人员消防安全意识。

2. 具有行政审批职能的部门消防工作职责

具有行政审批职能的部门，对审批事项中涉及消防安全的法定条件要依法严格审批，凡不符合法定条件的，不得核发相关许可证照或批准开办。对已经依法取得批准的单位，不再具备消防安全条件的应当依法予以处理。

(1)公安机关负责对消防工作实施监督管理，指导、督促机关、团体、企业、事业等单位履行消防工作职责。开展消防监督检查，组织针对性消防安全专项治理，实施消防行政处罚；组织和指挥火灾现场扑救，承担或参加重大灾害事故和其他以抢救人员生命为主的应急救援工作；依法组织或参与火灾事故调查处理工作，办理失火罪和消防责任事故罪案件；组织开展消防宣传教育培训和应急疏散演练。

(2)教育部门负责学校、幼儿园管理中的行业消防安全；指导学校消防安全教育宣传工作，将消防安全教育纳入学校安全教育活动统筹安排。

(3)民政部门负责社会福利、特困人员供养、救助管理、未成年人保护、婚姻、殡葬、救灾物资储备、烈士纪念、军休军供、优抚医院、光荣院、养老机构等民政服务机构审批或管理中的行业消防安全。

(4)人力资源社会保障部门负责职业培训机构、技工院校审批或管理中的行业消防安全；做好政府专职消防队员、企业专职消防队员依法参加工伤保险工作；将消防法律法规和消防知识纳入公务员培训、职业培训内容。

(5)城乡规划管理部门依据城乡规划配合制定消防设施布局专项规划，依据规划预留消防站规划用地，并负责监督实施。

(6)住房城乡建设部门负责依法督促建设工程责任单位加强对房屋建筑和市政基础设施工程建设的安全管理，在组织制定工程建设规范以及推广新技术、新材料、新工艺时，应充分考虑消防安全因素，满足有关消防安全性能及要求。

(7)交通运输部门负责在客运车站、港口、码头及交通工具管理中依法督促有关单位落实消防安全主体责任和有关消防工作制度。

(8)文化部门负责文化娱乐场所审批或管理中的行业消防安全工作，指导、监督公共图书馆、文化馆(站)、剧院等文化单位履行消防安全职责。

(9)卫生计生部门负责医疗卫生机构、计划生育技术服务机构审批或管理中的行业消防安全。

(10)工商行政管理部门负责依法对流通领域消防产品质量实施监督管理，查处流通领域消防产品质量违法行为。

(11)质量技术监督部门负责依法督促特种设备生产单位加强特种设备生产过程中的消防安全管理，在组织制定特种设备产品及使用标准时，应充分考虑消防安全因素，满足有关消防安全性能及要求，积极推广消防新技术在特种设备产品中的应用；按照职责分工对消防产品质量实施监督管理，依法查处消防产品质量违法行为；做好消防安全相关标准制修订工作，负责消防相关产品质量认证监督管理工作。

(12)新闻出版广电部门负责指导新闻出版广播影视机构消防安全管理，协助监督管理印刷业、网络视听节目服务机构的消防安全；督促新闻媒体发布针对性消防安全提示，面向社会开展消防宣传教育。

(13)安全生产监督管理部门要严格依法实施有关行政审批，凡不符合法定条件的，不得核发有关安全生产许可。

3.具有行政管理或公共服务职能的部门消防工作职责

具有行政管理或公共服务职能的部门，应当结合本部门职责为消防工作提供支持和保障。

(1)发展改革部门应当将消防工作纳入国民经济和社会发展中长期规划，地方发展改革部门应当将公共消防设施建设列入地方固定资产投资计划。

(2)科技部门负责将消防科技进步纳入科技发展规划和中央财政科技计划(专项、基金等)并组织实施;组织指导消防安全重大科技攻关、基础研究和应用研究,会同有关部门推动消防科研成果转化应用;将消防知识纳入科普教育内容。

(3)工业和信息化部门负责指导督促通信业、通信设施建设以及民用爆炸物品生产、销售的消防安全管理,依据职责负责危险化学品生产、储存的行业规划和布局,将消防安全产业纳入应急产业同规划、同部署、同发展。

(4)司法行政部门负责指导监督监狱系统、司法行政系统强制隔离戒毒场所的消防安全管理,将消防法律法规纳入普法教育内容。

(5)财政部门负责按规定对消防资金进行预算管理。

(6)商务部门负责指导、督促商贸行业的消防安全管理工作。

(7)房地产管理部门负责指导、督促物业服务企业按照合同约定做好住宅小区共用消防设施的维护管理工作,并指导业主依照有关规定使用住宅专项维修资金对住宅小区共用消防设施进行维修、更新、改造。

(8)电力管理部门依法对电力企业和用户执行电力法律、行政法规的情况进行监督检查,督促企业严格遵守国家消防技术标准,落实企业主体责任;推广采用先进的火灾防范技术设施,引导用户规范用电。

(9)燃气管理部门负责加强城镇燃气安全监督管理工作,督促燃气经营者指导用户安全用气并对燃气设施定期进行安全检查、排除隐患,会同有关部门制定燃气安全事故应急预案,依法查处燃气经营者和燃气用户等各方主体的燃气违法行为。

(10)人防部门负责对人民防空工程的维护管理进行监督检查。

(11)文物部门负责文物保护单位、世界文化遗产和博物馆的行业消防安全管理。

(12)体育、宗教事务、粮食等部门负责加强体育类场馆、宗教活动场所、储备粮储存环节等消防安全管理,指导开展消防安全标准化管理。

(13)银行、证券、保险等金融监管机构负责督促银行业金融机构、证券业机构、保险机构及服务网点、派出机构落实消防安全管理。保险监管机构负责指导保险公司开展火灾公众责任保险业务,鼓励保险机构发挥火灾风险评估管控和火灾事故预防功能。

(14)农业、水利、交通运输等部门应当将消防水源、消防车通道等公共消防设施纳入相关基础设施建设工程。

(15)互联网信息、通信管理等部门应当指导网站、移动互联网媒体等开展公益性消防安全宣传。

(16)气象、水利、地震部门应当及时将重大灾害事故预警信息通报消防救援机构。

(17)负责公共消防设施维护管理的单位应当保持消防供水、消防通信、消防车通道等公共消防设施的完好有效。

三、单位全面负责

单位是社会的基本单元,是消防安全责任体系中最直接的责任主体,负有最基础的管理责任,抓好了单位消防安全管理,就解决了消防工作的主要方面。

单位全面负责,即单位要对本单位的消防安全负责,并按照《消防法》和“国办 87 号文”的规定履行以下消防安全职责。

1. 机关、团体、企业、事业等单位

机关、团体、企业、事业等单位应当落实消防安全主体责任，履行下列职责。

(1)明确各级、各岗位消防安全责任人及其职责，制定本单位的消防安全制度、消防安全操作规程、灭火和应急疏散预案。定期组织开展灭火和应急疏散演练，进行消防工作检查考核，保证各项规章制度落实。

(2)保证防火检查巡查、消防设施器材维护保养、建筑消防设施检测、火灾隐患整改、专职或志愿消防队和微型消防站建设等消防工作所需资金的投入。生产经营单位安全费用应当保证适当比例用于消防工作。

(3)按照相关标准配备消防设施、器材，设置消防安全标志，定期检验维修，对建筑消防设施每年至少进行一次全面检测，确保完好有效。设有消防控制室的，实行 24 小时值班制度，每班不少于 2 人，并持证上岗。

(4)保障疏散通道、安全出口、消防车通道畅通，保证防火防烟分区、防火间距符合消防技术标准。人员密集场所的门窗不得设置影响逃生和灭火救援的障碍物。保证建筑构件、建筑材料和室内装修装饰材料等符合消防技术标准。

(5)定期开展防火检查、巡查，及时消除火灾隐患。

(6)根据需要建立专职或志愿消防队、微型消防站，加强队伍建设，定期组织训练演练，加强消防装备配备和灭火药剂储备，建立与公安消防队联勤联动机制，提高扑救初起火灾能力。

(7)消防法律、法规、规章以及政策文件规定的其他职责。

2. 消防安全重点单位

消防安全重点单位除履行机关、团体、企业、事业等单位规定的职责外，还应当履行下列职责。

(1)明确承担消防安全管理工作的机构和消防安全管理人并报知当地消防救援机构，组织实施本单位消防安全管理。消防安全管理人应当经过消防培训。

(2)建立消防档案，确定消防安全重点部位，设置防火标志，实行严格管理。

(3)安装、使用电器产品、燃气用具和敷设电气线路、管线必须符合相关标准和用电、用气安全管理规定，并定期维护保养、检测。

(4)组织员工进行岗前消防安全培训，定期组织消防安全培训和疏散演练。

(5)根据需要建立微型消防站，积极参与消防安全区域联防联控，提高自防自救能力。

(6)积极应用消防远程监控、电气火灾监测、物联网技术等技防物防措施。

3. 火灾高危单位

容易造成群死群伤火灾的人员密集场所、易燃易爆单位和高层、地下公共建筑等火灾高危单位除履行机关、团体、企业、事业等单位和消防安全重点单位规定的职责外，还应当履行下列职责。

(1)定期召开消防安全工作例会，研究本单位消防工作，处理涉及消防经费投入、消防设施设备购置、火灾隐患整改等重大问题。

(2)鼓励消防安全管理人取得注册消防工程师执业资格，消防安全责任人和特有工种人员须经消防安全培训；自动消防设施操作人员应取得建(构)筑物消防员职业资格证书。

(3)专职消防队或微型消防站应当根据本单位火灾危险特性配备相应的消防装备器材，储备足够的灭火救援药剂和物资，定期组织消防业务学习和灭火技能训练。

(4)按照国家标准配备应急逃生设施设备和疏散引导器材。

(5)建立消防安全评估制度,由具有资质的机构定期开展评估,评估结果向社会公开。

(6)参加火灾公众责任保险。

4. 同一建筑物由两个以上单位管理或使用的

同一建筑物由两个以上单位管理或使用的,应当明确各方的消防安全责任,并确定责任人对共用的疏散通道、安全出口、建筑消防设施和消防车通道进行统一管理。

物业服务企业应当按照合同约定提供消防安全防范服务,对管理区域内的共用消防设施和疏散通道、安全出口、消防车通道进行维护管理,及时劝阻和制止占用、堵塞、封闭疏散通道、安全出口、消防车通道等行为,劝阻和制止无效的,立即向公安机关等主管部门报告。定期开展防火检查巡查和消防宣传教育。

5. 石化、轻工等行业组织

石化、轻工等行业组织应当加强行业消防安全自律管理,推动本行业消防工作,引导行业单位落实消防安全主体责任。

6. 消防设施检测、维护保养和消防安全评估、咨询、监测等消防技术服务机构和执业人员

消防设施检测、维护保养和消防安全评估、咨询、监测等消防技术服务机构和执业人员应当依法获得相应的资质、资格,依法依规提供消防安全技术服务,并对服务质量负责。

7. 建设工程的建设、设计、施工和监理等单位

建设工程的建设、设计、施工和监理等单位应当遵守消防法律、法规、规章和工程建设消防技术标准,在工程设计使用年限内对工程的消防设计、施工质量承担终身责任。

四、公民积极参与

公民是消防工作的基础,是消防工作的重要参与者、监督者和受益者,有义务做好自己身边的消防安全工作。公民发现消防违法行为时,应及时制止和举报,共同维护好消防安全工作。没有广大人民群众的参与,消防工作就不会发展进步,全社会抗御火灾的能力就不会提高。

《消防法》对公民在消防工作中的权利和义务做了如下明确规定。

(1)任何个人都有维护消防安全、保护消防设施、预防火灾、报告火警的义务。

(2)任何成年人都有参加有组织的灭火工作的义务。

(3)任何个人禁止在具有火灾、爆炸危险的场所吸烟、使用明火。

(4)进行电焊、气焊等具有火灾危险作业的人员和自动消防系统的操作人员,必须持证上岗,并遵守消防安全操作规程。

(5)任何个人进入生产、储存易燃易爆危险品的场所,必须执行消防安全规定。

(6)任何个人禁止非法携带易燃易爆危险品进入公共场所或者乘坐公共交通工具。

(7)任何个人不得损坏、挪用或者擅自拆除、停用消防设施、器材,不得埋压、圈占、遮挡消火栓或者占用防火间距,不得占用、堵塞、封闭疏散通道、安全出口、消防车通道。

(8)任何人发现火灾时都应当立即报警,任何个人都应当无偿为报警提供便利,不得阻拦报警,严禁谎报火警。

(9)人员密集场所发生火灾时,该场所的现场工作人员应当立即组织、引导在场人员疏散。

(10)消防车、消防艇前往执行火灾扑救或者应急救援任务时,其他车辆、船舶以及行人应当让行，不得穿插超越。

(11)火灾扑灭后，发生火灾的单位和相关人员应当按照消防救援机构的要求保护现场，接受事故调查，如实提供与火灾有关的情况。

个人违反《消防法》规定，应给予警告、罚款、行政拘留处罚，没收违法所得、停止执业或者吊销相应资质、资格。

23.3 课后练习

请扫描教师提供的二维码，完成章节测试。

Chapter 24

项目24 火灾处置

1.掌握人工报警的对象、内容和方法；

2.掌握火场应急疏散逃生基本原则、预案、演练和组织实施；

3.掌握火灾扑救的程序、方法和注意事项；

4.掌握火灾现场保护的目的、范围、方法与注意事项。

24.1 火灾人工报警

《消防法》规定，任何单位和个人都有维护消防安全、保护消防设施、预防火灾、报告火警的义务。任何人发现火灾时都应当立即报警。任何单位、个人都应该无偿为报警提供便利，不得阻拦报警。任何人严禁谎报火警。因此，发现火灾立即报警，是每个公民应尽的义务。及时报告火警，对于减轻火灾损失具有十分重要的作用。

一、报警对象

1.向国家综合性消防救援机构报警

国家综合性消防救援机构是负责火灾扑救的专业部门，随时待命、有警必出。及时向国家综合性消防救援机构报警，可有效缩短消防队员到达火灾现场的时间，有利于快速抢救人员生命、确保财产安全和以较小的代价扑灭火灾。

2.向单位和受火灾威胁的人员报警

火灾发生后，火灾发现人除向消防救援机构报警外，还应及时向单位消防安全责任人、相关职能部门负责人报告情况；单位设有消防队、微型消防站的，火灾发现人还应及时向其报告情况。同时，火灾发现人可充分利用呼叫、吹哨、鸣锣、扩音器等，向受到火势威胁的人员发出报警信息。

二、报警方法及报警内容

1.报警的方法

报警的方法有以下几种：

①拨打“119”火灾报警电话；

②使用报警设施设备，如报警按钮报警；

③通过应急广播系统发布火警信息和疏散指示；

④条件允许时，可派人至就近消防站报警；

⑤使用预先约定的信号或方法报警。

2. 报警的内容

火灾发现人报火警时，必须讲清以下内容。

(1)起火单位和场所的详细地址，包括单位、场所及建筑物和街道名称，门牌号码，靠近何处，起火部位及附近的明显标志等。

(2)火灾基本情况，包括起火的场所和部位，着火的物质，火势的大小，是否有人员被困，火场有无化学危险源等，以便消防救援部门根据情况派出相应的灭火车辆。

(3)报警人姓名、单位及电话号码等相关信息。

三、消防控制室值班人员接到火灾警报的应急程序

消防控制室值班人员接到火灾警报的应急程序应符合下列要求。

(1)接到火灾警报后，值班人员应立即以最快方式确认。

(2)火灾确认后，值班人员应立即确认火灾报警联动控制开关处于自动状态，同时拨打“119”火灾报警电话，报警时应说明着火单位地点、起火部位、着火物种类、火势大小、报警人姓名和联系电话等。

(3)值班人员应立即启动单位内部应急疏散和灭火预案，并报告单位负责人。

24.2 火场应急疏散逃生

应急疏散就是引导人员向安全区撤离。《消防法》规定，机关、团体、企业、事业等单位应当落实消防安全责任制，制订本单位的消防安全制度、消防安全操作规程，制定灭火和应急疏散预案；人员密集场所发生火灾时，该场所的现场工作人员应当立即组织、引导在场人员疏散。由此可以看出，发生火灾后，及时组织自救，有序开展人员应急疏散，是发生火灾单位应当履行的消防安全职责。

一、应急疏散逃生的基本原则

1. 统一指挥

(1)实施统一指挥可有效避免在疏散逃生过程中产生混乱、交叉和拥堵，提高效率。

(2)实施统一指挥应以有计划、有步骤、有方法、有秩序和有保障为前提。

(3)实施统一指挥应充分利用应急广播系统、扩音器等设施设备，统一发布火警信息，指引方向，严防自行其是。

2. 有序组织

(1)组织疏散逃生应明确优先顺序，优先安排受火势威胁最严重或最危险区域内的人员

疏散。

(2)组织疏散逃生通常按照先着火层、再着火层上层、最后着火层下层的顺序进行,以疏散至安全区域为主要目标。

(3)当仅有唯一疏散路径时,必须合理安排先后顺序,分别进行引导;当具备多条疏散路径和辅助安全疏散设施时,应合理分配路径和设施,在互不干扰的前提下组织疏散逃生。

3. 确保安全

(1)疏散逃生过程中严禁使用普通电梯,防止烟火蔓延侵入造成人员伤亡。

(2)疏散逃生过程中应利用安全疏散设施或开启紧急电梯抢救被困人员。

(3)疏散逃生过程中应同时组织力量利用室内消火栓、防火门、防火卷帘等设施控制初起火势,启动通风和排烟系统降低烟雾浓度,防止烟火侵入疏散通道,为疏散逃生创造安全环境。

二、灭火和应急疏散预案的制订与演练

根据《消防法》的规定,机关、团体、企业、事业等单位应制订灭火和应急疏散预案,并组织进行有针对性的消防演练。

1. 灭火和应急疏散预案的制订

1)预案内容

消防安全重点单位制订的灭火和应急疏散预案应当包括下列内容:

①组织机构,包括灭火行动组、通信联络组、疏散引导组、安全防护救护组等;

②报警和接警处置程序;

③应急疏散的组织程序和措施;

④扑救初起火灾的程序和措施;

⑤通信联络、安全防护救护的程序和措施。

2)预案制订要求

(1)开展单位基本情况调研,掌握与火灾扑救相关的环境、道路、水源等情况以及涉及的生产设施设备、生产工艺流程等,详细分析火灾重点部位、火灾特点以及发生火灾后可能出现的各种情况,绘制单位总平面图、建筑平面图、重点部位图等相关图样。

(2)在分析研判的基础上,分别以单位要害部位起火、重点部位起火等假设火灾情况,部署灭火力量,确定火灾扑救程序和方法,确定任务分工和人员责任。

(3)确定火灾扑救组织机构,明确报警和火灾初起处置程序,根据假设火情绘制火情态势图、灭火力量部署图。

(4)明确安全防护和通信联络方式及要求,确保单位上下级应急通信畅通;安全防护应重点明确不同区域的最低防护等级、防护手段等,标注应急物资存储位置和种类。

(5)根据单位重点部位、人员分布以及安全疏散、避难设施等情况,确定安全疏散路径,绘制安全疏散路线图。

2. 灭火和应急疏散预案演练

1)预案演练频次

消防安全重点单位应当按照灭火和应急疏散预案,至少每半年进行一次演练,并结合实际不断完善预案。其他单位应当结合本单位实际,参照制订相应的应急方案,至少每年组织一次演练。

2)预案演练要求

(1)根据安全疏散预案,设定演练形式和范围,确定演练时间、参演人员和方式,做好演练准备。

(2)编制演练文案,明确组织机构、任务分工、安全保障、实施程序和评估方案,确保演练安全有序。

(3)演练期间应加强过程控制,根据预案合理传递控制信息,参演人员应根据相关信息采取相应行动,演练导调人员应做好全过程记录,为后期评估和总结做好准备。

(4)演练结束后,应对演练过程进行评估、总结,及时总结经验教训,制订改进措施,修订、完善安全疏散预案。

三、应急疏散逃生的组织与实施

1. 发布火警

(1)利用应急广播系统、警铃、室内电话等设施设备以及通过喊话等方式发布火警信息。

(2)发布的信息应包含教育宣传内容,稳定人员情绪,告知最佳疏散路线、疏散方法和注意事项。

2. 应急响应

(1)单位内部人员应预先了解紧急情况下的职责分工,根据统一指令迅速行动。

(2)开启消防水泵,切断电源,关闭防火分隔设备,启动通风排烟系统等。

(3)引导被困人员按预定路线向安全区域疏散或实施临时避难等待救援。

3. 引导疏散

(1)疏散过程中应加强安全管理,维护疏散秩序,必要时可采取强制措施,防止拥挤、踩踏、摔伤等事故发生。

(2)疏散路径上的转弯、岔道、交叉口等易迷失方向的部位应安排引导人员指示方向。

(3)引导疏散应有组织地进行,引导被困人员按照疏散走道、疏散楼梯等设施向着火层下层疏散直至到达地面安全区域。

(4)当下行疏散路径受阻时,应注意稳定被困人员情绪,在确保安全的前提下,利用辅助疏散设施实施疏散,并开辟临时避难场所,及时联系外部救援力量等待救援。

24.3 火灾扑救

发生火灾后,及时扑灭初起火灾,是减少火灾损失、防止人员伤亡的重要环节。因此,《消防法》规定,任何单位和成年人都有参加有组织的灭火工作的义务;任何单位发生火灾时,必须立即组织力量扑救,邻近单位应当给予支援。

一、扑救初起火灾的基本程序和方法

1. 基本程序

(1)发现起火后,应利用就近消火栓、灭火器等设施灭火,启动火灾报警按钮或拨打报警电话，及时通知消防控制室值班人员。

(2)火灾确认后，应及时启动灭火和应急疏散预案，迅速开启消防设施，第一时间组织力量灭火，并向相关人员通报火灾情况。

(3)组织引导人员疏散，协助有需要的人员撤离。

(4)设立警戒，阻止无关人员进入火场，维护现场秩序。

2. 基本方法

(1)利用室内消火栓，直接将水喷洒到燃烧物表面或燃烧区域，利用水受热汽化原理降低燃烧现场温度，达到冷却灭火的效果。

(2)将泡沫等灭火剂喷洒到燃烧物表面形成保护层，隔绝空气终止燃烧，或转移着火区域附近的易燃易爆物品至安全区域，关阀断料，开辟防火隔离带等，以达到隔离灭火的效果。

(3)当有限空间发生火灾时，可采取封堵孔洞、门窗等方法，阻止空气进入燃烧区域，或向封闭空间注入惰性气体降低氧气含量，以达到窒息灭火的效果。

(4)将干粉等灭火剂喷洒到燃烧区域参与燃烧反应，使燃烧停止，达到抑制灭火的效果。灭火时，需将足量的灭火剂喷洒到燃烧区域，燃烧终止后仍需要采取冷却降温措施，防止复燃。

二、微型消防站器材配置及值守联动要求

1. 微型消防站建立原则

为落实单位消防安全主体责任，实现有效处置初起火灾的目标，除按照消防法规须建立专职消防队的重点单位外，其他设有消防控制室的重点单位，以救早、灭小和“3 分钟到场”扑救初起火灾为目标，依托单位志愿消防队伍，配备必要的消防器材，建立重点单位微型消防站，积极开展防火巡查和初起火灾扑救等火灾防控工作。合用消防控制室的重点单位，可联合建立微型消防站。

2. 站(房)器材配置

(1)微型消防站应设置人员值守、器材存放等用房，可与消防控制室合用，有条件的可单独设置。

(2)微型消防站应根据扑救初起火灾的需要，配备一定数量的灭火器、水枪、水带等灭火器材，配置外线电话、手持对讲机等通信器材。有条件的站点可选配消防头盔、灭火防护服、防护靴、破拆工具等器材。

(3)微型消防站应在建筑物内部和避难层中设置消防器材存放点，可根据需要在建筑之间分区域设置消防器材存放点。

(4)有条件的微型消防站可根据实际选配消防车辆。

3. 值守联动要求

(1)微型消防站应建立值守制度，确保值守人员 24 小时在岗在位，做好应急准备。

(2)接到火警信息后，控制室值班员应迅速核实火情，启动灭火处置程序。消防员应按照“3 分钟到场”要求赶赴现场。

(3)微型消防站应纳入当地灭火救援联勤联动体系，参与周边区域灭火处置工作。

三、常见保护对象初起火灾扑救及注意事项

1. 常见保护对象初起火灾扑救

1)电气设备初起火灾扑救

电气设备发生火灾,在扑救时应遵守“先断电,后灭火”的原则。如果情况危急需带电灭火,可用干粉灭火器、二氧化碳灭火器灭火,或用灭火毯等不透气的物品将着火电器包裹,让火自行熄灭。千万不要用水或泡沫灭火器扑救,防止发生触电伤亡事故。

2)厨房初起火灾扑救

(1)当可燃气体从灶具或管道、设备泄漏时,应立即关闭气源,熄灭所有火源,同时打开门窗通风。

(2)当发现灶具有轻微的漏气着火现象时,应立即断开气源,并将少量干粉洒向火点灭火,或用湿抹布捂闷起火点灭火。

(3)当油锅因温度过高发生自燃起火时,首先应迅速关闭气源熄灭灶火,然后开启手提式灭火器喷射灭火剂扑救,也可用灭火毯覆盖,或将锅盖盖上,使着火烹饪物降温、窒息灭火。切记不要用水流冲击灭火。

3)密闭房间火灾扑救

当发现密闭房间的门缝冒烟时,切不可贸然开门。应通过手摸门把等方式,初步确认内部情况,再决定是否开门。开门时应注意自身安全,切不可直接正对门口,以防止轰燃伤人。

4)易燃液体储罐初起火灾扑救

易燃液体储罐发生火灾时,应确保固定式水喷淋系统持续正常工作。易燃液体发生泄漏流淌时,应及时关闭上游物料管道阀门,采取必要措施减缓或制止泄漏。流散液体着火时,应正确选用灭火剂优先予以扑灭。一般情况下,非溶性液体着火可使用普通泡沫、干粉、开花或雾状水来进行火灾的扑救;可溶性液体着火应选用抗溶性泡沫、干粉、卤代烷等灭火剂来进行火灾的扑救,也可用水稀释灭火,但要视具体情况而定。

2. 火灾扑救注意事项

(1)采用冷却灭火法时,不宜用水、二氧化碳等扑救活泼金属火灾和遇水分解物质火灾。镁粉、铝粉、钛粉及锆粉等金属元素的粉末着火时,产生的高温会使水或二氧化碳分子分解,引起爆炸,加剧燃烧,可采用沙土覆盖等方法灭火;三硫化四磷、五硫化二磷等硫的磷化物遇水或潮湿空气可以分解产生易燃有毒的硫化氢气体,有中毒危险,扑救时应注意个人安全防护。

(2)采用窒息灭火法时,应预先确定着火物性质。芳香族化合物、亚硝基类化合物和重氮盐类化合物等自反应物质着火时,不需要外部空气维持燃烧,因此不宜采用窒息灭火法扑救,可采用喷射大量水的方式冷却灭火。

(3)易燃液体火灾扑灭后,由于罐体温度、液体温度或其他原因极易出现复燃,使液体再次燃烧,因此,灭火后要持续冷却和用泡沫覆盖液面,还要防止液体蒸气挥发积聚,与空气形成爆炸性混合物,遇明火发生爆炸。

(4)搬运或疏散小包装易燃液体时,要轻拿轻放,严禁滚动、摩擦、拖拉、碰撞等不安全行为,禁止背负、肩扛,禁止使用易产生火花的铁制工具;被疏散的易燃液体不得与氧化剂或酸类物质等危险品混放在一起,避免发生更大的灾害。

(5)可燃气体发生泄漏时,应及时查找泄漏源,杜绝一切火源,采取必要措施制止泄漏,利用

隔离灭火法稀释、驱散泄漏气体;泄漏气体着火时,切忌盲目灭火,防止灾情扩大。

24.4 火灾现场保护

火灾现场是指发生火灾的地点和留有与火灾原因有关痕迹、物证的场所。《消防法》规定,火灾扑灭后,发生火灾的单位和相关人员应当按照消防救援机构的要求保护现场,接受事故调查,如实提供与火灾有关的情况。因此,火灾发生后,失火单位和相关人员应按照相关要求保护火灾现场。

一、火灾现场保护的目的和范围

1. 火灾现场保护的目的

火灾现场是火灾发生、发展和熄灭过程的真实记录,是消防救援机构调查、认定火灾原因的物质载体。保护火灾现场的目的是使火灾调查人员发现、提取到客观、真实、有效的火灾痕迹、物证,确保火灾原因认定的准确性。

2. 火灾现场保护的范围

与火灾有关的留有痕迹、物证的场所均应列入现场保护范围。火灾现场保护范围应当根据现场勘验的实际情况和进展进行调整。遇有下列情况时,根据需要应适当扩大保护范围。

1)起火点位置未确定

起火点位置未确定包括起火点部位不明显,初步认定的起火点与火场遗留痕迹不一致等。

2)电气故障引起的火灾

当怀疑起火原因为电气设备故障时,与火场用电设备有关的线路、设备,如进户线、总配电盘、开关、灯座、插座、电动机及其拖动设备和它们通过或安装的场所,都应列入保护范围。有时,电器故障引起的火灾,起火点和故障点并不一致,甚至相隔很远,保护范围应扩大到发生故障的那个场所。

3)爆炸现场

建筑物因爆炸倒塌起火的现场,不论被抛出物体飞出的距离有多远,也应把抛出物着地点列入保护范围,同时把爆炸破坏或影响的建筑物等列入现场保护区。但应注意,并不是把这个大范围全都保护起来,只是将有助于查明爆炸原因、分析爆炸过程及爆炸威力的有关物件圈围并保护好。

保护范围确定后,任何人(包括现场保护人员)不得进入保护区,更不得擅自移动火场中的任何物品,对火灾痕迹和物证,应采取有效措施,妥善保护。

二、火灾现场保护的方法

1. 灭火中的现场保护

消防员在进行火情侦察时,应注意发现和保护起火部位和起火点。在起火部位的灭火行动中,特别是在扫残火时,尽量不实施消防破拆或变动物品的位置,以保持燃烧后的自然状态。

2. 勘查的现场保护

1)露天现场

对露天现场的保护,主要是在发生火灾的地点和留有火灾痕迹、物证的一切场所的周围划定保护范围。在情况尚不清楚时,可以将保护范围适当扩大一些,勘查工作就绪后,可酌情缩小保护区,同时布置警戒。对重要部位可绕红白相间的绳旗划分警戒圈或设置屏障遮挡。如果火灾发生在交通道路上,在农村可实行全部封锁或部分封锁,在重要的进出口处布置路障并派专人看守;在城市,由于行人、车辆流量大,封锁范围应尽量缩小,并由公安专门人员负责治安警戒,疏导行人和车辆。

2)室内现场

对室内现场的保护,主要是在室外门窗下布置专人看守,或者对重点部位进行查封;现场的室外和院落也应划出一定的禁入范围。对于私人房间,要做好房主的安抚工作,讲清道理,劝其不要急于清理。

3)大型火灾现场

大型火灾现场可利用原有的围墙、栅栏等进行封锁隔离,尽量不要影响交通和居民生活。

3. 痕迹与物证的现场保护

可能证明火灾蔓延方向和火灾原因的任何痕迹、物证均应被严加保护。为了引起人们的注意,可在留有痕迹、物证的地点做出保护标志。室外的某些痕迹、物证、尸体等应用席子、塑料布等加以遮盖。

三、火灾现场保护的基本要求及注意事项

1. 基本要求

现场保护人员要服从统一指挥,遵守纪律,有组织地做好现场保护工作;不准随便进入现场,不准触摸现场物品,不准移动、拿用现场物品。现场保护人员要坚守岗位,做好工作,保护好现场的痕迹、物证,收集群众反映的情况,自始至终保护好现场。

2. 注意事项

现场保护人员的工作不仅限于布置警戒,封锁现场,保护痕迹、物证。现场有时会出现一些紧急情况,所以现场保护人员要提高警惕,随时掌握现场动态,发现问题时负责保护现场的人员应及时采取有效措施进行处理,并及时向有关部门报告。

(1)扑灭后的火场“死灰”复燃,甚至二次成灾时,现场保护人员要迅速有效地实施扑救,酌情及时报警。有的火场扑灭后善后事宜未尽,现场保护人员应及时发现、积极处理,如发现易燃液体或者可燃气体泄漏应关闭阀门,发现有导线落地时应切断电源。

(2)遇有人命危险的情况,现场保护人员应立即设法急救;遇趁火打劫或者二次放火的情况,要思维敏捷,要处置果断;对于打听消息、反复探视、问询火场情况以及行为可疑的人,现场保护人员要多加小心,将其纳入视线,必要情况下将其移交公安机关。

(3)危险物品发生火灾时,无关人员不要靠近,危险区域实行隔离,禁止进入,人要站在上风处,离开低洼处。对于那些一接触就可能被灼伤的物品,以及有毒物品、放射性物品引起的火灾现场,进入现场的人员要使用隔绝式呼吸器,穿全身防护衣,暴露在放射线中的人员及装置要等待放射线主管人员到达,按其指示处理,清扫现场。

(4)被烧坏的建筑物有倒塌危险并危及他人安全时,现场保护人员应采取措施使其固定。如受条件限制不能使其固定时,现场保护人员应在其倒塌之前仔细观察并记下倒塌前的烧毁情况。采取移动措施时,尽量使现场少受破坏;若需要变动,事前应详细记录现场原貌。

24.5 课后练习

请扫描教师提供的二维码,完成章节测试。

参考文献

[1] 中国消防协会.消防设施操作员(基础知识)[M].北京:中国劳动社会保障出版社,2019.
[2] 张东风.职业道德[M].3版.北京:中国劳动社会保障出版社,2018.
[3] 中国消防协会.消防安全技术实务[M].北京:中国人事出版社,2018.
[4] 中国消防协会.消防安全技术综合能力[M].北京:中国人事出版社,2018.
[5] 和丽秋.消防燃烧学[M].北京:机械工业出版社,2018.
[6] 孙军田,张明,孙文海.固定消防设施操作管理实用手册[M].北京:中国人民公安大学出版社,2014.
[7]《火灾自动报警系统设计》编委会.火灾自动报警系统设计[M].成都:西南交通大学出版社,2014.
[8] 朱磊,周广连.建筑消防设施实操教程[M].南京:江苏教育出版社,2013.
[9] 张学魁,闫胜利.建筑灭火设施[M].北京:中国人民公安大学出版社,2014.
[10] 舒中俊,杜建科,王霁.材料燃烧性能分析[M].北京:中国建材工业出版社,2014.
[11] 中华人民共和国住房和城乡建设部.GB 50016—2014 建筑设计防火规范[S].北京:中国计划出版社,2014.
[12] 中华人民共和国住房和城乡建设部.GB 50222—2017 建筑内部装修设计防火规范[S].北京:中国计划出版社,2017.
[13] 中华人民共和国住房和城乡建设部.GB 50116—2013 火灾自动报警系统设计规范[S].北京:中国计划出版社,2013.
[14] 中华人民共和国住房和城乡建设部.GB 50166—2007 火灾自动报警系统施工及验收规范[S].北京:中国计划出版社,2007.
[15] 中华人民共和国住房和城乡建设部.GB 50440—2007 城市消防远程监控系统技术规范[S].北京:中国计划出版社,2007.